The Sacred Balance

Rediscovering Our Place In Nature

神聖的平衡

重尋人類的自然定位

—最新增訂版—

David Suzuki
大衛・鈴木

Amanda McConnell
阿曼達・麥康納

Adrienne Mason
亞卓安・瑪森

—合著—

何穎怡、王惟芬、徐嘉妍、莊勝雄——譯　金恆鑣、何穎怡——審訂

各界好評 Comments

★「鈴木為頂尖環保作者，結合了科學、神學、詩歌與哲學，勾勒出人類在二十一世紀勢必要採用的一種世界觀。《神聖的平衡》是目前為止，論述最完整的一本環境倫理書籍。」

——威爾遜（E.O. Wilson），《繽紛的生命》（*The Diversity of Life*）作者

★「鈴木呼籲我們：如果想與維繫人類生存的自然重建平衡關係，我們必須檢視真正的底線是什麼。人類是生物的一環，我們的生存有賴生命網絡的完整與品質。」

——艾爾里區（Paul R. Ehrlich），《科學與理性的背叛》（*Betrayal of Science and Reason*）作者

★「鈴木是讓人與自然重建連繫的大師，本書展現了他的所有才智。所有關心世界存活與一己生存的聰明人，都應一讀。」

——莫瓦（Farley Mowat），《屠殺之海與赤裸降世》（*Sea of Slaughter and Born Naked*）作者

★「鈴木是加拿大頂尖環保學者，本書是他的最佳力作。《神聖的平衡》詠讚神奇，是洞見與智慧的科學之旅，帶領我們沉思維繫地球的生物、物理力量及其複雜與脆弱。」

——戴維斯（Wade Davis），《一條河流》（*One River*）作者

★「鈴木以本書宣揚他的信條。他熱愛科學，卻對它的力量審慎保留，唯有明智地運用科學，它才可以豐富我們的物質與精神生活。對鈴木而言，運用科學的智慧始自尊敬所有的造物，《神聖的平衡》一書便是以極大的熱情與洞見闡述上述立場。」

——波拉尼（John Polanyi），一九八六年諾貝爾化學獎得主

出版緣起 Preamble

開創科學新視野

何飛鵬

有人說，是聯考制度，把台灣讀者的讀書胃口搞壞了。

這話只對了一半；弄壞讀書胃口的，是教科書，不是聯考制度。

如果聯考內容不限在教科書內，還包含課堂之外所有的知識環境，那麼，還有學生不看報紙、家長不准小孩看課外讀物的情況出現嗎？如果聯考內容是教科書佔百分之五十，基礎常識佔百分之五十，台灣的教育能不活起來、補習制度的怪現象能不消除嗎？況且，教育是百年大計，是終身學習，又豈是封閉式的聯考、十幾年內的數百本教科書，可囊括而盡？

「科學新視野系列」正是企圖破除閱讀教育的迷思，為台灣的學子提供一些體制外的智識性課外讀物；「科學新視野系列」自許成為一個前導，提供科學與人文之間的對話，開闊讀者的新視野，讓離開學校之後的讀者，能真正體驗閱讀樂趣，讓這股追求新知欣喜的感動，流盪心頭。

其實，自然科學閱讀並不是理工科系學生的專利，因為科學是文明的一環，是人類理解人生、接觸自然、探究生命的一個途徑；科學不僅僅是知識，更是一種生活方式與生活態度，能養成面對周遭環境一種嚴謹、清明、宏觀的態度。

千百年來的文明智慧結晶，在無垠的星空下閃閃發亮、向讀者招手；但是這有如銀河系，只是宇宙的一角，「科學新視野系列」不但要和讀者一起共享，大師們在科學與科技所有領域中的智慧之光；「科學新視野系列」更強調未來性，將有如宇宙般深邃的人類創造力與想像力，跨過時空，一一呈現出來，這些豐富的資產，將是人類未來之所倚。

我們有個夢想：

在波光粼粼的岸邊，亞里斯多德、伽利略、祖沖之、張衡、牛頓、佛洛依德、愛因斯坦、普朗克、霍金、沙根、祖賓、平克……，他們或交談，或端詳撿拾的貝殼。

我們也置身其中，仔細聆聽人類文明中最動人的篇章……。

（本文作者為城邦文化商周出版事業部發行人）

環境革命

金恆鑣

凡文明人走過之處，留下荒漠的地表。

人類的文明肇因於一萬多年前的農業革命，但影響當今人類生活形態的最大力量，卻是二百五十年前發生的工業革命。農業發展在新技科下產生了「綠色革命」；近年來的「生物基因工程技術」進一步改良了作物的性狀，這些對人類糧食的供應有所突破，因而是維持當今全球將近六十億的人口的基本口糧。然而，天下沒有白吃的午餐；所有藉科技攫取的利益，其代價是由整個地球的生態與環境品質來承擔的。人類迄今尚不明白，經濟發展瓶頸的突破是基於生態與環境品質的良窳；換言之，就是生命多樣性是否能持續下去。要急遽挽救惡化的現狀，我們必須馬上採取行動，如布朗（Lester R.Brown）所說的，我們需要一個「環境革命」。

加拿大的大衛·鈴木（David Suzuki）博士針對上述問題，在千禧年即將來到的前夕檢驗現在與反省過去人類的所作所為，並預測人類乃至全球其他生命的前景。他出版了《神聖的平衡》一書，就這些思考提出全面性的建議。他試圖闡釋地球生命的演化與人類活動的盲點，並建構了一個橋樑，讓人類能安全渡過當今環境黑暗的時代，走向永續的未來。

大衛·鈴木博士是日裔加拿大人，一九三六年出生於加拿大的溫哥華市。六歲時，於二次大戰期間被加拿大政府送進集中營看管，戰後就學並獲得美國芝加哥大學動物博士。他的研究生涯主要致力於遺傳學與動物學，集極多榮銜於一身，除獲不同國家頒贈的十二個榮譽博士學位，亦為加拿大皇家學會之會員並獲頒國家勳章、聯合國環境科學獎等，同時著有五十二本書。從一九七一年起，他在加拿大的國家電視與廣播公司製作並主持各種與地球、生態、環境相關的節目。他現在是英屬哥倫比亞大學的教授，全球公認「可永續性生態學」研究的泰斗。

在社會教育的推廣方面，他從事電視與廣播節目及錄影帶、錄音帶、書籍等製作已逾三十載。鈴木博士認為，造成當今人類前程不確定性的基本因素是全球人口成長過多，以及先進國家短視的經濟政策。例如歐美國家奉行「過度消費」的政策，鼓勵增加消費來刺激短暫的經濟蓬勃與維持高生活水準的假象；又如，由於全球人口爆炸，人類用掠奪方式恣情使用礦物與生命資源，因而惡化全球的物理環境、喪失生命的多樣性。這些很可能引發生態學者認為的「地球第六次大滅絕災變」的提早來臨，摧毀地球數十億年演化出來的生命，也使人類走入不確定的未來。

《神聖的平衡》從最根本的地球科學與生命起源等知識開始論述，逐漸將讀者引入問題的重心，思考待解決的問題。作者從地球的誕生依次論述地球物理環境（大氣、海洋與大陸洲的形成）的演化，生態性的運作及當今的地球環境現況，他也贊成蓋婭的說法。這樣的書寫方式對台灣的一般讀者極有裨益，但是對地球科學有若干認識的讀者就稍嫌多餘（北美洲的讀者群在國際網路上曾有過這樣的批評）。然而我還是肯定這種方式的陳述，尤其它可以讓台灣的一般讀者建立對地球的基本認識，進而審視全球環境與生命的議題。

本書針對人類的活動提出箴言，闡明「人」在自然裡的位置，並提出人類面臨的環境議題：從大尺度的地球環境變遷到生命多樣性的喪失，前者包括臭氧層出現破洞、地球暖化、酸雨肆虐及環境污染。他依次描述傳統認定的人類基本要素（空氣、水、土、火），這些也是其他生命物種的基本要素。原本我們認為這些要素幾乎是天賦恩賜，是不分貧富貴賤都可享用的基本需求，如今我們卻發現這些逐漸成為奢侈品與待價而沽的高級商品。同時，人類卻沒有想到這些也是人類以外的生命的基本需求，沒有了其他生命或其他生命對整個全球生態系的貢獻與服務，人類生命的存活、繁衍及演化都會出現問題。人類優先的沙文主義將成為滅絕人類的基本毒素。最重要的是，儘管鈴木博士及其他生態學家大聲疾呼，毀滅全球生命（尤其是大型哺乳類動物）的現象已逼近眼前，大部分的人仍任物慾橫流，麻醉在物質享受中，不期盼未來的生命延續。

鈴木博士引用前人的一句話：「凡文明人走過之處，留下荒漠的地表。」如今，文明人行過的土地，其足跡不只留在地表，還深及地下數千公尺。人類開採石油、地下水、各種礦物的規模之大，簡直令人難以想像；其所製造的有毒農藥及輻射物質，也罔顧倫理地傷害人類以及其他生命。最嚴重的是，人類愚昧地看不見黑暗的環境時代已逼近眼前。這個有三千萬物種的行星，如今像逐漸失血的病人，生命危在旦夕。鈴木博士引用亞戈德壬斯基（Jagodzinski）的話：「這情況就如一輛以時速一百六十公里駛往一面磚牆的車子，而乘客卻還在車上爭搶座位一般。」人類的縱慾與短視，使得地球的環境日漸惡化、生命多樣性日漸喪失。

作者雖然洞悉人類的惡性根源與危急的生命環境，卻保持著樂觀的信心。他認為人類如果能及時了解問題嚴重性所在，從控制人口與慾望，撙節使用資源、提高資源使用效率、重複與回收使用過的資源等原則去做，基本上能暫時止住地球的惡化。最重要的是人類要有愛的特質，有愛的特質才能造就一個真正的人。這種愛之特質是靠社會、文化、家庭的力量薰陶、培養出來的。愛能成就一個人及其家庭，愛能促成社會和諧，愛能廣被、恩澤其他生命。

哈佛大學的演化生物學家威爾森（Edward O.Wilson）曾經說過，人天生就有愛生命與生命過程的傾向。這種愛生命的特質是人類能繁衍與演化的力量。人類若遠離其他生命，並且長久生活在人造的都市環境，那麼數百萬年來連結人類與其他生命的緊密關係便會漸漸斷裂，如此智人恐怕無法長久持續演化，甚至會走向滅種的危境。因為，人類若對環境與其他生命無愛，自然不會去關心、愛護環境與其他生命，如此便是去破壞環境與殺害其他生命也不會自覺。當今環境的變遷與生命多樣性的喪失，無不與人類逐漸疏離自然與喪失這種愛生命的天性有關。

人要找回自己，就要重新認清自己在自然界的角色，要重建自然賜與的靈性與讚美自然的神聖，才能重新認識人，及與他臍帶相連的環境與其他生命。要達到這一步，就是要有新的生態觀。我們應視世界為一個活的健康有機體——蓋婭（大地之母）。人不是蓋婭的唯一或主要的器官，人的社會不是她唯一的系統。惟有統合所有的器官與集體運作所有的系統，這個大生命才能健康而長壽。

作者最後闡述要達到神聖的平衡，人類應如何作為。物質方面要省著用、重複用、有效率地用，就是要有地球經濟學的觀念。在精神方面要平等而尊重地對待其他生命，朝可永續社會的方向去生活。要停止正在破壞的、恢復已破壞的、保護尚未破壞的維生系統中的任何環節，否則破壞自然就是摧毀人類的生存。

環境革命的性質與過去的農業與工業革命相當不同。環境革命的力量是靠人類的生態新倫理觀為後盾。惟有改變人的特質，從愛生命觀出發，才有希望挽救人類及整個地球上的生命。

（本文作者為珍古德協會理事長、前林業試驗所所長）

致謝 Acknowledgements

感謝下列人士慷慨提供資訊：英屬哥倫比亞大學的 Dr. Brian Holl、Dr. Craig Russell 與 Dr. Darrin Lehman，英屬哥倫比亞雷其蒙大學的 Dr. Robert Jin，西安大略省大學的 Dr. Bill Fyfe，英屬哥倫比亞溫哥華聖保羅醫院的 Dr. Tony Bai。

感謝以下人士為我審閱本書原稿：Dr. Digby Mclaren（第一章）、Dr. David Bates（第二章）、Dr. Jack Vallentyne（第三章）、Dr. Les Lavkulich（第四章）、Dr. David Brooks（第五章）、Dr. Charles Krebs（第六章）、Dr. Janine Brody（第七章）與 Peter Hamel 牧師（第八章）。當然，本書的瑕疵全都與他們無關，而是我力有未逮。

感謝「鈴木基金會」裡幫忙推動此書的義工：Gina Agelidis、Robin Bhattacharya、Dr. Leslie Cotter、Catherine Fitzpatrick、Anna Lemke、Nicole Rycroft、Cathy St.Germain 和 Nick Scapillati。謝謝 Caterina Geuer 的協助，也感謝她的夥伴 Chris Knight 介紹我引用夏普理（Harlow Shapley）的名言。謝謝 Christian Jensen 不辭辛勞地協助我取得引用授權。

我特別要感謝 Jack Stoddart 尊敬我以及我的作品，願意解除我們長期的出版合作關係，讓此書得以用「鈴木基金會」名義出版，交由 Greystone Books 發行。

感謝 Nancy Flight，她是位傑出的編輯、鼓舞者與督促者。也感謝 Rob Sanders 對本書的熱心關切，與我共同切磋。

謝謝 Eveline de la Giroday 在我專心撰寫本書期間，替我打點辦公室的一切。

謝謝我的愛妻 Tara Cullis 扛起照顧家裡、小孩、基金會與朋友的全部責任，讓我得以安心投入此書的寫作。

感謝 Amanda McConnell，她的文筆為我的想法與概念增添詩意，也謝謝她獨立完成了第八章的寫作，十分有幸能與她共同撰寫此書。

最後，我要感謝 Arcangelo Rea Family Foundation 的贊助。

目次

contents

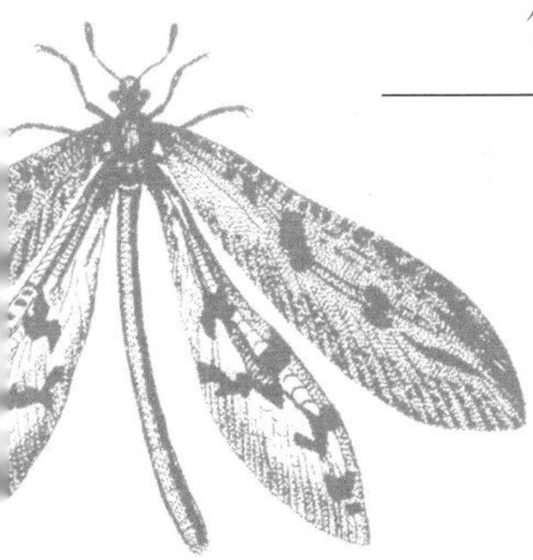

十年前出版本書時，我企圖要說服世人承認人類需求的真正底線。那年是一九八八年，當時世界各地都認知到他們最關切的是環境問題。因應這股關切環境的趨勢，喬治・布希（George H.W. Bush）在參選美國總統時曾經允諾，一旦獲選，要當一位「環保總統」。無奈在他上任後，他的施政表現旋即讓人明白，競選承諾不過只是造勢伎倆而已。

同年，英國首相柴契爾（Margaret Thatcher）在電視上公開宣布她是一位綠色份子，而新上任的加拿大總理布萊恩・馬爾羅尼（Brian Mulroney）則任命他團隊中最耀眼的政治人才呂西安・布夏赫（Lucien Bouchard）擔任環境部長，以展現他關注環境的決心。當時我正在為加拿大國家廣播電台籌備拍攝「攸關生存」（It's a Matter of Survival）一共五集的系列節目，在布夏赫上任不久後，我便前去採訪他。當我問到目前加拿大面臨的最重大環境問題是什麼時，他馬上答道：「全球暖化」。

「有多嚴重呢？」我問。

「這威脅到我們人類的生存，」他答道，並且呼籲要嚴正看待減少溫室氣體排放的行動。

同樣也是在一九八八年，加拿大總理馬爾羅尼邀請備受推崇的政治家史帝芬．路易斯（Stephen Lewis）擔任一場在多倫多舉辦的大氣層研討會的會議主席。當時，氣候學家對全球暖化的態勢感到驚慌不已，研討會結束後，他們發布了一份新聞稿，宣布全球暖化對人類生存的威脅「僅次於核子戰爭」，並呼籲減少溫室氣體的排放量，希望在十五年內將排放量降低到一九八八年的八成。

這件事當時深受大眾矚目，環境部長宣布全球暖化危及到人類生存，科學家則呼籲世人採取行動，設定出溫室氣體減量的目標。若是我們認真看待這些警告，並立即採取相對應的行動，現在的排放量勢必遠低於後來京都議定書所設定的目標（在二〇一二年時，達到低於一九九〇年排放量的五～六個百分點），氣候變遷的問題也不會變得那麼棘手和複雜。偏偏當時我們就是沒把這些警告當一回事。

不久之後，看守世界研究中心（Worldwatch Institute）將一九九〇年代定為「轉捩的十年」（Turnaround Decade），表示在這十年間，人類必須從自我毀滅的方向，轉往一條可永續發展的道路。儘管如此，環境議題卻逐漸在民意調查中消失。媒體的注意力轉移到從兩千點暴漲到一萬點的道瓊指數、網際網路公司股價泡沫化（dot-com bubble）、多家企業的財務醜聞，比如安隆（Enro）、世界通訊（WorldCom）和泰科（Tyco）等，以及千禧蟲（Y2K）的危機。

時至今日，轉眼過了將近二十年，世人再度關注起環境問題。多年來，我一直說想要搭巴士橫越加拿大，與大眾對話，這是我從二十世紀初期美國著名的肖托誇集會（Chautauqua Forum）❶中得到的靈感。到二〇〇六年時，大衛・鈴木基金會的工作人員告訴我，根據民調顯示，環境議題在加拿大公民關注的各項議題中已經上升到第二位，僅次於衛生保健。遭受卡翠娜颶風侵襲的美國以及飽受長期乾旱之苦的澳洲，其民眾也日漸意識到氣候的變遷，並開始關注此議題。在我看來，健康和環境這兩者密不可分，要是我們所居住的星球不健康，又怎麼可能享有健康的生活。所以我們的團隊決定開著巴士穿梭加拿大各地，分享我們的想法，聽取公眾的意見，也針對「若你是現任總理，會為環境做些什麼？」這個問題，徵詢民眾的看法。

多年來，媒體持續報導超級風暴、野火肆虐、洪水成災，以及松甲蟲疫情等消息，這些事件不僅與氣候學家的預測相符，也提高了公眾的警覺，意識到應當有什麼地方出錯了。美國前副總統艾爾・高爾（Al Gore）製作的電影「不願面對的真相」（An Inconvenient Truth）就像一顆投入飽和溶液中的種晶，沉澱出世人對全球暖化的關注與公眾意識。

二〇〇七年二月，我從紐芬蘭的聖約翰展開我的巴士之旅時，氣候和環境已急速上升為加拿大公民最為關注的首要議題。澳洲總理約翰・霍華德（John Howard）被迫承認氣候變遷的事實，而在美國，加州州長阿諾史瓦辛格因大力推動溫室氣體減量，意外成了環保運動宣傳海報上的寵兒。當我在二月二十八日到達卑詩省的維多利亞，並於兩天後飛往渥太華時，已經和三萬多人談過話，其中有六百多人同意我們進行拍攝，影片中，他們都針對「若你身為總理，會為環境做些什麼？」這個問題發表了意見。種種跡象都顯示大眾想要針對重大環境問題採取行動，並且願意為一個更安全的未來做出必要的犧牲。

根據各項累積至今的證據顯示，氣候變遷涵蓋的規模極大。然而，由於我們過去沒有設定排放上限，並積極展開減碳行動，導致現在的減碳挑戰和一、二十年前相比，變得更加艱鉅和昂貴。儘管證據明確，反對大幅減少排放量的聲浪依舊存在，主要是由於反對者認為這些行動的成本過高，會因此減少就業機會並造成經濟崩壞。此刻，我們比以往更需要一個共同的真正底線，本書的首要目標便是推動這項共識的達成。

本書初版發行後的十年間，科學上又有許多新的發現能夠強化並擴大我們原先的基本前提，比方說操作和定序DNA的新技術揭露出人類的起源和遷徙至世界各地的路徑。本書將討論這些重要的新發現，以及許多其他關於大腦發育和可塑性的研究，同時也會介紹荷爾蒙在形塑我們的成長過程中，所扮演的精細角色。此外，我們也將探討諸多社會變遷的現象，像是日益強勢的消費主義、都會化以及過度保護孩童，使得他們探索自然的時間遠低於他們的父母和祖父母，這些改變不但對環境造成影響，同時也會影響人與環境之間的關係。

另外，本書還加入許多關於大氣和氣候變遷的新資訊。我們將踏上一段時空旅程，回溯到生命的最初，探究藍綠藻這種微小的微生物在發展出捕獲太陽能的特徵時，是如何改造了我們這顆星球。長時間下來，大氣層不斷改變，最後維持在能夠滋養萬物的富氧條件；如今，我們的大氣

❶譯注：美國十九世紀末至二十世紀初期的一種成人教育運動，起源於紐約州的肖托誇湖邊，在農業地區十分普遍，日後傳遍整個北美洲。其形式最初是以戶外暑期學校為主，提供當地社區娛樂與文化教育，後因大眾傳播媒體興起而逐漸式微。

再度開始轉變。科學家發現，大氣中的污染物可以「跳」到距污染源數千哩外的區域。新的數據明確顯示出，亞馬遜雨林的任何動靜都會影響到世界各地的氣候和天氣模式。當然，目前最迫切的環境問題還是因人類活動而日益增加的溫室氣體濃度。

本書的修訂版更新了大部分的內容，比方說增加了人類基因組計畫（Human Genome Project）的進展、加拿大伊利湖區和鹹海的現狀，以及地球生物多樣性的最新數據。從南北極、海洋，甚至是地殼中的生命調查中，可以看出人類對地球的生命多樣性所知甚少。研究者幾乎每個星期都會發現新物種，在某些區域的生命形式與交互作用豐富而多變，幾乎到了讓人嘆為觀止的地步，光是一大把青苔，就可以孕育出二十八萬個體。在進行生物研究時，我們所探索到的複雜連繫，完全超乎幾十年前的想像——不論是鮭魚和樹木之間的關係、森林大火和茂盛森林的關連，還是黏土和生命本身的連結。

最有趣的科學新知要屬「愛」的化學。在愛與被愛時，身體會經歷諸多化學變化。目前已有大量證據顯示，人類和動物在缺少情感滋養與觸摸的環境下，無法順利成長茁壯。類似的新研究也顯示人類可能天生就想要尋求精神信仰，而且與生俱來地傾向相信身體和靈魂之間是有區別的。

本書初版至今，唯一不曾改變的是：我們依然主張人類可以不破壞維繫生命所需的基本要素，過著豐富有益的生活。

從我一九六〇年代投身環境保育運動以來，區域性皆伐、興建大壩與化學污染等問題一直是爭論不休的重要議題，各種分歧的意見總是針鋒相對，互不相讓。每個陣營都妖魔化了對手，因此不管結果如何，總是會有落敗的一方。在每次的衝突中，敵對的雙方各自擁護截然不同的信仰和價值觀。在這樣的狀況下，我們被迫在斑點貓頭鷹和伐木工人、工作和公園、該保護環境還是拼經濟之間做出選擇。但是，倘若我們真的想為我們的子孫盡一份力，為他們保存一個美好未來，我們誰也輸不起。

在這些衝突中，我也試圖取得折衷：那些我所反對的人其實也是為人父母，擔心後代子孫的未來，也和我一樣，對自己抱持的立場深信不疑。有一次，我們為「萬物之道」（The Nature of Things）製作一集特別節目，那集的主題是「森林裡的聲音」（Voices in the Forest），並計畫拍攝一群溫哥華島的伐木工人。當我和劇組人員開始拍攝時，這群工人對環保人士大肆批評，指控他們搶走了工作。最後，我告訴他們，在我認識的環保人士中，沒有一個是反對伐林的，我們只想確保他們的子孫依然能靠伐木為生，而森林仍如今日一樣豐茂。

此時，有位男士打斷我的話，他說：「我根本不可能指望我的孩子將來長大後當伐木工人，那時樹早就被砍光了，一棵都不會剩下來！」那一刻，我感到十分震驚，並且意識到我們根本是在爭論不同的事情。伐木業者知道他們的伐木行為並不永續，但他們必須要先考量生活中更迫切的問題，應付各類帳單、房貸和車貸，而環保人士則在談論如何維持森林的完整性和生產力。在那個當下，我才明白，我們必須找到共同點和共通的語言，不能再繼續這樣毫無交集的爭論，任地球一點一滴地碎裂。加拿大在氣候變遷上的爭論正是說明這個現象最好的例子。環保人士和反對黨要求延續二〇〇二年克雷蒂安（Jean Chrétien）總理核准的京都議定書相關規定，然而到二〇〇七年時，聯邦政府的環境部長卻認為這樣草率定下的目標成本過高，加拿大的經濟根本無法負擔。事實上，我們所面臨的挑戰是決議出一個每個人都能夠支持的「底線」。

環境對人類的存續至關重要，理當超越政治黨派，成為社會整體的核心價值。在此，容我以一個比較簡單的例子來說明我的意思。在一九四〇年代初期，當我還是個孩子時，隨處可見禁止隨地吐痰的告示牌，否則人們會在樓房與電車地板上吐痰。換做今天，如果我們看到有人隨地吐痰，應該會當場吃驚得目瞪口呆，儘管現在已經沒有告示或標語提醒我們不要這樣做。這是因為在我們的社會中，大家都明白不該這樣做，不在公共場合隨地吐痰是約定俗成的基本道理，是理所當然的禮儀。我們與自然世界之間的關係也該如此，這麼一來，我們無須再告訴世人什麼是該做的，什麼又是不該做的。因為大家都明白，身為生態界的一員，我們的生存取決於自然以及它所提供的資源。也因此，政治人物左傾或是右傾的意向再也不是重點，因為作為社會的一員，他們也得接受共同的基本前提。

一九七〇年代末期，我開始接觸原住民，也因此讓我萌生寫這本書的念頭。在他們身上，我發現另一種截然不同的世界觀。原住民認為，他們的存在不僅局限於人類的血肉之軀；對他們來說，大地就是他們的母親，他們的歷史、文化和生命的目的都體現在大地之中。原住民這種萬物相連的獨特世界觀其實也可以輕易地以無可辯駁的科學來證明。

本書以科學依據為核心，說明我們每個人都是源自於空氣、水、土壤和陽光這四個生命基本要素，並透過這顆星球上的生命網絡來進行潔淨和更新。此外，身為同時兼有社會性和精神性的生物，如果我們想擁有豐盈富足的人生，便需要愛與靈性。在《神聖的平衡》這本書中，我將介紹並講述這些人類藉以建構永續生活和社會的基石。

未來的歷史學家肯定會將二十世紀視為一段史無前例的時期，不論是人口的暴增、科技的鋪天蓋地、經濟成長，還是工業生產力都出現前所未有的變化，危及到人類文明的永續發展。爆炸性增長的人口使得人類成為地球上數量最多的哺乳動物，日新月異的科技則讓我們得以大幅開採並利用各項地球資源，像是林木、魚類、礦物和糧食等。全球經濟剝削了整個地球的原物料，提供這個世界源源不絕的消費性產品。這些因素加總起來，深化了人類的生態足跡（ecological footprint）❷，而這些留在地球上的印記已超出這顆星球自我淨化與回復的能力。現在，我們首要的工作便是檢視人類根本的需求，再據此重塑我們的社會和經濟發展。

在二〇〇七年，有許多「綠色」團體和活動都冠上了「生態」這個字眼，環保人士自稱為生態鬥士，還冒出諸如生態林業、生態旅遊、生態心理學等眾多名詞。在英文中，「生態」（eco）一詞源自於希臘文oikos，意思是「家」；生態學（ecology）便是家的研究，而經濟學（economics）則是家的管理。生態學家試圖界定出左右生命興盛的條件和原則，使其不受時空或任何變異的影響。無論是社會整體或是我們的各項建設發展，像是經濟發展，都必須符合這些生態學所定義的基本要求。我們當前所面臨的挑戰便是重新把「生態」再放回經濟和我們生活的各個層面裡。

大衛・鈴木，二〇〇七

---

❷ 譯注：生態足跡是衡量人類對地球生態系與自然資源需求的分析方法，用以計算環境負載力。係指一社會或特定團體的生活方式在消耗當地生態系的資源後，會產生該生態系統必須吸納分解的「廢棄物」，這些回到環境的「廢棄物」會以陸域或水域面積來表示。計算出來的數值愈大，生態足跡愈大，對環境的衝擊也愈大。

重建平衡的生命

倘若二十萬年前，有來自另一個星系的生物學家在宇宙間尋找其他生命形式之際，發現了地球，並將太空船停留在非洲大裂谷的上空。那時人類剛好誕生，猛獁象、劍齒虎、巨大的恐鳥和大地懶（giant sloth）依舊活躍在地球上。這些星際訪客應當會凝視著廣袤草原上各種奇妙的動植物，包括新演化出來的物種：**智人**（Homo sapiens）。

這些外星科學家絕不可能把注意力放在剛問世的直立猿類身上，也想不到他們會在二十萬年後異軍突起，稱霸整個星球。畢竟，這些早期人類都是採行小家庭的生活方式，乍看之下根本不是角馬和羚羊等龐大族群的對手。與許多其他物種相比，他們並沒有特別高大的體型，或是急馳的速度、強大的力量，感官知覺也不怎麼敏銳。然而，這些早期人類擁有一種看不見的生存特徵，隱藏在他們的頭骨內，並且只會展現在他們的行為上。巨大而複雜的腦部賦予他們高度智力、強大的記憶力、永不滿足的好奇心與驚人的創造力，這些能力彌補他們在體型和感官上的缺陷，足足有餘。

這個新演化出來的人腦創造出一種名為「未來」的新奇概念。在現實中，所有的一切都只存在於當下或是記憶中的過去，但創造出未來這個概念，讓我們變得獨一無二，因為我們可以意識到，現在的作為可能會影響未來的事件。一旦展望未來，我們便得以預見潛在的危險和機會。智人的遠見成了強大的優勢，讓他們在地球上的地位一躍而升，開始主宰一切。

傑出的諾貝爾獎得主方斯華・賈克柏（François Jacob）表示，人類的大腦生來就在尋求秩序。混沌讓人感到害怕，因為弄不清楚前因後果，我們就不可能理解並控制宇宙力量對生活的衝擊。早期人類從晝夜律動、日升日落、物換星移、潮汐起伏、四季更迭、動物遷徙到植物演替等現象中發現大自然具有可預測的模式，並且利用這些規律找出趨吉避凶的方法。

長時間下來，每個人類社會都演化出一套文化，以解釋他們在地球上和宇宙中的定位。人類學家所謂的世界觀便是由每個社會的集體知識、信仰、語言和歌謠所構成的，無論是哪套世界觀，都認為世間萬物彼此相連，沒有什麼是孤立存在的。一直以來，人類就明白我們深深根植於自然世界，並且賴此維生。

在這樣一個交互連結的世界裡，一舉一動都有其後果。身為世界的一分子，我們有責任採取適當行動，維持世界的秩序。在人類社會中，許多的儀式、歌謠、祈禱和慶典便是在重申我們對自然的依賴，以及我們應當背負的承諾。在人類史的多數時間裡，世界各地的人皆是如此。

從赤裸人猿到超級物種

但是在上個世紀，智人突然發生劇烈改變，成為一股強大勢力，我姑且稱此後的人類為「超級物種」（superspecies）。自地球出現生命的三十八億年來，首度有單一物種以改變地質年代表的龐大規模，改變了這顆星球的生物、物理與化學特性。造成人類迅速轉變成超級物種的因素有好幾個，其中之一便是人口數量。人類經過漫長的歷史，好不容易在十九世紀初期，人口數才累積到十億人；一百年後，當我在一九三六年出生時，地球上已經有二十億人口了。在我的一生中，全球人口轉眼又增長了三倍。因此，光是人類的數量，就讓我們這個物種在地球上留下的「生態足跡」呈爆炸性成長，畢竟所有人都必須滿足食衣住行的需求。

人類是目前數量最多的哺乳類物種，但跟其他哺乳類不同，科技擴大了人類對生態所造成的影響。幾乎所有的現代科技都是在過去一個世紀內發展出來的，這些技術助長人類更大規模、大面積地從環境中汲取資源。資源開發又受到消費者爆炸性的需求推波助瀾，而滿足這樣的需求正是經濟成長的重要因素。已開發世界的過度消費（hyperconsumption）成為發展中國家起而效尤的模範，因為全球化的趨勢讓整個世界的人口成為一個潛在市場。人口數量、科技、消費和全球經濟體這幾項因素結合起來，讓人類成為這個星球上的一股新興勢力。

縱觀我們的演化史，人類原本是一個地方性的部落動物，一生之中可能只會在幾百公里的範圍內遇到見一百多人。過去的人類毋須擔心位在山的另一頭或海洋對岸的其他部落，也用不著考慮整個物種的集體影響，因為當時我們的生態足跡比現在，輕薄許多，大自然看似無邊無際，資源也彷彿生生不息。人類太快進入超級物種的新狀態，直到現在，世人才開始意識到應當擔負起另一種全新層次的集體責任。這一點也反映出，在全面檢視後，我們終於體認到人類活動是造成當前生物圈豐富多樣性降低以及地球生產力衰減的主因，而這兩者支撐了地球的所有生命。

破碎的世界

在我們搖身一變成為地球上的超級物種之際，人類自古以來視萬物皆巧妙相連的認知卻隨之破滅。我們愈來愈無法認知過去帶給我們安身立命感以及歸屬感的種種連結，畢竟，我們現在的生活周遭充斥著來自世界各地的食品及用品，在購買新鮮草莓和櫻桃的時候，幾乎不會有人注意到此時正值隆冬時節。全球經濟體打破了地區和季節的限制，然而人口分布情況轉變，從過去主要分布在農村聚落改往大城市集中，加劇了世界的斷裂。置身在大城市中，容易產生一種假想，認為人類之所以不同於其他物種是因為我們創造出自己的棲地，逃脫大自然的約束。事實上，沒了自然，我們並無法潔淨水源、製造空氣、分解污水、吸收穢物、發電和生產糧食，然而在城市中，這些「生態系服務」卻被當成是經濟運作的結果。

更糟的是，儘管有愈來愈多深奧的資訊來源，我們卻發現，其中用以建構新「事實」或還原事件的脈絡、歷史和背景資料都喪失了，我們的世界碎裂得殘缺不全。我們期待科學揭開宇宙的祕密，但以化約論（reductionism）作為主要研究方法只能聚焦在自然的構成部分。當我們以這種片面的方式來檢視周遭世界，就難以窺見將這些部分整合在一起時所產生的律動、模式和週期，我們從中獲得的任何見解不過是一場幻想、一種自以為是的理解和掌握。最終，在地感也會隨著跨國企業、政治和電訊的全球化消逝無蹤。

這就是第三個千禧年開端的世界局勢。人類原本和其他多數物種一樣，與其周圍環境和諧共存，但我們以爆炸性的速度變形為前所未見的強權。人類猶如被引入新環境的外來種，不受當地環境的約束而得以持續擴張，卻超過了環境支持我們存續的能力。以過去兩個世紀的歷史為鑑，可以清楚看到，工業革命後的人類走上了一條與自然界的生命支持系統相衝突的道路。儘管過去四十年來環境運動抬頭，但我們尚未轉移到另一條路徑上。

環境主義的成長

就跟世界各地數以百萬計的人一樣，我在一九六二年時，也受到瑞秋・卡森（Rachel Carson）的《寂靜的春天》（*Silent Spring*）鼓舞，響應她在書中的大力呼籲，決定要採取行動，投身於日後所謂的「環境運動」中。在加拿大的卑詩省，種種抗議行動應運而生，反對美國在阿留申群島的阿姆奇特卡島（Amchitka）進行核武測試（這個抗議行動最後在溫哥華催生出綠色和平組織）、擴及全省的林木皆伐作法、倡議中的海上鑽探石油計畫與和平河C區的大壩工程，以及紙漿廠造成的空氣和水質污染。在我看來，問題在於我們不但從環境裡汲取得太多，更排放過多的廢物回到環境裡。以這個角度來看，解決辦法便是訂出限制，規定人類能夠從生物圈取用哪些資源、多少數量，以及排放污染物的種類和總量，並且確保這些規定確切執行。除了以抗議、遊行和包圍等方式來表達訴求，我們當中有許多人也加入遊說政治人物的行列，請他們保留更多的公園、制定清淨水和空氣法案（Clean Water and Clean Air）、通過瀕危物種法，並且增設強制執行這些規定的機構。一九六二年《寂靜的春天》出版時，世界上沒有任何一個政府設置有環境保護部門或其他相關單位。

儘管卡森的書提供了足夠的證據，我們仍必須對環境有更深入的分析。我在讀那本書時，震驚地發現，實驗系統科學家僅以燒瓶和人工生長箱這些簡化的人工環境模仿現實情境，並以此為基礎進行各項實驗。然而，這些人工的簡化系統中缺乏自然環境的脈絡，完全沒有和地球環境緊密相連的律動、模式和循環。這一點不但讓我深深體認到，不該將眼光局限在實驗室裡，同時也驅使我前往現實世界進一步探尋。

我愈深入瞭解環境問題，便愈清楚，過度簡化的辦法是行不通的，因為那時的我們所知甚少，根本無法預測我們的行為會產生怎樣的後果，也無從制定出適當的限制。卡森的書討論的是DDT這種殺蟲劑。一九三〇年代，在瑞士嘉基（Geigy）化工企業工作的保羅・穆勒（Paul Mueller）發現DDT可以殺死昆蟲，隨即便開拓出化學農藥市場，帶來龐大的經濟效益。嘉基在撲殺害蟲、控制病蟲害和農作物損害的科學研究中大獲全勝，並申請了這項發現的專利，賺取大量財富，而穆勒則在一九四八年獲頒諾貝爾獎。但幾年後，賞鳥人士注意到野外的鷹群數量銳減。生物學家調查後，發現了前所未聞的「生物放大作用」（biomagnification），即化合物被吸收到食物鏈後，其濃度會逐漸提高。問題是，要不是有鳥類開始消失，當時的人甚至不知道有生物放大這種生物過程存在，更遑論要在一九四〇年代初期限制DDT的用量了。

同樣地，過去世人也曾將用於冷媒材料的氯氟碳化合物（CFCs）視為美好的化學產品。這些化合物是惰性分子，所以不易和其他化合物發生反應，非常適合作為體香劑等噴霧罐的填料。當時根本沒有人料到這樣的穩定性其實隱藏危機，氯氟碳化合物會長期累積在環境中，飄移到大氣層上層，在那裡，紫外線輻射會將此化合物分解，產生破壞臭氧層的氯自由基。那時候絕大多數人都不知道有臭氧層的存在，當然也不可能預想到氟氯碳化合物的長期影響，自然不可能制定出這個化合物的相關規範。基因改造生物（GMOs）恐怕也是如此，儘管生物科技公司不斷宣稱其好處，我絕對相信日後的科學將證明它們具有意想不到的負面後果。問題在於，在面對任何一項人類的技術創新時，若是我們現有的知識不足以預測其所帶來的長期後果，那要如何加以規範，掌控其衝擊呢？身為一個科學家，我認為這是一個難以解決的問題。

出路

到一九七〇年代末期，我終於明白了這其中的癥結，才從這困境中解放出來。長期擔任電視節目「萬物本質」的主持人，我從報導卑詩省外海的皇后夏洛特群島上的皆伐爭論中學到了很多。千百年來，這些島嶼一直是海達族（Haida）的家園，他們管這塊土地叫海達格威（Haida Gwaii）。多年來林業界的巨頭麥克米倫・布洛德爾（MacMillan Bloedel）公司在這些島嶼上大面積皆伐，引發了日益強烈的反對聲浪。這是一個很好的題材，所以我向電視台提議做個報導。一九八〇年代初期，我飛到海達格威採訪當地的伐木工人、林務官員、政府官員、環保人士和當地人。我採訪的一位對象是當地年輕的海達藝術家，名叫古加瓦（Guujaaw），多年來他一直帶領反對伐木的活動。

在海達的部落中，失業率非常高，伐林其實可以帶來他們急需的就業機會，所以我問古加瓦為什麼要反對伐木。他回答道：「我們的族人已經決定要讓風灣（Windy Bay）等原始區域保存在自然狀態，如此一來，才能維持海達人的認同，並將它傳承給下一代。這些森林與海洋便是海達人之所以為海達人的原因」。當我問他，要是繼續伐木下去，剷除掉所有林地後會發生甚麼事？他直接答道：「如果砍光了森林，我猜最終我們可能會和這世界上的其他人一模一樣。」

當時我並未讀出這句簡單話語背後的含義，但經過一番細想後，我意識到，他其實讓我窺見了海達人看待世界的方式，這和我們多數人的視角截然不同。古加瓦的話說明，在他族人的眼中，蟲林鳥獸和風土水火都是海達的一部分。海達的歷史、文化，以及海達人存在於地球上的意義，都深深根植於他們的土地之中。

自從那次採訪後，我便開始向我在世界各地遇到的原住民學習。從日本、澳洲、巴布亞新幾內亞、婆羅洲、卡拉哈里、亞馬遜一路到北極，所有人都告訴我和土地的連結至關重要。他們將地球稱為母親，認為是她賦予他們生命。此外，儘管皮膚包裹住我們的身體，但並沒有界定我們的存在，我們體內的水分、氣體和熱都會向外輻射，加入我們周遭的世界。我從他們身上學到一種生命觀：我們是生物群體不可分割的一部分，我們都是一家人。

二〇〇一年，美國總統柯林頓和科學家共同宣布人類基因組計畫完成，解開了單一人類細胞核中三十億個序列。當時的政治人物和科學家都推斷，這項成果對疾病研究和新藥研發有許多潛在益處，然而，他們卻忽略了當中最具啟發性的部分。從人類基因組來看，可以發現人類與我們的近親，即類人猿（Great Ape）並無二致，而且跟我們的寵物貓狗相比，也所差無幾。我們身上有成千上萬個基因和蟲魚鳥獸相同，甚至和植物一樣。這帶給我們一個啟示：我們和所有其他生命形式因為彼此共同的演化史而相連，分享許多相同的基因。

改變視野

一九九〇年，我的妻子塔拉・庫里斯（Tara Cullis）和我共同創辦了一個機構，研究生態破壞的根源，以便尋求現行做法的替代方案。我們決定草擬一份表達基礎世界觀和視野的文章，準備在一九九二年的里約熱內盧地球高峰會上提出，我們把它稱為「相互依存宣言」（Declaration of Interdependence）。塔拉和我完成了一份粗略的草稿，然後請古拉瓦、人種生物學家韋德・戴維斯（Wade Davis）和童謠歌手拉菲（Raffi）提供意見。我在寫初稿時，曾經寫道：「我們是由來自空氣、水和土壤中的分子所組成的」，但是這聽起來像是一篇科學論文，沒有辦法喚起強大的共鳴，傳達我們和地球之間共存關係的簡單道理。幾經琢磨之後，我突然靈光乍現，想到「我們是空氣，我們是水，我們是土壤，我們是太陽」這樣的說法。

明白這一點後，我也意識到，我們這些環保主義者並沒有適當地呈現問題。這世界上並沒有任何一處環境是獨立於我們存在的，若我們本身就是周遭的一切，又怎麼可能管理自身對環境產生的影響呢？原住民在這一點上絕對是正確的：土地孕育了我們，而我們由土、火、風和水這四種神聖元素組合而成。（印度教列出這四項，並加上第五個元素：空間。）

一旦明白這些古老智慧的真理，頓時我也意識到，我們其實和周遭環境緊密交融，獨立或隔離的概念只是一種錯覺。透過研讀諸多報告與著作，我漸漸明白，科學其實一遍又一遍地呼應著這些古老真理的深刻意涵。同樣也是生物的人類，儘管披著文明的外衣，置身於大城市之中，依舊和其他生物一樣離不開自然。我們的動物本性決定我們的基本需求：清淨的空氣、水、土壤與能源。這讓我又進一步體悟到四大「神聖元素」是由生命網絡本身所創造出來的，同時也由這張網絡來進行潔淨和更新。若說還有第五項神聖的元素，應當是生物多樣性本身。無論我們對這些元素做什麼，都等於由我們自身直接承受這一切。

在深入研讀後，我發現著名的心理學家亞伯拉罕・馬斯洛（Abraham Maslow）主張，人們有一系列相互連結的基本需求。在最基本的一層，我們需要五個神聖的元素來豐富生命、充實生活，一旦滿足這些基本需求後，就會產生一組新的需求。我們是社會動物，深受愛的力量影響，並由此塑造出人性。在滿足基本的社會需求後，緊接出現的是精神層面的迫切需求。就是在這個基礎上，我重新審視了人類與地球之間的關係，才決定要寫下《神聖的平衡》這本書。

多年來，我還沒有碰過有人質疑這些基本需求的真實性和首要性，而且這些年來，我的閱讀和經驗都不斷肯定和擴大我對這些基本需求的理解。進入新的千禧年，我們面對的挑戰是要確認擁有豐富生活的需求，並且在不破壞維繫生命的基本要素的前提下，更加充實生命。

Chapter 1

智人：地球之子

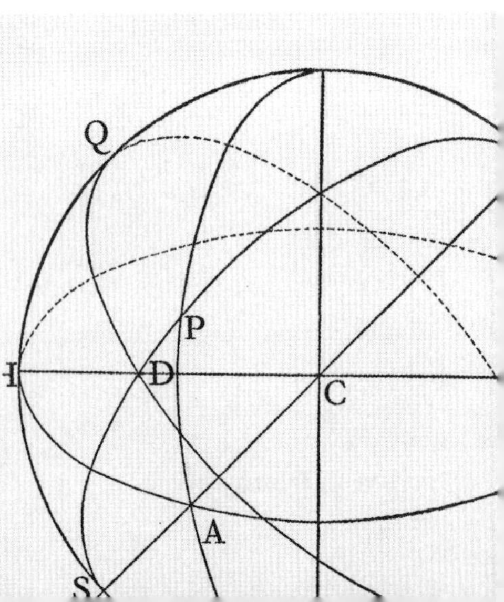

這一切都是因為「故事」。
眼前的問題出在沒有一個「好故事」。
我們正處於「故事」與「故事」的過渡階段，
藉以安身立命的「舊故事」已不管用，
而我們又還沒有學會新的「故事」。

——托瑪斯．貝利（Thomas Berry），
《地球之夢》（*The Dream of the Earth*）

HOMO SAPIENS：BORN OF THE EARTH

和其他物種一樣，人類也是因為擁有某些特質才得以在地球占據一席之地。我們既無羽毛、毒牙、利爪等武器，也不特別孔武有力或矯捷靈活；感官靈敏度比不上動物、聽覺比不上蝙蝠、嗅覺比不上狗，視力也絕無鵰犀利。但是人類不僅存活下來，而且在極短的演化時間裡成功繁衍，成功的要素便在於我們擁有全世界最複雜的結構——人腦。

人腦僅重一．五公斤，約莫兩個拳頭大小，卻有一千億個神經元（neuron），每個神經元可以和其他神經元形成一萬個連結，使得人腦神經元的可能連結比天上的繁星還多。

渴欲秩序的人腦

有些科學家將人腦簡單比喻為轉播站，統合輸入的訊息與輸出的反應。有的科學家則視人腦為巨大的電腦，處理訊息並作出適當的反應。法國分子生物學家暨諾貝爾獎得主賈克柏認為人類的「心智」不僅於此，它天生渴欲在感覺器官不斷湧入的訊息中建立一種秩序：換句話說，人腦會創造有頭有尾的敘事，為當下事件理出一個瞬間的脈絡。人腦在創造故事的同時，會拋棄無益於敘事的訊息，挑選有用的訊息，並為這些訊息建立關連，編織一個有意義的網絡。人腦創造敘事的方式，讓敘述內容遠超過發生的事實，而且還多了「解釋」。當人腦挑選訊息、賦予意義，實際上，它就是在告訴自己一個「故事」。

不過，我們的故事並非出生就已命定，而是終生都在流動：我們體驗世界時，大腦會產生物理變化，不斷編寫與形塑人生故事。諾貝爾獎得主艾瑞克．坎德爾（Eric Kandel）發現，動物在學習時，神經系統的結構會發生變化，而這個結構主要由神經元和負責在神經元之間傳遞訊息的突觸（synapse）所組成。以一個剛出生的孩子為例，其大腦皮質（cerebral cortex）的每個神經元約有兩千五百個突觸。在孩子的成長過程中，會經歷各種新的體驗，大腦結構也會隨之迅速改變。要不了幾年，每個神經元的突觸就會增加到大約一萬五千個。隨著年齡增長，這些突觸會遭到「修剪」，汰弱扶強、去蕪存菁。因此，所有保留在我們大腦中的神經連結都是有意義的，是我們的歷史與經驗的一部分，皆有其存在的目的。

這種大腦具有終身可塑性的說法是一種相當新穎的見解。以往人們都以為，大腦結構會在嬰兒期急速變化，之後隨著歲數增長，會變得較為固定。但目前發現，成人大腦的命運不完全是由遺傳決定。藉助新的腦造影技術，我們可以即時看到大腦實際運作的方式。在我們專注、創造、作夢、經驗感覺和情緒時，透過有色的脈波可以看到大腦不同的區塊出現亮點。神經元之間的連結會隨著經驗而強化或微調，在人的一生中，大腦會不斷改變；基本上，透過經驗，我們得以重新架構大腦內部的連結。一盒新蠟筆的味道、卡在腳趾間的冰滑軟泥、爆發的腎上腺素，以及恐懼時心跳加速的感受，正是這些經驗為我們的人生故事添加了新的隱喻、敘事、軸線和故事情節。

編織世界觀

人類初始，藉由觀察來認知周遭世界的因果順序與周而復始，譬如日夜的更迭、四季的遞嬗、潮汐的循環與星辰循一定軌道運行等。人類也藉由動物遷移與植物四季變化的模式，學會辨識四周景觀、尋找所需。我們仔細觀察所處的世界，並利用人腦建構秩序的能力沉思周遭一切。

我想不出有任何理由，人類要遲至現在才有柏拉圖、愛因斯坦之類的偉大頭腦。我認為早在二十或三十萬年前，人腦就有相同的能力……。當然，土著（或者所謂的野蠻人）所擁有的頭腦特質，並不是科學家感興趣的那些特質。土著與科學家探索自然世界的方式恰是兩個極端：一個是極端具象，另一個則極端抽象；一個根據事物的感官特質認識世界，另一個則以形式特性作依歸。

——克勞德・李維—斯陀（Claude Lévi-Strauss），〈有關原始的概念〉（The Concept of Primitiveness）

不同的人類社群透過觀察、經驗與推論代代所累積的知識，是求取生存的無價之寶。以狩獵採集社會為例，他們多以家庭為單位，對所處地域有精密的了解，深知當地的動植物分布、氣候與地質。這些知識緊密交織，形成了人類學者所謂的「世界觀」，它就是一則故事，故事的主角是世界及其一切，而人類則深浸於這個世界中，成為不可分割的一部分。不同的世界觀各有其特殊地域性，統治人類的精靈與神祇也各不相同。故事的中心是人類，人塑造、剪接這則故事，為所處世界理出脈絡，並解答以下亙古疑問——我是誰？為何在此？生命的意義何在？

不論是哪一種世界觀所描繪的宇宙，每一樣事物都和其他事物發生連結。星辰、雲霧、森林、海洋與人類，都是一個體系裡互為關聯的部分，沒有任東西可以單獨存活。

星星、大地、石頭與各種生命相互關連，形成一個整體，各部分緊密相連，以致於我們不可能對太陽一無所知，卻妄想了解一顆石頭。如果我們對宇宙缺乏了解，不管我們接觸到的是一個細胞或者是一個原子，我們都不可能理解其中奧祕。對兒童而言，宇宙原理可能比他們自己更饒富趣味，一旦開始探索宇宙奧祕，他們會問：我是誰？人類在神妙宇宙裡的任務是什麼？

——瑪莉亞・蒙特梭利（Maria Montessori），《教育人類潛能》（*To Educate the Human Potential*）

在這個萬物緊密相連的宇宙裡，人類負有重責大任，每一個行動都有眼前看不到的後果。過去、現在與未來形成一個連續體，每一代所繼承的世界都是祖先形塑而成，同時負起為後代子孫護守地球的任務。許多世界觀都賦予人類重責：我們是宇宙系的守護者，護守著星辰繞軌道運行，確保世界完好無傷。在此信念之下，先民的世界觀的確創建了一種真正生態永續、充實、公義的生活形態。

哥白尼革命

數千年來，先民的世界觀將世界視為一體，人類位於世界的中心，一直到一五四三年才有了改變。天文學家哥白尼（Nicolaus Copernicus）在其不朽的《天體運行篇》（*On the Revolutions of*

Celestial Orbs）一書中提出了新的宇宙觀，也重新界定了人的位置。根據哥白尼的學說，太陽位於宇宙中心，其他行星則繞太陽運轉。一六一〇年，天文學家伽利略（Galieo Galilei）出版了《星星的使者》（*Sidereus Nuncius*），宣布他的發現。他從自製望遠鏡裡觀察月亮、銀河結構與環繞木星的「新星球」，支持哥白尼學說。自此，地球的位置被邊緣化了，降格為環繞太陽的行星之一，而浩瀚宇宙裡不知還有多少太陽呢！革命性的宇宙觀推翻了西方世界的知識與道德秩序，誠如英國詩人但恩（John Donne）所浩歎的：

> 新哲學激起吾等的疑問，四行之火已經熄滅，太陽消失、地球殞滅、智者不再，
> 誰能導引他尋找的方向……一切支離破碎、一切和諧不再。

在中世紀人們的觀念裡，宇宙是固定不動、有邊界的，人類則是上帝的特別造物，位於宇宙的中心。哥白尼革命後，宇宙變得無窮大，裡面是無盡的黑暗與無垠的空間，人類所處的地球不過是太陽系裡九大行星中的第三顆，而這顆毫不出奇的太陽，則位在同樣不起眼的銀河系旋臂上。哥白尼學說將人類推離了宇宙的中心，此後，人類雖汲汲於重攀宇宙中心位置，卻不再視自己為造物的一部分，也不再自認是大地的守護者，而是妄想駕馭宇宙，重建失落的權力感。

我們必須說服每一個世代——人類不過是地球的短暫過客，地球不屬於我們，我們也無權摧毀後代子孫的生存環境。人類無權抹去歷史，也無權終結未來。

哥白尼死後兩百年，偉大的物理學家牛頓（Isaac Newton）發現了物體運動定律與光學原理，並發現它們適用於宇宙各個角落。牛頓因而推論宇宙就像個巨大的鐘，機械運作雖複雜，但是透過科學觀察，便可以拆解其中的組件與運作原理。根據牛頓的觀點，自然就像機械，部分的總和即是整體，科學家只要將片段的訊息組合起來，就可以像玩拼圖一樣得到全貌。對信服牛頓觀點的人而言，自然世界不過是個機器，可以被理解、調整與控制，更重要的，這個「機器」屬於有能力控制它的人。

達爾文（Charles Darwin）的巨著《物種起源》（*The Origin of Species*）則掀起生物學的哥白尼革命，取代了神聖的造物論：人類起源不再是上帝依其肖像創造了亞當與夏娃，讓他們的後裔統治地球，而是與猿、黑猩猩共享漫長的演化系譜。繼哥白尼之後，達爾文再度剝奪了人類的崇高地位。後繼的演化生物學者也證明物種演化上，天擇壓力不必然帶來較高的智能，誠如演化學者史帝芬・古爾德（Stephen Jay Gould）在《美好的生命》（*Wonderful Life*）中所說的：物種會演化成何種模樣，要視當時的環境而定，並無一定的進化準則。換言之，演化道路並無一條光輝的梯子，讓物種努力攀爬、成為智人。

笛卡兒的名言「我思故我在」讓我們深信，「自我意識」是人類最偉大的成就，為人類所特有，使我們超越其他物種。但是神經生物學者研究了神經系統的電化學、生理學與解剖學後，也破解了這個迷思，根據唐納・葛里芬（Donald R. Griffen）的說法：

正因為意識與主觀情感對人類是如此重要、有用，我們很難想像這是人類特有的能力，尤其當我們對動物解決問題的能力認識日增之後，更難堅持唯有人類才有認知思考的能力。

太陽是我的父親，大地是我的母親

對亞馬遜流域西北邊的達沙納（Desana）人來說，太陽帕基阿比（page abe）是宇宙的創造者，月亮是祂的雙胞胎兄弟。達沙納人的起源故事之一，描繪太陽將響尾蛇般的尾巴深深插入地下，穿進了地底的繁生樂園奶之河（ahpikondia）。帕基阿比將尾巴直豎，不投下一絲陰影，瀑布般播下超自然的種子，讓大地受孕，創造了人類。

人類攀爬著帕基阿比的尾巴，離開了宇宙的子宮，爬上了地表，成為達沙納人。帕基阿比創造人類，形塑了世界，太陽的黃色光芒則讓世界有了生命與穩定……。

根據達沙納的說法，自然世界內蘊穩定力量，因為所有自然元素形成一個互惠的網絡，大地與山巒、森林、河川、動物、植物及達沙納人之間，均存在著這種互惠關係，並與宇宙萬物和諧共存。就如達沙納人說的：帕基阿比的創世是好的，它所創造的世界是完美的。

——雷可．達莫妥夫（Gerardo Reichel-Dolmatoff）《亞馬遜宇宙》（*Amazonian Cosmos*）

長久下來，人類培養出一種優越感，自認比其他動物來得高等。過去，我們認為人是依照上帝的形象所創造出來的，是唯一具有自我意識的生物，會製造工具、進行抽象推理，並且同情他人。然而，在科學家開始觀察並解釋動物行為後，這種自以為是的優越感就再也無以為據。

兩個物種的真誠對話

人類：我是上帝偏好的造物，萬物的中心……。

絛蟲：你實在有點自抬身價！如果你自認是萬物之靈，那我們這些以人體為食、統治人類五臟六腑的絛蟲又應置於何地呢？人類：你缺乏理性與不朽的靈魂。

絛蟲：如果說，神經系統的密集與複雜化是演化成就的量尺，我想知道絛蟲何時被踢出了演化之梯？需要多少神經元，我才能擁有靈魂與些許的理性？

——雷蒙．卡扎爾（Santiago Ramón y Cajal），《追憶我的一生》（*Recollections of My Life*）

達爾文的演化論將人類定位為「天之驕子」，有足夠的自我意識與智慧，並且得以理解自己不過是一則宇宙笑話。從哥白尼、達爾文到近代的傑出科學家，「智人」在西方世界裡的地位一落千丈，我們不過是宇宙漫長的演化史裡，幸運竄起的一個物種而已！

切斷連結

既然傳統的世界觀將宇宙視為一個整體，就其定義而言，科學就不可能提供宇宙的全貌，因為科學聚焦於自然的「部分」、離析各個片段、控制影響因素。科學觀察與測量只能對整體的「部分」提供深度了解，但最終得到的不過是片段拼湊而成的馬賽克，部分的總和不可能成為前後連貫的敘事。

僅將眼光聚焦在自然的某個部分，或是將其隔離出來單獨研究，這樣的舉動等於從整體脈絡中截取出片段，使它因而失去原有的意義與重要性，同時也讓我們無法看清整體的律動、模式和循環。最終，我們獲得的只是一個人造物（artifact），至於這一小部分的自然在真實世界中的屬性和行為為何，我們幾乎無法得知。

此外，牛頓的機械論認為，「部分」的特性總和即是「整體」，後來也證明是錯的。科學家日漸發現，從「部分」推估「整體」，根本是緣木求魚。以物質的基本單位原子來說，本世紀初，科學家發現原子的模型就像個太陽系，質子與中子位於中心，類似太陽，電子則圍繞原子核，好像太陽系裡的行星。後來量子力學誕生，打破了這個舒適的模型，指出粒子的位置與速度無法同時精確測知，只能用統計推估。換言之，如果連物質最基本的結構都欠缺確定性，科學家又如何能從自然的組成元素推估整個宇宙，並了解其運作？

更糟的是，在真實世界中，將不同部分擺放在一起時會互相影響並發生增效作用。諾貝爾獎得主羅傑・斯佩里（Roger Sperry）便指出，這種來自於複合體的新特性是無法從「單獨部分」的已知特性來預測的。這些「突現屬性」（emergent property）僅存於整體之中，若只是單獨分析每個組成部分，永遠無法得知整套系統的運作方式。比方說，單是研究一個神經元並無法推想人腦的複雜性，或是從一個水分子亦無法推論出水具有的濕潤特性。以演繹法的觀點來看，因果關係是線性（linear）的，也就是一個改變會導致相應的變化。但大多數的系統都不是線性的，而是複雜、相互交錯、動態、具有增效效應，並且相互依賴的。在實驗室以外的世界裡，變數層層交疊，因各式交互作用而產生的影響可說不計其數。

複雜科學（complexity science）是一個著眼於系統研究的領域——可以是氣象、生物、物理，甚或是經濟或文化等系統，並旨在探討系統固有或是從中意外衍生的結構：部分是如何運作而產生集體行為？系統又是如何與其所處環境進行互動的？某些時候，也許是在高密度的情況下，混沌系統中的個體會發生變動，產生一新秩序，而這個秩序會帶給複雜系統更強的適應力，以應對這個千變萬化、難以預知的世界。

複雜科學的先驅斯圖特・考夫曼（Stuart Kauffman）主張複雜系統中的自我組織（self-organization）是大自然中最重要的原則之一，可與達爾文提出的天擇說相媲美。他解釋道：

> ……天擇是非常重要的，但光靠它並不足以驅動整個生物圈——從細胞、有機體到生態系統——的精細結構。另一股力量來自於自我組織，也是秩序的根源。生物界的秩序……不單會進行修補，也會在自我組織的原則上，自然且自發而生……

自我組織或是某些意想不到的特質會突然地冒出，可能是一群分子組成了一個細胞，一連串的聲音匯集成一句話，或是一堆螞蟻築成了一個蟻巢。基本上，這些都是由單一部分共同組構成意想不到的整體。

人之所知者幾希

大家或許會說：統計的不確定性與增效作用（synergism）讓科學家無法以牛頓機械論來解釋宇宙，但科學家還是在次原子、原子、分子與細胞的研究上有所突破，得以探索宇宙的原理。問題是：不管過去百年裡科學有了多少突破，人類的所知與浩瀚未知比起來，簡直微不足道！

就拿分類學來說，我們根據分類學標準將一個物種歸類、命名，卻不代表我們知道這個物種的數目、分布、基本生物特性，以及它與其他物種的互動關係，以上種種問題可能要耗掉一位科學家一輩子的工夫。

松露、尤加利樹與長腳𩥇

澳洲葛瑞夫大學（Griffiths University）的環境學者羅伊（Ian Lowe）在澳洲南威爾斯的尤加利樹林研究松露時發現，松露對其鄰近的樹木生長大有貢獻，顯示生命組合間有著細緻、不可預期的連結。松露與尤加利樹都需要自土壤吸收水分與礦物質，羅伊發現根部附近長有松露的尤加利樹，會得到較多的水分與礦物質。而罕見的長腳𩥇最愛吃松露，長腳𩥇吃了松露後，會將松露的芽胞排泄至他處，增進了整個樹林的生態健康。長腳𩥇、松露與尤加利樹分屬哺乳類、真菌與植物，三個不同物種卻在此形成巧妙、互相依賴的連結。

估算地球上的物種數量是一個極大的挑戰，不過目前涵蓋的族群相當偏頗，僅限於像是老虎、熊和鯨魚這樣「富有魅力的大型動物」（charismatic megafauna）、溫帶生態系，以及與人類生活有直接相關（或至少讓人類感興趣）的生物。在《千禧年生態系評估》（*Millennium Ecosystem Assessment*）中的結論指出，地球上的物種總數約介於五百萬到三千萬之間，但其中只有不到兩百萬種具有科學描述。

以一大把取自森林地面的苔蘚為例，上面可能居住著十五萬隻原生動物、十三萬兩千隻緩步動物門的小型動物、三千隻跳蟲、八百隻輪蟲、四百隻蟎、兩百隻幼蟲和五十隻線蟲。在溫哥華島卡曼納山谷（Carmanah Valley）上河谷區的原生林中，生物學家納維勒・溫切斯特（Neville Winchester）收集到一百四十萬個標本，其中包括一萬到一萬五千種的無脊椎動物（主要是昆蟲），這將近是加拿大已知物種的三分之一；此外，其中至少有五百個科學上首度發現的新物種。

光是當中數量驚人的線蟲，就可能讓人噩夢連連，或是作為B級電影的題材。這些微小的蠕蟲絕大多數寄生在其他生物的體內，有些則是獨立生存在土壤和水中。牠們的數量之多，估計佔地球上所有動物的五分之四。線蟲學家納森・科布（Nathan Cobb）曾經設想出一個有趣的場景：

> 若是將宇宙中所有的生命移除，只留下線蟲，我們仍然可以辨認出原來的世界……山川、湖泊與河海上面都覆蓋著一層線蟲。要找出城鎮所在的位置會比較費力，因為原本為人類所佔據的空間，現在全塞滿了線蟲。

我們對自己腳下踩的土壤所知甚少，而對生活在海洋裡的生物也同樣一點概念都沒有。為期十年的「海洋生物普查」（Census of Marine Life）計畫試圖扭轉這個狀況。這項普查計畫集結來自七十三個國家的一千七百位專家，共同為全世界海洋生物的多樣性、物種之間的交互作用，以及物種與生態系之間的交互作用進行評估。現在，這項計畫才執行到一半，就已經大幅增進我們對海洋多樣性的理解，同時也讓我們明白自己無知的程度。以首度進行此項普查的緬因灣（Gulf of Maine）為例，在這個地區發現的物種數量比原先預期的高出了近五成，而在南大西洋的一項調查則顯示，有接近三成的物種是新發現物種；一支前往北極海（Arctic Ocean）加拿大盆地的考察隊也在為期三十天的調查工作中發現了十二個新發現物種。

上述這些數字，讓人類驚覺自己的力量其實很渺小，因為我們對複雜生態（如森林、濕地、草地、海洋與大氣）的基本了解根本付之闕如，遑論掌控它們！諾貝爾獎得主理查・費曼（Richard Feynman）形容得好：人類以科學管窺自然，就像是看了一盤西洋棋便妄想了解萬千變化的棋賽一樣可笑，因為我們一次最多只能推算兩目的可能變化而已。

同樣的，我們對地質與地球物理結構的了解也甚為瑣碎、片段，科學家就常因為推算不出溫室效應的速率而遭批評。這一點並不令人意外，因為氣象學者連地區性的日常氣象預測都會出錯，又怎能推算出十年內的全球氣候變遷呢？我們對地球的知識如此原始，只要科學家用來運算氣候變遷的電腦模型稍有變化，就可能得出本世紀末溫度上升攝氏一・五度到六度這樣差異甚大的預測。我們並非控訴科學家無能，只是指出現有知識體系的確存有巨大鴻溝，大到讓我們無法預測地球的未來。

牛頓式科學觀還有另一個問題：科學家汲汲於尋求適用宇宙任何時空的法則，卻忽略了不同地域的特殊性。生物科技領域發展出來的基因改造技術最令人感到震撼，透過這項技術人們可在實驗室培養抗蟲害或抗化學農藥的作物。問題是，這些實驗室或生長箱並沒有模擬或預設這些作物日後在印度、非洲或美國某些特定地區可能遭遇到的環境條件，反而是嚴格控制溫度、濕度、營養以及其他物種等各種變數。科學家愈是冷靜客觀專注於自然的片段，愈是容易失去最初投入科學探索的熱情與好奇心，對自己所探索的事物不再有情感的投注。

愛因斯坦的朋友曾問他：「你相信所有的事物都能以科學方法呈現嗎？」愛因斯坦說：「當然可以，但這有什麼意思呢？這樣的描繪失去了意義，就像用波壓力來呈現貝多芬的樂曲一樣。」

——羅納德・克拉克（Ronald W. Clark），《愛因斯坦的一生與他的時代》（*Einstein: The Life and Times*）

扛著科學至上主義的大旗，科學家誤導我們相信科學是最終權威，只要不斷累積科學知識，我們理解、控制、處理環境的能力也會與日俱增。事實上，這種信念根本和科學探索的基本原則相牴觸。科學認為經驗觀察得來的知識，是以「假設」建立其意義，而「假設」則必須通過實驗的反覆驗證。換言之，所有的知識都必須經過驗證，而且有可能被證明為誤！

誠如約那罕・馬可斯（Jonathan Marks）所言：

……多數科學家的多數概念是錯的，到頭來不是被駁斥，就是被拋棄。我們甚至可以說，無論任何時代，科學家所提出來的多數概念，到頭來都不免被推翻、被摒棄……，換言之，科學本身就顛覆了科學至上主義。

不幸的是，我們踏上了一段愈來愈長的旅程，科學雖善於描述現象，科學家也幾乎天天都有新發現，但是每一個科學新發現都點出了我們的無知，提醒我們還有多少未發現的科學真相，離拼出完整拼圖還早得很。科學家目前所累積的知識庫視野有限，不僅無法預測未來，也無法讓我們作出科學化的環境決策，以便好好管理地球。我們就像佇立於黑暗的洞穴，手上的蠟燭只能微弱照光，卻無法讓我們看清穴壁的模樣，更別提遠眺洞穴之後還有多少個洞穴。人類孤獨佇立黑暗中，失去了時間、空間感，孤離於宇宙其他事物之外，奮力掙扎，想要知道自己為何被拋棄在此。

想要成為「人」，一個人的心中必須時時對自然奧妙有敬畏之感。

——南美印第安人古諺

閱讀生命之書

隨著科技進步，篩揀生命體的尺度亦日趨精細，足以將生物從沙粒中分離；像是以電子顯微鏡取得厚度僅有幾微米的橫切面影像，還有以不可思議的速度來處理資料的電腦。這些都使得「學然後知不足」這句諺語在今日顯得格外真切。每一項新的技術突破都揭露出這個精密世界裡令人難以置信的細節，卻也同時帶來大量的問題，比方說：試圖解開人類DNA三十億個遺傳密碼並重新加以定序的人類基因組計畫。

一九九〇年開始這項計畫時，研究人員以為他們會找到十萬個人類基因；最後，他們僅找出兩萬到兩萬五千個。一般認為，基因數量可用來衡量遺傳的複雜性，也因此，這個極低的數值震驚了許多人。讓我們稍作一下比較，C線蟲（C. elegans）大約有兩萬個基因，就基本結構來說，人類就有將近四成的基因和這些「簡單」生物幾乎相同。最近完成的黑猩猩基因組計畫顯示，人類和這個與我們血緣最近的生物之間，大約有百分之九十八的DNA序列是一致的。但這些數字到底告訴了我們什麼？

顯然，定義出遺傳密碼，並找到人類基因藍圖中的字母僅是個開端而已。人類基因組計畫的一位主持人艾瑞克．蘭德（Eric Lander）表示，人類在基因組定序上的成就相當於獲得了一本記錄了近三十億年生命演化的筆記；問題是，我們讀不懂這份筆記。蘭德解釋道：「這就像是我們得到了一把進入神奇圖書館的鑰匙，進去之後，雖然取下了那些偉大的藏書……然而，以我們幼稚園的程度，當然是讀不懂裡面的內容。」

人類基因組計畫結束後，我們已經列出人類（以及其他幾種生物）的所有基因，但仍舊不知道要如何從這些零件中組裝出一個有機體。人類基因組的解碼為我們帶來非常複雜的難題，我們將繼續踏上追尋的旅程，找出生而為人的意義究竟是什麼。

科學方法將世界簡化成學科，而在每個學科內，又進一步縮小和細分研究重點。經由這樣客觀而準確的科學方法，我們獲得了關於這世界片段性的詳細知識，但是這套系統有其局限，並造成了無法想像的後果。當我們將世界簡化成細節，很容易將世間萬物都當作是一種商品。好比說，當我們將生物化約成一張基因的列表，該生物內部和周遭的整體脈絡便會消失，接下來的步驟就是將（實際上有些已經完成）一個基因轉殖到另一個毫不相關的生物體內。這類實驗的結果非常難預測，因為我們處理的是各自含有複雜基因組的生物體。

生物學家布萊恩・古德溫（Brian Goodwin）認為，若承認直覺也是一種認識世界的方式，科學將從中受益。我們試圖將人的主觀性從科學中移除，結果創造出一個與現實不符的架構；我們所做的，其實是將科學家以及他或她的情緒與直覺從公式中刪除。

古德溫提出的解決方案是：轉向更全觀的科學，研究整體以及這些整體與它們各個組成部分之間的關係，我們應停止將世界化約成看似不相關的微小組成部分。他解釋道：

直觀的認識方法並非稍嫌主觀或藝術化，這是一種認識世界的明確方式；事實上，這對創造性的科學來說絕對是必要的。所有偉大的科學家，不論是愛因斯坦、費曼，還是任何一位你說得出名字的科學家，都會說他們是靠著直覺才發現了那些知名理論的基礎見解，並因此找到得以將片段整合為一個一致整體的新方法。但只有知名科學家才有資格這樣說，其餘的我們都得假裝以不可否認的事實作為一切的依歸，然後以歸納法進行推論……而不是直覺地看到一個新的整體。

當科學的研究與探索僅局限在自身的歷史和地域性的脈絡中，它便成了一個在真空中進行的活動，一個失去意義和目標的故事，不再具有觸動人心和傳達訊息的能力。

滿足需求，所以消費

人類失去了自我定位與特殊能力，甚至失去了神，感到無限空虛、孤獨、失落與痛苦。我們遂用新的聖典填補空虛，那就是在市場「神廟」裡，進行以錢財交換商品的儀式。布萊恩・史溫（Brian Swimme）說得好：

以前人們聚在一起學習宇宙的意義，現在我們聚在一起觀看電視廣告。每個廣告都像一個宇宙儀式，宣告宇宙不過是流行物品的集合，等待著被人消費，而人類在宇宙的角色就是工作、買東西。

就像莎翁筆下可憐的野蠻人卡力班（Caliban）被模糊的樂音勾引，誤認飄緲於孤島監獄上空的「樂音與甜美的空氣，只會帶來愉悅，不會帶來傷害」。我們就像卡力班，是物質世界的奴隸，在即刻的滿足中苦尋早已消逝的遠古和諧，幻想著財富可以療傷止痛，當幻夢破滅後，即哭泣「渴望再度墜入酣夢」。

我們對商品的巨大欲望開始於本世紀初，早在一九〇七年，經濟學家賽門・派頓（Simon Nelson Patten）便提出了現代社會所信奉的學說：「新道德體系不在於儲蓄，而在於擴大消費。」

就如保羅・瓦奇特（Paul Wachtel）所說的：

> 我們每年都要擁有更多、更新的東西，不是因為「想要」，而是我們「需要」。不斷累積財富已經變成自我認同與安全感的中心來源，我們對財富的迷戀，就像毒癮者無法擺脫毒品一樣。

二次大戰帶來的商機，結束了美國三〇年代的經濟大蕭條，美國工業投入戰爭生產，大為興盛，但伴隨著勝利曙光初露，美國商人開始擔心如何維持經濟好景，答案就是「消費」。就在二次大戰後不久，著名的零售分析家維多・李波（Victor Lebow）便宣稱：

> 我們的經濟生產旺盛……，迫使我們終其一生都要消費，把購買、使用商品變成儀式，讓我們在消費中尋得心靈與自我的滿足……。我們需要愈來愈快速消費、使用、折損、替換與拋棄的商品。

一九五三年，艾森豪總統經濟顧問委員會的主席說，美國經濟的「目的」就是「製造更多的消費商品」。這個策略果真奏效，讓我們從購買所需轉變成購買所欲，最後一發不可收拾，演變成今日物慾橫流的社會：四處林立的大型商場、量販店，甚至還有「天生買家」這樣的汽車保險桿貼紙。根深蒂固的消費主義成了西方經濟的驅動力，甚至將購物當成一種愛國的表現。二〇〇一年發生九一一事件後的幾週，消費者信心明顯滑落，經濟跟著開始衰退。當時的小布希總統和其他幾位西方國家的領導人，開始鼓勵大眾消費，宣稱這是一種有意義的幫助國家的方式。加拿大總理克雷蒂安也提醒我們，現在利率正低，「是時候出門申請貸款，買房買車」，而小布希總統則鼓勵民眾幫航空公司重建信心，他說：「上飛機吧！在全國各地拓展你的業務，享受美國最棒的景點，飛往佛羅里達的迪士尼樂園吧！」雖說這些行動勢必會刺激產業復甦，讓工廠度過難關，並創造就業機會。但在發生這樣的悲劇之際，西方社會的領導人提出最有意義的援助方式竟是「不斷購物，買到你受不了為止」，這真是非常悲哀。

商品愈耐用持久，顧客就愈不可能再上門。設定報廢期限是一種辦法，另一種方法則是製造一系列花俏的周邊新產品，這同時也是汽車工業、電腦產業以及流行業界最常使用的策略。還有另一種方法則是不斷重新開發有潛在消費力的新市場，譬如外銷第三世界，或者特定族裔等分眾市場。可口可樂總裁羅納德・柯洛伊（Donald R. Keough）曾以近乎宗教的虔誠口吻描繪市場良機：「當我想到印尼——一個赤道國家，人口一億八千萬、平均年齡十八歲、信仰回教禁止飲酒，我就看到了天堂！」

所有的人口族群都是市場行銷人員的目標，比方說年長者、「雅痞」或「嬰兒潮世代」，近來則逐漸轉移到孩童身上。從一九八三到一九九七年，針對美國孩童行銷的經費從一億增加到一百二十億美元，到二〇〇五年時，總金額已高達約一百五十億美元。這一切的行銷成本似乎都得到了回報：在一九八九年，年齡介於四至十二歲的兒童，消費金額為六十一億美元，到二〇〇二年時，這個數字變成三百億，增加幅度超過四倍。

甚至在孩子們打開電視或踏出家門之前，可能就已經接觸到廣告。如今，睡衣、麥片、床單、窗簾、壁紙，乃至於牙膏、繃帶、肥皂和洗髮精的廣告都是由最受歡迎的電視節目或電影中的人物來宣傳代言。在許多城市，疲勞轟炸的廣告甚至進入校園，不斷遭到刪減的教育預算便是致使廣告得以踏進教室的罪魁禍首之一。在美國，有將近七百萬的學生（其中有將近三成是青少年）每天早上都在教室收看「第一頻道」（Channel One）新聞台，除了播放新聞，節目中會插播兩分鐘的廣告；而學校則以此換取「免費」使用電視、電腦銀幕、電腦和其他電子產品等設備。廣告商一眼就知道這群觀眾是批待宰肥羊，所以心甘情願支付比在其他傳媒定期播放廣告還要貴兩倍的價錢，購買第一頻道在教室播放的廣告時段。

正如《天生買家》（*Born to Buy*）作者茱莉亞・薛荷（Juliet Schor）所言：「美國已經成為一個不注重子女教育的國家，寧願培養他們的消費力，卻不看重他們在社交能力、智力，甚至是靈性上的發展。長期下來，後果將不堪設想。」

我們是怎麼開始認識世界的？回答這個問題之前，需要回想一下，我們的孩子在夜晚一遍又一遍不斷體驗到的是什麼？同樣的時間點，過去的孩子們會聚集在洞穴裡聆聽長輩吟唱。若單純以所花的時間來考量，答案很明顯：洞穴已由擺放電視的客廳所取代，而廣告則替代了吟唱。

——布萊恩・史溫，《宇宙隱藏的心》（*The Hidden Heart of the Cosmos*）

為了滿足不斷提升的消費需求，經濟成長不能停止。麥肯（P. M. McCam）說：「經濟成長

增加財富，透過市場機制，提供了滿足人類需求的基礎。」這個說法武斷異常，暗示財富可以滿足所有人類需求，這和祖先訓示我們的美德、節約、生命真正價值與幸福泉源大相逕庭。

> 購買新東西，尤其是價格昂貴的商品如汽車或電腦，特別容易讓購買者產生立即的快樂與成就感，抬高了自己的身分地位。但是當新鮮感消失後，空虛感再度侵入。這時，典型的消費者就會獵尋另一個新商品以解決空虛感。
>
> ——亞倫・坎納（Allen D. Kanner）與瑪麗・戈梅斯（Mary E. Gomes），〈全然消費的自我〉（The All-Consuming Self）

人類成為消費動物，追逐無止盡的經濟成長，我們的社會因此而變得更好嗎？這要看「更好」的定義是什麼。美國是最典型的消費社會，它又實踐了多少美國夢？美國人崇尚年輕、苗條，美國人的肥胖卻冠居全球；美國人金錢至上，卻是工業國家中貧富差距最大者；美國人尊崇和平，卻以暴力著稱；美國號稱「遍地是機會」，濫用藥物的人數卻超過全世界其他國家的總和；在這個自由國度裡，入獄人口比率高居西方國家之首。某個程度而言，工時長、壓力大、家庭結構崩解、毒品氾濫與受虐兒童，或許都是消費主義的遺毒。美國人在舉世最大的賣場盡情消費，卻深為消費主義的疾病所苦，因為有人富裕縱逸，有人則因買不起商品而憤怒嫉妒。

儘管如此，各國政府仍汲汲追求經濟成長，唯有經濟不斷成長，消費主義才得以蓬勃，國家才有福祉。印度與中國等國家已決定要追上美國的富裕程度，也就是消費成長十六到二十倍！想想看這些國家的人口，假設他們的汽車普及率和美國人一樣，對環境會造成何種災難衝擊？但是我們憑什麼要求印度、中國的生活水平應低於美國？一九九〇年四月，巴西環境部長荷西・盧桑柏格（José Lutzemberger）在華盛頓特區舉行的世界部長會議中指出，如果世界各國的汽車普及率和美國、日本一樣，到了下個世紀初世界人口到達百億時❶，全世界的車輛數也會高達七十億輛。盧桑柏格警告說：

> 那將是完全無法想像的災難，現今的三億五千萬輛車已經太多了。如果我們認為，高度發展國家的生活形態不應推展到其他國家，那麼這種生活形態就是錯的！

當消費成長被當成「進步」定義的一部分，擁有物品便成了通往幸福的主要道路，沒有任何一個國家可以喊停。

許多人早就澈悟消費不必然帶來幸福或滿足，早在美國建國之初，起草美國憲法的富蘭克林便說：「金錢不曾也不會讓一個人快樂，因為金錢的本質不會產生快樂，一個人越有錢就想要更多的錢。金錢非但不能填補空虛，反而會製造空虛。」

一九九四年，我的父親八十五歲。在他生命的最後幾週，我搬進他家照顧他。他因罹癌而垂死，雖體力不濟，但幸而沒有承受太多疾病帶來的痛苦。他是清醒的，知道死亡即將到來，但並不因此感到害怕。我的親戚和兄弟姐妹都在他最後的日子裡回來陪伴他，親友之間則會互相分享自己的生活故事，通常是各種與家人、朋友或是鄰人相處往來的豐富體驗。沒有人會談到財富，不論是錢、汽車、房子，還是滿衣櫃的華服；我們只談人，以及彼此共享的冒險——這才是生活的真諦。

消費世界

- 根據一份二〇〇五年的調查報告，十二到十三歲的族群中有百分之六十二承認，購買某些特定商品能讓他們更有自信。
- 美國的小孩每年平均會接收到約四萬則電視廣告訊息。
- 比起祖父輩在一九〇〇年的經濟水準，現代人平均富有了四倍半。
- 一九四九年到二〇〇六年，北美家庭的平均人口數陡降，房子面積卻呈倍數成長，從一千一百平方呎擴大到兩千兩百五十平方呎。
- 根據一九八七年的統計，美國的購物中心家數比高中還多。
- 美國人平均一周逛街六小時，陪孩子玩耍卻只有四十分鐘。

❶ 譯注：根據聯合國估計，世界人口到公元兩千年時為六十一億，百分之八十五居住在第三世界國家，其中又有百分之三十九為十五歲以下，邁入二十一世紀後即將進入生育高峰，如果無法維持人口替代水準，公元二〇二五年時，全球人口將達八十三億，二〇五〇年時達百億人。巴西部長此處所說的二十世紀「初」人口將達百億，可能有誤。

・美國超市的商品超過兩萬五千種，光是麥片便有兩百種，雜誌就有一萬一千種。

・自一九四〇年以來，光是美國人消耗掉的天然礦藏便超過所有前人的總和。

・過去兩百年裡，美國已消失了半數的濕地、百分之九十的西北方老生林，以及百分之九十九的高禾草原。

切斷與自然的連繫

伴隨著經濟與消費的成長，愈來愈多人從鄉村移居都市。現在全世界半數以上人口居住在都市，成長最為快速的都市則在發展中國家。

城市最具破壞力之處是它切斷了人與自然的連結。我們住在人造的環境裡，與自己挑戰出來的動植物為鄰，自認逃離了自然的局限，天候與氣象對我們不再有直接衝擊。我們所吃的食物泰半經過盆裝處理，既看不到它源於土地，也不曾目睹處理過程的鮮血、羽毛與鱗片。我們忘記生活用水與能源的來處，也不知道垃圾及污水去向何方。我們忘記了做為一個生物體，人類和其他生物一樣，都需要乾淨的空氣與飲水、未受污染的土壤與生物多樣性。我們割斷了與食物、飲水源頭的接觸，也不面對都市生活形態帶來的環境衝擊，為了維繫現有生活形態，願意冒險甚至犧牲一切。我們幻想著可以控制世界，當世界上的都市愈來愈多，人類的決策便愈只能反映出這種偏離現實的幻象！

不過是在幾個世代以前，孩童還會在清晨或放學後出外玩耍，只有在肚子餓了或是受傷才會回家。他們可能是在附近的池塘閒晃，或是爬上樹屋，不然就是在草地上踢球。總之，大多數的孩子都待在戶外，很有可能還是一處野地，甚至是都會區裡因閒置而雜草叢生的空地。今天，多數的孩子都不再從事戶外活動，所謂的「遊戲時間」往往是精心設計出來的，不然就是會有家長在一旁監督觀看——他們似乎都不願意放孩子出去玩，擔心不知道孩子在何處，做些什麼。（就連公園或是社區裡的兒童遊戲場都日漸減少，主要是因為北美成了一個訴訟案頻傳的地區。）正如理查・路夫（Richard Louv）在《樹林裡的最後一個孩子》（*Last Child in the Woods*）一書中所描述的，每個角落都藏匿著危險，可能是交通、陌生人、罪犯，甚至是大自然本身。

日益擴增的都會區將讓溪流轉進涵洞，將沼澤填平鋪路，並且在以往森林成長的土地上蓋了一棟又一棟的房子。漸漸地，自然成了「他方」（out there），也許是公園或小綠地，但絕不會是街邊的溝渠，而且通常是一個要搭車才到得了的地方。這一代的孩子是人類史上離大自然最遠的一個世代，他們知道怎樣使用滑鼠，卻可能從來沒有見過一隻野生的老鼠；他們可能知道什麼是氣候變遷和瀕危物種，但恐怕連自己家附近的原生植物都認不得。正如路夫所言：「今日的孩子可能會和你談論亞馬遜雨林，卻無法分享上次獨自去樹林裡探險的經驗，也不會躺在草地上傾聽風吹的聲音，或是觀看浮雲的飄移。」

也許這種說法會被斥為懷舊或是太過感情用事，但若與大自然直接接觸的經驗有限，對這些地方的情感也會連帶受到影響；然而，它們才是真正維繫我們生命之處。

人類愈遠離自然便愈仰賴現代發明，被它們所包圍，成為科技的奴隸。想想看，每當電話鈴一響，我們是不是忙不迭地接聽？使用電腦時，是不是得依電腦指令行事，別無選擇？都市人遠離了鄉村的真實世界，失去了在自然求存的技巧，變得呆滯、傲慢與遲鈍。

就因為人類失去了舊有世界觀，狂熱於消費，遠離自然，湧入都市，我們也失去了與大地的連結。誠如貝利所說的，我們必須找到一個「新故事」、一個重新將人類納入地球時空連續體的「敘事」，提醒我們與世界萬物命運共享，才能重建人類存在的目標與意義。

> 如果我們能細心觀察和體驗常人的生活，那將像是傾聽青草的生長和松鼠的心跳，我們將為沉默背後的喧鬧而感到喜悅。是啊，匆忙而不經心的我們是多麼的愚昧無知啊！
>
> ——喬治・艾略特（George Eliot），《密德馬區小鎮》（*Middlemarch*）

尋找一個新故事

如果現代科學無法創造一個和諧的世界觀，消費無法填補心靈的空虛，人類要如何重建與地球萬物的連繫，尋回真正豐富而有意義的生活呢？我們要到何方尋找「新故事」？

> 人類是什麼呢？我們是宇宙整體的一部分，但是受到時間與空間的限制。人類探索自我，產生了一種「視覺幻象」，認為自己的情感與思想迥異於其他物種。在這個幻象下，人類囚禁自己、畫地自限，只專注於自己的欲望，也只能關愛親近的人。

唯有開放自己的情感，擁抱萬物，人類才能逃出這座監獄。

——愛因斯坦，引自克林與科梅合編之《和平，夢正啟動》

相對的，傳統社會依然擁有人類所需的知識寶庫，值得我們學習。一九八七年，由挪威首相布倫特蘭（Gro Harlem Brundtland）擔任主席的「世界環境與發展委員會」（World Commission on Environment and Development）發表了《我們共同的未來》（*Our Common Future*）的報告，報告中坦承科學家已無力指導人類如何管理自然資源，必須轉向傳統社會求取智慧：

傳統社會裡，人的生存端賴對生態的認識與調適……，代代累積的知識與經驗，將人與生命古老源頭緊緊相連，是世上最珍貴的知識寶庫。對整體人類社會而言，傳統社會的消失將是無法彌補的損失，因為我們可自其中學習在微妙生態系統裡永續生存的傳統技巧。諷刺的是，當工業的發展力量深入雨林、漠地與其他野地，也就摧毀了唯一知識如何在這種環境生存的文化。

經過一個世紀的經濟與科技蓬勃發展，邁向千禧年，頂尖科學家應當頓悟，科學並不能滿足人類所有需求，反而可能成為摧毀力量，我們需要探索原住民社會傳統智慧的新科學。

我深信人類文明如想延續，需要一種類似宗教的運動來改變現有價值觀，科學家必須認清科學（即使是生態科學）並不能解答所有疑問，這個世界上還有其他認識真理的方法。
承認這個事實並不會貶低科學的價值，
因為「科學」的角色就是要挽救過度擴張的人類文明。

——保羅・艾爾里區（Paul Ehrlich），《自然的機械學》（*The Machinery of Nature*）

先民的世界觀認為，人類是自然不可分割的一部分，而世界的每一個部分都巧妙相連。在這個多層次的密緻網絡裡，每一個人既是中心，也可以說是「深陷」其中，因為我們仰賴網路的千絲萬縷，在其中得到最終的安全感與歸屬感。然而，創造力十足的腦袋讓人類割斷了與自然的連結，但是科學、機械與科技也將人類的心智推展到前所未有的境界，電腦與電訊傳播更讓我們擁有蒐集、評估資訊的超強能力。人類眼前的挑戰是如何利用這些技術，重新發現人與時間、空間的連結，找回人在宇宙的定位。科學家知識自然的神奇、奧妙與偉大，透過他們的協助，人類可以重新了解所處的世界，認識它的豐富，並在自然張臂擁抱迷途知返的人類時，重新體會自然的慷慨大度。

身為科學家，我們不少人對宇宙奧妙深感敬畏，對待神聖之物應當戒懼謹慎，
我們所處的星球之家應該受到如此敬重。
捍衛與珍視環境，必須將它視為神聖之物。

——憂思科學家聯盟，〈保有、珍惜地球〉（Preserving and Cherishing the Earth）

我們能夠揉合現代科學與傳統智慧，創造出一個新的世界觀、一個把人類包含在其中的「故事」嗎？如果我們回首過往歷史，或許能得到一些線索。古希臘哲學家認為，宇宙由四大要素——空氣、水、火、土——組成，這些要素均有正反兩種特性——熱與冷、濕與乾、重與輕，兩種特性組合比例不同，便有無數變化，不斷流動、不斷改變、不斷對抗以求得平衡，動態平衡形成結構，為萬物帶來生命。空氣、水、火、土不斷互動，創造生命、維繫生命，每個人都是由這四大生命要素的組合變化而來。古希臘哲學家的觀念延續了兩千年，不僅塑建了大文豪莎士比亞的思想，也影響了其後無數的創作者與思想家。

時隔兩千年，這個觀念有了全新的意涵，空氣、水、火、土果然是生命所需要素，創造生物，並與所創之物維繫地球，讓地球成為適合生物滋長的所在。以下幾章，我們將一一探索四大生命要素，檢視它們的源頭，了解它們在地球上的功能，認識它們與人類的親密關係。我們將發現，人類是地球的造物，對地球了解愈多，我們就愈了解自己。

……生物與環境不斷對話，生物與生物之間也不斷對話。
精密的互動網絡讓萬物連繫成一個巨大的、自給自足的體系。
每一個部分都與其他部分連結，
我們全是「超自然」（Supernature）這個整體的一部分。

——萊爾．瓦特遜（Lyall Watson），《科學邊緣》（*Supernature*）

Chapter 2

綠色生命的呼吸

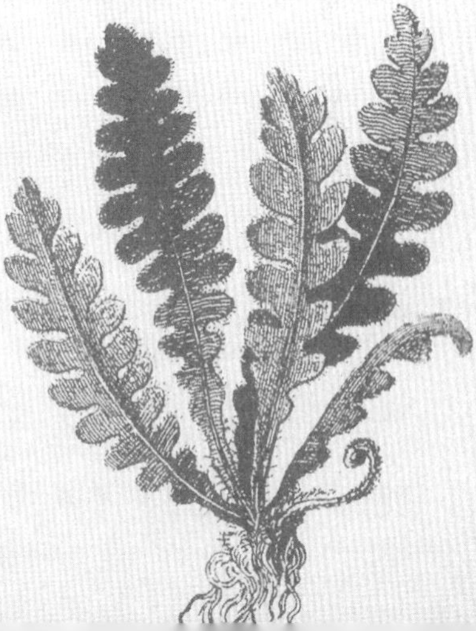

你的下一口呼吸與我的下一口呼吸，
都蒐集了從古到今甚至史前人類的
部分鼻息、氣、咆哮、歡呼與祈禱。

——哈洛．夏普理（Harlow Shapley），
《觀測站之外》（*Beyond the Observatory*）

THE BREATH OF ALL GREEN THINGS

一股看不見的力量包圍、充斥著我們，也帶給我們生命，這股力量有許多名稱：空氣、呼吸、靈魂、風、大氣、天空或天堂，有時我們甚至稱它為「上帝」。神話與詩詞裡，空氣常被賦予神聖的力量，英國詩人古拉德・霍布金斯（Gerard Manley Hopkins）說「狂野的空氣、羽翼地球的空氣」是上帝的恩典，像「神奇的袍子」般罩住地球。空氣是造物的力量，是《聖經》〈創世紀〉裡所描寫的：「上帝的靈運行在水面上。」也是〈詩篇〉第三十三篇裡所說的：「萬象藉祂口中的氣而成。」空氣是創造與維續生命的第一個要素。

空氣也讓語言、歌曲、言談與甜蜜樂音裡的概念得以具象化。和其他語言一樣，英文裡也有許多推崇空氣神聖地位的辭彙，譬如Spirit這個字源自拉丁語spiritus，代表「呼吸」、「空氣」，而後擴大為指稱靈魂、生動的本質、智識、元氣、活力、真諦與精華，每一個的意涵都和死氣沉沉、呆滯遲鈍正好相反。從spirit又衍伸出「啟發」（inspiration）這個字，意指新概念的誕生搖籃；而「呼出」（expiration）這個字也同時意指「期滿終止」、生命結束。由此可知，語言比我們更清楚空氣的重要性，從出生的第一口呼吸到我們嚥下的最後一口氣，終此一生，我們日日都泅泳於空氣這股隱形力量的大海裡。

空氣是我們的生命要素，地球外圍是由各種氣體組成的一層大氣，我們就生活在大氣裡。兩千年前，柏拉圖曾說：「人其實生活在地球的凹洞之中，卻幻想著自己是生活在地球的表面……。事實是，因為人類孱弱又笨重，才無法飛躍到大氣外表碰觸它。」現代科技已克服了人類的笨重，但是當我們脫離大氣，還是得隨身帶著空氣。氧氣筒可以幫助我們在高山與水底順暢呼吸，太空人必須仰賴太空艙與太空衣裡的氧氣輸送，才不會暴斃。

一開始，你會對這顆壯觀而美麗的星球產生敬畏之情，然後你往下俯視，就會明白這顆星球是我們僅有的一切。我們身處太空，每天要看上個十六次日出日落，每一次都能看到地球表面覆著一層薄薄的薄膜，約有十到十二公里厚。那就是地球的大氣層。就是它，其下充滿生命，其上則一無所有。

——加拿大太空人茱麗・派葉特（Julie Payette）

在演化的道路上，空氣扮演了重要角色。譬如許久之前，鳥類的前肢演化成翅膀，得以翱翔全新領域；又譬如在河流裡孵化的蜉蝣、順著看不見的氣流滑翔的蝴蝶，還有成群在空氣中嗡然飛舞的蚋。無數生物的生命儀式都須仰賴空氣，它傳播聲音、散布氣味、傳遞費洛蒙（pheromone）分子，以吸引交配對象、發出警告或尋找失散的幼代。植物將種子散布於空氣中，以香氣吸引授粉者。最重要的，身為好氧生物，對空氣的需求其實塑造了我們的生理。要是沒有空氣，我們就聽不到孩子的呢喃低語，也聞不到金銀花甜美的香氣，甚至感受不到遠方火車行進時的振動。空氣分子相互碰撞的簡單動作，形成一道不可見的波動，由此我們才感覺得到這個世界。少了空氣，我們所描繪的世界圖像既沒有深度，也缺乏層次。

不相信嗎？試著停止呼吸看看，你馬上就會發現不可能沒有空氣！只要幾秒鐘不呼吸，身體就會渴求空氣，一分鐘內，頭部的血管就會賁張，心臟猛地砰動，胸部快速起伏，沉默吶喊著「我需要空氣！」我們不僅吸呼空氣，也是空氣的產物，生命中每一分鐘都不可缺少它。空氣創造與維繫所有的生物，但是生物也反過頭來創造、維繫了空氣的組成。

看不見的東西可能殺死你

空氣中各種氣體的比率與組成至關重要。十六世紀時，西班牙人入侵印加人居住的高山，罹患不明疾病，西班牙人稱之為「安地斯山病」，阿古斯塔神父（Father Jose de Acosta）在他於一五九〇年出版的《自然史與精神史》（Natural and Moral History）中指出，「安地斯山病」可能與空氣有關：

> 我認為當地的空氣非常細緻而微妙，並不適合呼吸，人類需要比較溫和的空氣，我認為這是造成胃部不適，讓大家非常困擾的原因。

兩個世紀後，人們才發現「安地斯山病」其實是缺氧。海拔過高會造成空氣變化，深入地底也一樣。喬納森・韋納（Jonathan Weiner）寫道：

礦坑致命氣體二氧化碳、一氧化碳、甲烷、氫都是無臭無味，除非有人看到同伴昏厥在換氣坑裡，大聲警告「毒氣」，否則多數礦工都是在毫無知覺的狀態下昏迷。致命氣體中唯一有味道的是礦工俗稱「臭味毒氣」的硫化氫，這種氣體非常邪惡，濃度很低時聞起來像臭雞蛋的味道，濃度高到致命時，卻又一點味道也沒有。礦工曾試過用老鼠、雞、小狗、鴿子、家雀、天竺鼠、兔子來偵測毒氣，經過多次試驗後，發現金絲雀最有用，碰到一氧化碳或硫化氫，金絲雀一定比人先昏厥。二次大戰後，許多精密的毒氣偵測器問世，安裝在礦坑裡。即使如此，直到今日，內政部印行的礦坑安全手冊，藍色封面上依然畫著一隻鮮黃色的金絲雀。

我們就是空氣

北美拓荒征服史塑造了一種強烈迷思，那就是個人至上——每個人都是自由來去、獨立的個體。從生物學的觀點來看，這個迷思其實大錯特錯、昧於真相，因為人絕不是獨立自主的個體，只要看看我們的身體與周遭的要素如何密切互動，便知道人類根本就深植於空氣這個母體中。

我們被空氣緊緊包圍，不僅無法與它劃清界線，更因為呼吸是生存最重要的活動，人體從裡到外就是為了呼吸而設計，將外面的空氣吸進體內，深入潮濕、薄膜迷宮狀的胸腔，然後使用它。

呼吸由腦幹的呼吸中樞所控制，它是人腦最古老的部分，在意識形成以前便存在了，不受人腦發展得較晚的意識部分所控制。不管是醒著或睡著，這個遠古的演化連結都會自動控制我們的呼吸。初生嬰兒每分鐘呼吸四十次，稍長後減少為十三到十七次，激烈運動時，可能加快到八十次，這些都是無意識的動作。如果呼吸停止二到三分鐘，多數人的腦部會蒙受無法彌補的傷害；停止呼吸四到五分鐘，就會死亡。

我們的身體天生有一些安全機制，會細細調節我們的呼吸量。主動脈與頸動脈裡的氧化學受器（oxygen chemoreceptor）會不斷監測血液中的氧含量，當氧含量降低時，受器就會發出衝動給橫隔肌與肋骨，增加呼吸的次數。二氧化碳溶解會產生碳酸，如果我們的血液裡酸度過高，二氧化碳化學受器或酸化學受器就會有所反應，再度傳達訊息給橫隔肌與肋骨，增加呼吸次數以排除二氧化碳。

人體有機受器（mechanoreceptor）守衛著呼吸道與肺部，肺部裡還有伸張受器（stretch receptor）可以偵測肺部的膨脹，當我們吸了一口氣後，受器就會傳達訊號，調節我們下一次呼吸的時間。運動時，身體裡的受器也會調節我們的呼吸，神經中樞則會在我們緊張、痛苦、打噴嚏、伸懶腰時調節呼吸。你當然可以凌駕原始古老的機制，故意閉住呼吸，但是過不了多久，血液中的二氧化碳就會上升，迫使你必須趕快吸一口氣。由於人只要幾分鐘不呼吸就會死亡，我們的身體遂發展出上述連串策略，以確保生存所需的空氣不致斷絕。

氧是重要元素，若與其他元素產生電子移轉就會燃燒，這個過程叫作「氧化作用」。氧化速度可以快得像火燃燒，也可以慢得像鐵生鏽。至於生物體的新陳代謝，則是一種可以控制速度的氧化作用。細胞的氧化作用會分解碳水化合物與脂肪的分子，經由熱的形式釋放能量。在這個過程裡，氧變成二氧化碳的一部分被釋放出來，或者成為其他分解物的一部分。總之，氧是點燃生命之火、讓它繼續燃燒的重要元素。

呼吸的通路

我們可以將人體的上半身想像成一個氣穴，一種極端複雜的機械，用來捕捉空氣，使其為人體所用。我們吸氣時，肺部下方由平滑肌構成的橫膈與肋間肌都會收縮，使肋骨向外及向上移動，造成胸腔部分真空，大氣的壓力便順利將空氣送入我們的胸部。

一般來說，肺的氣體容積約為四．二五到六公升之間，平靜休息狀態時，肺的每次吸氣量約只有五百公毫升，深呼吸時，氣體吸入量則可達三到四公升，極力吐氣後，我們肺部裡依然會殘留一公升左右的氣體。

吸氣時空氣由鼻腔進入，鼻腔內的纖毛會捕捉較大的灰塵粒子與異物，噴嚏則會將之排出，較細小的粒子則由鼻甲骨（conchae）內的黏膜與微小纖毛黏附。經過鼻甲骨黏膜濕潤溫暖過的空氣，進入鼻腔最上部，經過滿布嗅覺接受器的嗅黏膜，空氣分子的訊息會經由神經纖維導入腦部下方的嗅球。雖然我們經常對「新鮮純淨」的空氣並無知覺，但是煙味、香水、腐魚、百合的味道卻會馬上引起我們注意。我們的嗅覺雖說比不上某些動物敏銳，但是氣味傳達的環境訊息卻會刺激我們的食慾，使我們興奮、警覺或得到安撫，有時甚至還會激發我們的深層情緒，或勾起遙遠的回憶。

空氣從鼻腔進入喉部到達氣管，氣管之下分為兩個支氣管深入左、右肺（圖 2.1），支氣管像樹枝分支一樣，先分為許多較小的支氣管段，然後再繼續分為更多更細的小支氣管。空氣進入氣管，依序經過這些樹枝狀的通道，最後通向肺泡。每個肺約有三億個肺泡，這些肺泡的細胞表

面積合起來和網球場一樣大呢！每個肺泡壁上都有網狀的微血管，是由動脈分支而來，上有血球細胞。（圖 2.2）

空氣經由肺泡進入血管，肺泡有三層薄膜，可以加速空氣由肺泡進入血管的過程。這些薄膜厚度還不到信紙的五十分之一，是一種界面活性劑，可以減低空氣與血液細胞間的表面張力，讓氣體擴散進入紅血球的速度加快，亦能黏附人體吸入的異物粒子，讓扮演清道夫角色的巨噬細胞把它們運走。在空氣進入血管的過程裡，不僅空氣與細胞間失去了界限，氣體與液體、內與外的分野也失去了意義。

人體血液含量與身體大小有關，平均約為五公升，每一毫升血液含有五百萬個紅血球（亦即人體約共有兩百五十億個紅血球）。當我們處於輕鬆狀態時，五公升血液由心臟經肺部、身體其他部位再回到心臟，循環一圈約需一分鐘，運動時，這樣的循環約加速六倍。

人體有兩百五十億個紅血球，每個紅血球裡又有三億五千萬個血紅素分子，血紅素可以和二氧化碳及氧分子結合，攜帶它們往返肺部。每個血紅素分子一次可以攜帶四個分子，因此，體型中等者的血液裡，隨時可攜帶 3.5×10^{19} 個氧分子或二氧化碳分子。當我們吸氣時，空氣與肺部深處的肺泡接觸後，氧分子馬上穿透薄膜與血紅素結合，呼氣時則排出二氧化碳。血液飽含氧氣，呈現鮮亮的紅色，循環全身，將氧輸送給亟需能量的細胞。

人在體力勞動時使用儲存的能量，每分鐘約需二・五公升的氧。勞動讓我們釋放更多二氧化碳至血管，刺激腦部增加呼吸次數，以吸收更多的氧。這時心臟跳動也會加快，以加速血液細胞釋放二氧化碳，並從肺部攜回更多的氧。

圖 2.1　呼吸道的解剖圖

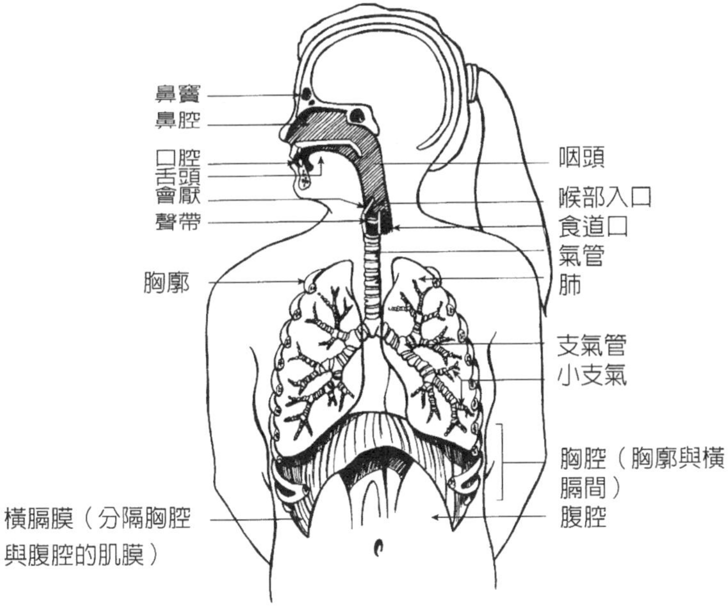

圖 2.2　肺泡的詳細解剖圖

圖 2.1 與圖 2.2 改編自史達爾（Cecie Starr）與塔格特（Ralph Taggart）合著之《生物學：生命的統一性與多樣性》（*Biology:The Unity and Diversity of Life*,Belmont,Calif:Wadsworth,1992）

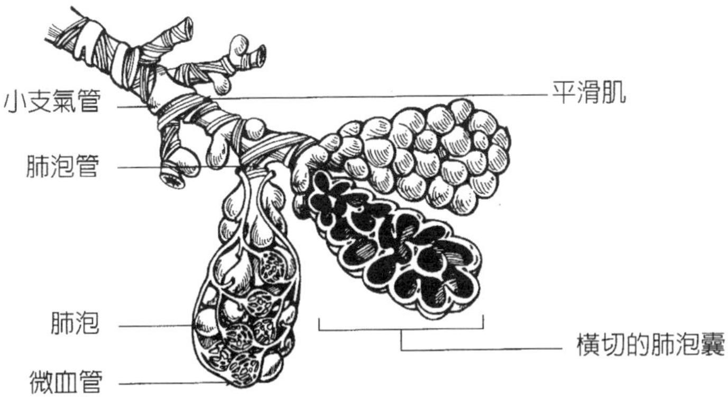

世界的融合者

我們呼氣時，不會盡吐肺泡裡的氣體（輕鬆狀態時，人只排出體內十分之一的氣體），餘下的氣體讓肺泡囊保持膨脹，不致塌陷。換言之，我們的體內始終充滿氣體，它就像組織與器官一樣，是人體的一部分。我們是空氣的一部分，而它又是所有綠色植物與其他生物的一部分。

假設你正與他人共處一室，將房間的空氣體積乘以亞佛加厥常數（Avogadro's constant，即一莫耳空氣的分子數量為6.022×10^{23}），可得出該房間的空氣分子數量（假設房間裡空氣混合均勻）。如果你以每次呼吸吸入的空氣體積，乘以每分鐘呼吸次數，乘以待在房間的時間，乘以二氧化碳與氧穿透肺細胞膜的速率，再用房間的分子數量一除，不管多嚴苛的計算，你都可發現自己在很短的時間內，便吸進了一些來自別人體內的原子，其他人也一樣。

關於空氣，哈佛大學天文學家夏普理也有一個著名思考。他說人所吸的每一口氣，百分之九十九是活性氧與氮，只有百分之一是氬（argon），由於氬是一種惰性氣體，人體吸進又呼出，不會成為身體與代謝的一部分。根據夏普理的計算，每一口氣含有3.0×10^{19}個氬原子與1.0×10^{18}個二氧化碳分子。假設現在你吐出一口氣，其中的氬原子便四散逃逸，與大氣混合散布全球；一年後，你再吸的每一口氣都至少含有十五個當年的氬原子。所有二十歲以上的人至少呼吸了一億多次，均曾吸入全世界的一歲幼兒在呱呱墜地時呼出的第一口氬原子！夏普理說：

你的下一口呼吸，至少含有四十萬個聖雄甘地生前呼出的氬原子。不管耶穌在最後晚餐的談話，或者外交官在簽訂雅爾達密約時的談判，甚至古典詩人誦讀詩作時所吐出的氬原子，而今都散布在大氣西。大氣中還有古時戀人哀歎祈求、滑鐵盧戰役廝殺吶喊時所吐出的氬原子。本文作者已擁有三億次呼吸經驗，現今大氣中更不乏本人在去年間吐出的氬原子。

空氣從你的鼻子進入另一個人的鼻子，真正是互通鼻息，所有好氧生物都共享同樣的空氣，因此，我們每次吸進的氬原子都曾是小鳥、樹木、蟲、蛇的一部分（在空氣和水的交際界面，氣體不斷進出、溶解於其中，水生生物便是在此進行氣體交換）。

空氣並不是一種真空狀態，或是一無所有的空間；它是一種滲透進我們體內、充斥在我們之間的物理實體。雖說生命與地質物理作用經常改變空氣的組成，但是大致來說，空氣的基本成份維持著高度平衡。我們活得愈久，愈有可能吸到聖女貞德、耶穌基督、尼安德塔人、長毛象所呼出的氬原子。我們呼吸著先人的鼻息，同樣地，我們的子孫也會呼吸到我們的鼻息。從這個角度來看，人注定與過去、未來不可分割。

每一次呼吸都是聖典，宣示著我們與萬物的連結，重建了我們與先人的連繫，也是我們留給後代子孫的獻禮。我們的呼吸是生命氣息的一部分，混在大氣裡，環抱著地球。太陽系裡唯有地球擁有空氣，既能神奇造物，也為生命所創。

缺氧策略

鯨魚、海豚、海豹和其他海洋哺乳動物都能在水中自在優游，很容易讓人忘記牠們也是需要呼吸空氣的生物。就跟人類一樣，牠們也可能淹死在水裡。海洋哺乳動物在海洋與大氣交界所爭取到的時間一閃即逝，為了應付這個情況，牠們——尤其是那些潛入深海的種類——發展出相應的策略：利用每一次珍貴的呼吸機會，將氧氣保存下來，藉此降低缺氧（或是低氧）所造成的代謝風險。

不同於陸域上的生物，海洋哺乳動物是有意識地呼吸。牠們會控制每一次呼吸，充分利用待在水面的時刻，用力吐出廢氣，並深深吸入新鮮、富含氧氣的空氣。以長鬚鯨為例，每一次大口呼吸時所交換的氣體量，高達其肺活量的百分之九十。

象海豹是天生的潛水好手，牠們可以下潛超過一公里深，並在那裡待上一小時，而且每次重新浮出水面換氣的時間只需要大約三分鐘左右。潛水時，象海豹並不用憋氣（想像一下將充滿氣的沙灘球壓入水中的畫面），牠們的肺、肺泡以及氣管都會塌陷，留在肺部的氣體只剩百分之五，其餘大多數的氧氣會進入血液和肌肉中。在那裡，比人類高出百分之二十以上的大量血液與為數甚多（是人類的三倍多）的肌紅蛋白（myoglobin）會增加這項珍稀資源的使用效率。

為了進一步節約氧氣，象海豹在深潛時會減緩新陳代謝的速率：血液會從末梢流回心臟和大腦等中央器官，心跳也從每分鐘一百一十到一百二十次減緩到每分鐘二十到五十次。

生活在高海拔地區的人類也發展出適應當地空氣條件的機制。隨著海拔高度增加，空氣變得稀薄，每次呼吸時能夠吸入的氧分子也跟著減少。為了彌補這一點，安第斯高原居民的血液裡，血紅蛋白比例會較平地人高，以便和更多的氧氣結合。有趣的是，並不是所有高海拔的族群都演化出這樣的生存機制，例如喜馬拉雅山和西藏高原的居民就沒有出現血紅蛋白增加的情況（四千公尺以上的高海拔區則不在此限），而是增加每分鐘的呼吸次數來彌補環境中氧氣不足的問題。

空氣的來源

科學家口中的空氣來源故事，就和所有創世故事一樣始自太初，也同樣壯觀。科學家相信大霹靂（Big Bang）創造了宇宙，大霹靂之後，大片雲氣開始冷卻凝縮，而後因重力吸引形成一團團物質。物質壓縮使這團物質的核心加熱，熱量不斷加大，終於克服了原子間的靜電互斥，使氫原子融合形成氦原子，釋放熱能，點燃了星體的熱核反應，照亮了仍在不斷膨脹的宇宙。

大霹靂一百億年後，一顆恆星（也就是我們的太陽）在銀河系統誕生了，原始圍繞太陽的雲氣收縮成較小塊的物質成為行星，其中一個是地球。地球大約誕生於四十億年前，一開始是個星塵與隕石的集團，而後數百萬年在繞日運行時，不斷吸納從旁經過的物質塊與宇宙塵。地球原始地函裡的氫與氦非常輕，地球重力不足以吸引住它們，早已溢散入太空，留下的原生大氣百分之九十八是二氧化碳，百分之一．九是氮，餘下的百分之〇．一是氬。

當地球逐漸冷卻，地質作用頻仍，火山爆發噴出大量的熔漿、煙灰與氣體，大部分是水蒸汽、二氧化碳、氮與氯，還有甲烷與氨，卻尚無維繫生命所需的自由氧氣或純氧。那時地球上的氣體是今日所謂的「溫室氣體」，形成一層大氣包裹著地球，太陽輻射以較短波長的可見光形式，穿透這個大氣層，照射地表，再反射出去。而溫室氣體就像溫室的玻璃，會捕捉住紫外線這類波長較長的太陽輻射，像毛毯一樣將熱氣緊緊裹住不散，使得地球表面溫度升高。（見圖 2.3）

那時的大氣濃度約為現今二十到三十倍，而且多為溫室氣體，地表溫度也就異常高，大約是攝氏八十五度到一百一十度之間。當火山作用逐漸緩和，大氣也逐漸冷卻，讓水蒸汽足以飽和形成雲、降下雨，形成水蒸汽飽和—降雨—蒸發的水循環，這種不斷的循環對生命形成至為重要。那時的地球尚無土壤，經過不知幾億年，雨積成河川、湖泊與海洋，而岩石也在無垠的洪荒裡慢慢釋出微量的鹽與元素，在海洋裡累積。

生命與空氣的互動

接著，大氣裡的原子與簡單分子（原子的合成）漂浮海面，溶入水中。而伴隨著河流沖刷過地面、匯入大海，海裡的原子也不斷累積，最後海裡豐富的各式原子與分子互相反應，形成較為複雜的結構，產生了生命的主要化學基礎——核酸、蛋白質、脂類與碳水化合物等。這些物質會傳遞遺傳訊息，進行代謝作用，形成所有生物體的細胞結構。換言之，地球原本是個無生物的環境，經由各種條件的累積，生命才得以成功誕生、繁衍。

地球形成不到十億年後，生命便誕生於海洋。我們不知道地球經過哪些奇怪實驗，形成了第一個細胞（或稱原型細胞），只知道它經過激烈競爭，獲得了成功特性，擊敗其他對手，複製繁衍了下來。這個細胞是所有生命形式之始，它的後代先是在海洋繁衍，而後爬上陸地，翱翔空中。

要是我們發明出時空旅行的方法，

圖 2.3　溫室氣體的熱反射

本圖改編自拉格特（Jeremy Leggett）編輯之《地球溫室效應：綠色和平組織報告》（*Global Warming:The Greenpeace Report*,Oxford:Oxford University Press,1990）

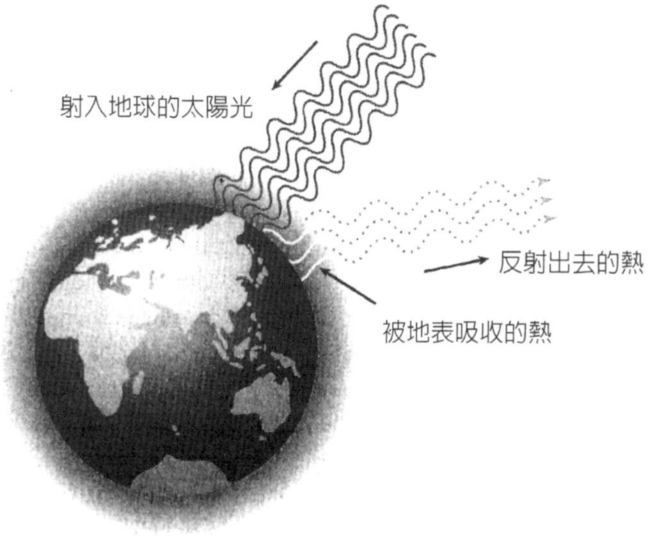

回到二十億年前❶，那時的地球已經出現生物，只不過沒有一種是肉眼可見的。那是一個微生物的世界，而細菌是地球上唯一的生命形式，生存在世界各地的海洋中，基本上就是一個進行化學實驗的大型池子。它們的世界是無氧的，這些細菌是從周圍的化學物質，如硫化氫或二氧化碳中吸取能量。一直到了大約二十五億年前，一群被稱為藍綠藻（cyanobacteria）的微生物發展出一種方法，能夠捕捉來自太陽的光子能量，並將其轉換成可以儲存在分子內的高能量化學鍵，待需要時再釋放出來。

> 生命的語言是化學。
>
> ——萊恩・馬古利斯（Lynn Margulis），《第三種文化》（*The Third Culture*）

將太陽能轉換成食物的過程便是光合作用（photosynthesis），正是這種能力徹底轉變了地球生命的本質。在藍綠藻出現以前，生命還得四處搜尋能量，可能是從深海溫泉、火山口或是化學鍵中提取。但陽光是無限的，透過光合作用便能獲取豐富的能量。光合作用的關鍵是一種名為葉綠素的色素，它能捕捉光子，將能量運送到製造葡萄糖的所在。在光合作用中，藍綠藻（以及之後的藻類和植物）會在捕獲的光能裡加進二氧化碳和水的混合物，製造出葡萄糖這種構造簡單的糖類，也就是一種由碳原子和氧原子為主鏈所形成的糖分子。在藍綠藻以太陽能為動力進行化學作用時，生命也展開改造大氣層的漫長過程，一直持續到今日。

植物行光合作用時，每將六個二氧化碳分子轉化成一個糖分子，就會有六個氧分子釋放到大氣中。長達一億年的時間裡，藍綠藻不斷釋放氧氣至海洋中，氧與海洋中的鐵起了反應，便形成氧化鐵。基本上，海洋就是從那時候開始生鏽的。後來，氧化鐵逐漸沉澱到海底，這些沉積物便成了今日全球主要的鐵礦來源。

地質記錄顯示，約在二十億年前，陸地上含鐵的岩石也開始生鏽。這些地層中的「紅帶」提供了一個線索，讓我們得以推估海洋溶氧量達到飽和的大致時間；在那之後，便是由大氣來接收這份化學禮物，而大氣層中的氣體平衡也逐漸轉變為今天我們所認識的富含氧氣的狀態。生命改變大氣化學組成的同時，也為生命創造出新的機遇。一場氧氣革命就此展開。

通往過去的一扇窗

澳洲的鯊魚灣（Shark Bay）提供了一窺地球歷史的機會，在這裡可以想像我們的星球在數十億年前的可能樣貌。淺海灘地上貌似花椰菜的石堆是所謂的「疊層石」（stromatolite），而藍綠藻則是此種構造中不可或缺的一員：沙子和泥土覆蓋在藍綠藻的基墊上，形成疊層石。藍綠藻需要光，所以會不斷往表面移動，如此這般繼續向上搭蓋，便形成了一層層菌泥相混的活岩石。

❶譯注：此處年代應為作者誤植，地球上的生命以微生物的面貌出現在原始海洋中，一般推估是在四十億年前左右，且當時的大氣層為無氧狀態。此外，這個時間點也應當早於下文二十五億年前的藍綠藻年代，文意才正確。

這些團塊狀岩石看似不起眼，藍綠藻卻善用了周遭豐富的資源：藉助陽光之力，它們讓氧氣從水中釋放出來，為地球上的生命創造出一層大氣。

藍綠藻轉化了地球的化學性質，並且為新的生命形式準備好演化的環境。最後，當細菌侵入另一個細菌內部時，也就是穿透宿主的細胞膜，並停留在其原生質（protoplasm）中，新生命便就此出現。儘管整個過程看來就像個簡單的生存策略，或許只是為了尋找食物，或避開掠食者，尋求保護；然而，在生命史上，這次的入侵其實是一大轉捩點。宿主與入侵者之間並非是相互敵對的狀態，而是彼此都從這個關係中獲得了好處。這個新的整體確實大於部分的總和：合作果然優於競爭。

由兩個細菌所形成的夥伴關係進而演化出一種新型的細胞，這種細胞具有細胞核和胞器等更為複雜的構造，並因此促成複雜生命的起源。直至八〇年代，這種說法仍備受爭議，現今已廣為接受，一般相信細胞中的粒線體（mitochondrion）是兩個合而為一的細菌演化出來的。（粒線體相當於細胞的發電廠，利用氧氣和化學物質來產生能量。）讓植物得以行光合作用的葉綠體也是來自一種類似的共生關係，不過，葉綠體的DNA和細胞核內的DNA相似性甚低，和藍綠藻的DNA之間倒是有驚人的相似度。

在過去細菌主宰的世界裡，海洋中的早期微生物偶然結合在一起，促使複雜的多細胞團塊生成，才會有後來的藻類、真蕈與動植物。一開始，生物在海洋這個搖籃裡持續演變，然後進入海岸邊潮濕的沙地、黏土和塵土中。一直要到四億七千五百萬年前，才有一些綠色植物登上陸地，持續改造我們的大氣組成。

植物由海底登上陸地，造成生命的勃發，不管是生命的種類或數量都大幅增加。有很長一段時間，植物這種生命形態主宰了海洋與陸地，帶動了食草動物（herbivore）的演化。食草動物們以植物維生，吸收分解後的植物分子，食肉動物再以食草動物維生，將這些分子吸收入自己的身體。漫長的地球史裡，不知有多少代的植物與動物在死亡後肉身腐爛，分解後的分子滲入土內，碳的循環鏈形成了泥炭、煤炭、石油與天然氣等「化石燃料」，我們今日使用的能源泰半來自這樣的化學鍵。

換言之，空氣與生命一直不斷在互動、互相改變，譬如空氣裡的二氧化碳會被生物轉化成碳酸氫鈣介殼，或者成為化石燃料，而生物的光合作用也會釋放氧至空氣中。數十億年前，地球的大氣泰半是二氧化碳，慢慢地，大氣的主要成分變成氮（百分之七八．〇八）、氧（百分之二〇．九五）與氬（百分之〇．九三）（見表2.1），直到大氣裡富含氧，生命才得演化繁衍。

適合生命的大氣

如果我們將地球縮小成籃球，大氣層裡孕育生物與氣候的部分則不到一張紙那麼厚，生命就在這一層薄薄的空氣裡繁盛發展。大氣的組成、溫度和生命誕生息息相關，拿鄰近的金星與火星來說，金星的大氣層約比地球厚一百倍，多為水蒸氣與二氧化碳等溫室氣體，因此，金星地表的平均溫度是可怕的攝氏四百六十度。相反的，火星的大氣約有百分之九十五．三為二氧化碳，但是異常稀薄，表面大氣壓只有地球的千分之六，稀薄到無法捕捉太陽熱能，因此火星地表的平均溫度是酷寒的攝氏零下五十三度。走訪太陽系，你看到了炎熱似地獄的金星、冰寒嚴峻的火星，最後來到我們的家——溫暖明亮的地球。

地球上的生命便在天地之間這層飄渺的空氣層中蓬勃發展，大氣總重量約為5.1×10^{15}噸，不到地球總重量的百萬分之一。大氣層雖高達兩千四百公里，但是百分之九十九的大氣集中在離地三十公里的範圍內。五千萬億噸的空氣越靠近地表，密度越大，在大氣層的最下面一層，每一平方公分的大氣壓力約為一公斤，這也是你、我與其他陸地生物所習慣適應的大氣壓力，少了這種壓力，生命就無法存活。

我們和地表氣壓之間的關係密切，一旦離

表 2.1　較下層的大氣氣體分布

氣體	體積百分比	每百萬含量
氮	78.08	780,804.0
氧	20.95	209,460.0
氬	0.93	9,340.0
二氧化碳	0.035	350.0
氖	0.0018	18.0
氦	0.00052	5.2
甲烷	0.00014	1.4
氪	0.00010	1.0
二氧化氮	0.00005	0.5
氫	0.00005	0.5
氙	0.000009	0.09
臭氧	0.000007	0.07

開這層完美加壓的保護罩，生命將危在旦夕。由於早期的登山家和熱氣球探險家的努力，人類得以明白自己的舒適區在哪裡，只要所在的高度上升，我們便會立刻感受到大氣壓力和含氧量的變化，進而感到身體不適。就算是那些重心最好的人，還是能夠感受到高度的變化，耳膜疼痛即是最初的跡象之一。在地面上（不論我們生活的海拔高度為何），兩側鼓膜的壓力是相等的；當高度增加，氣壓下降，耳朵內部的壓力會變得比外界高，因此產生一股將鼓膜向外推的力量，導致嚴重的疼痛感，直到這股壓力獲得釋放。（潛水員的例子則剛好相反，當他們下沉時，水壓會將鼓膜往內推。）

當我們登高，呼吸會變得困難，這是因為每次呼吸的含氧量減少的關係。同時，高海拔和低氣壓也會導致體液從微血管中流出，積在肺部和大腦裡。最後，我們將無法提供身體所需的足夠氧氣，如果沒能及時往低處走，或是使用呼吸設備，便隨時可能死亡。不過人類成功將地表壓力的空氣裝進罐子裡，這項技術擴大了我們的棲地；儘管只能短暫停留，卻為探險家打開通往天空和海洋的一扇門。

我們必須探索大氣的層層結構，才能一窺其中之妙。中世紀時，人們站在地球之上觀察宇宙，認為繁星點點是許多透明的球體，承載著星星，互相繞行。當這些球體運行時，它們會發出歌聲，創造了宇宙的和諧天籟。今日我們可以大幅改變這個譬喻，將大氣視為一圈又一圈包裹著地球的氣體（見圖 2.4），每一圈都包含著不同物質，層層流動。雖然這些大氣分層不會歌唱，但是它們有冷有熱，會讓陽光透射，也會反射陽光，保護著地球，讓居住在大氣層裡的我們可以仰天而歡唱。

圖 2.4　大氣層的分層，虛線表示大氣層下部的氣溫

本圖改編自《科學案頭參考書》（*Science Desk Reference*,New York: Macmillan,1995）

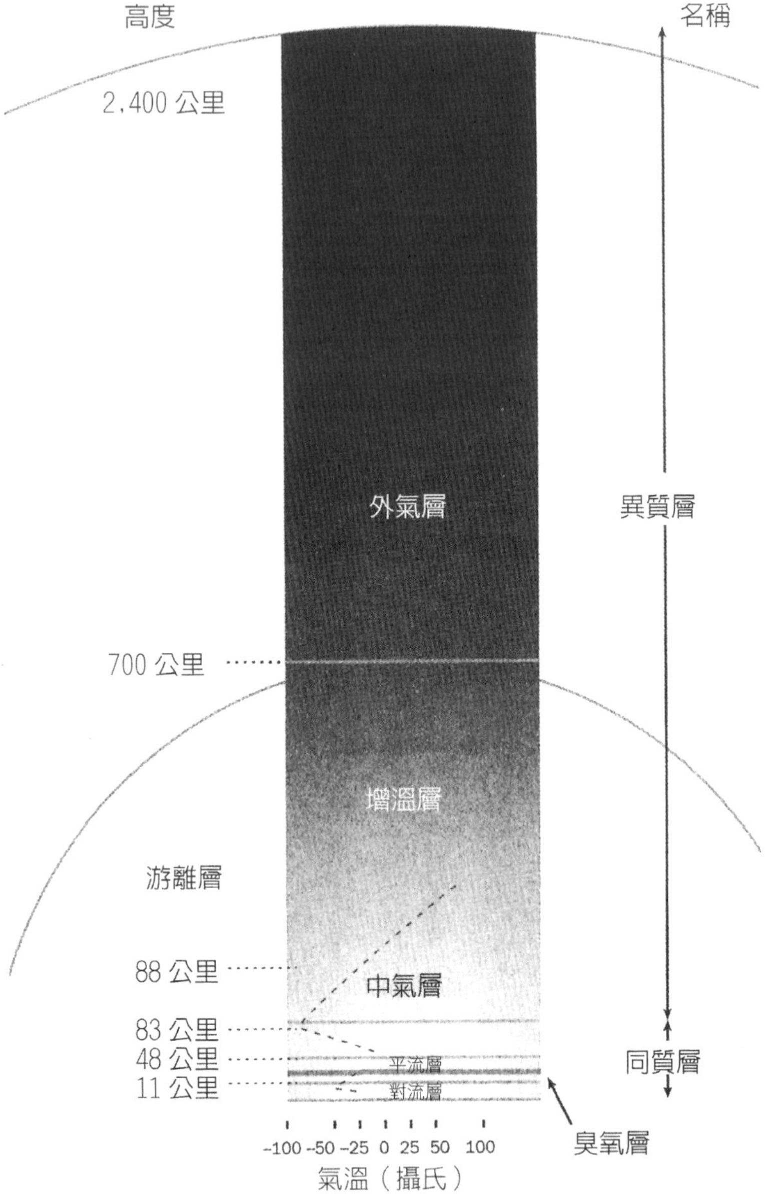

站在地面上觀察，大氣層看似同質，永遠被風攪動與對流。其實，從地表往上八十三公里的大氣層稱之為同質層（homosphere），因為此層裡的大氣均勻混合。雖說半數大氣物質集中在離地不到六公里的範圍內，但也會因地表、重力、水汽蒸發、宇宙輻射的差異而有所不同，譬如重力會使較重的物質接近地表，相對的，輕較的氦則充斥在較高的地方。

大氣的最低層是對流層（troposphere），生物居住於此，天氣現象也在此發生。對流層平均離地十一公里，但在南北兩極處只有八公里，赤道處十六公里。對流層之上是平流層（stratosphere），範圍為離地十一到四十八公里間，空氣在這層裡變得稀薄，臭氧層也包含在這一層裡，範圍為離地十六到四十八公里間。平流層之上是中氣層（mesosphere），範圍為離地四十八到八十八公里間。

在我們居住的對流層裡有許多大氣活動，有些重疊，有些互相影響。譬如高速的風隔開了赤道地區溫暖的空氣與兩極冰冷的空氣，這種風叫作噴射氣流，發生於離地七千六百二十公尺到一萬三千七百一十六公尺間。一般來說，南北半球的噴射氣流都是由西往東移動，有時也會向北或向南移動，北半球的西風便經常順著上方的噴射氣流而吹動。

多數時候，我們對地球與大氣的運轉不知不覺，偶爾也會直接感受到驅動生命的運作。譬如搭飛機往返溫哥華與多倫多，或者往返舊金山與紐約，便會訝異發現同樣的飛行路徑，由東往西至少費時五小時，由西往東卻費時不到四小時，這是因為地球自轉帶動噴射氣流由西往東吹。氣流就像空氣中的巨河，夾帶著海洋與雨林的水蒸汽、沙漠的灰塵與工業中心的廢氣，運行全球，將碎屑散布各地。

對流層裡的空氣因為對流而不斷攪動混合，空氣對流原因來自空氣、陸地與海洋的溫度差異，也來自山岳高度、氣候與濕度差異，甚至雨林的水汽蒸發與海洋藻類的滋生聚集，都會導致空氣對流。各式氣流擾動的影響是：很難精準預測地區性氣候，但全球性的風向模式卻不難掌握。至於南北半球間的風倒是很少混合，因為赤道無風帶（doldrums）隔開了赤道兩側產生的熱風。

蚱蜢效應

洛磯山脈上的冰川、廣袤的北極苔原、冰雪與海——這是加拿大的高峰，世界的頂點。這些地方遠離塵囂，沒有工業和汽車，是我們能想到最不可能受到污染的地方。可惜事與願違，這些寒冷的偏遠地區竟意想不到地接收了來自全球、且遺毒最深的部分持久性污染物。

多年來，大衛．辛德勒（David Schindler）一直在加拿大洛磯山脈上的雪穹冰河（Snowdome Glacier）採集冰芯（ice core）。這些區域每年都會有新的冰層成形，等於是為那些各式乘風而來的大氣污染物留下了年度紀錄。這些紀錄十分驚人，不但可見農藥、多氯聯苯，還有其他持久性有機污染物（persistent organic pollutants），無異是一份用冰打造的人類化學產品紀錄。

這些污染物進入冰層的旅程可能很漫長，它們或許是來自一個溫暖的氣候區，在那裡蒸發至大氣層後，加入大氣環流長距離的輸送系統，隨風飄搖，直到遇見冷空氣才凝結，並依附雨水或冰雪，落回地面。在污染物最終抵達更高、更冷、更北的氣候區，並結束這場全球之旅前，暖化（汽化）、冷卻和沉澱的循環可能會一再發生。由於這場旅途不斷地向北「躍進」，這種現象也被稱為「蚱蜢效應」。

環北極帶的原住民一直維持著以海產為主的飲食傳統，這被公認是全世界最健康的飲食習慣之一。然而，這套維繫他們生存、甚至界定他們文化的飲食習慣如今卻威脅到他們的健康。當污染物沉澱至水或土壤中，便進入海洋食物鏈的底部。這些毒素在其中傳遞、積累和濃縮，從浮游生物一路往上，經過蝸牛與魚類，直達北極食物鏈的末端，進入北方民族和北極熊、海豹與鯨魚等頂端掠食者的體內。

母乳應該是一份禮物，而不是毒藥。

——公共衛生專家艾瑞克・德威立（Eric Dewailly）

雖然全世界的人體內或多或少都帶有一些化學毒物，但在地球上工業化程度最低的地區，當地居民的體內竟被發現殺蟲劑和工業化合物的毒性紀錄，而這些正是我們排放出來的。真是可悲又諷刺！在哈德遜灣的沿岸城市努拿維克（Nunavik），當地女性居民所分泌的乳汁中，不但被檢驗出含有多氯聯苯（PCBs），含量還比加拿大各大都市的女性乳汁高出七倍；格陵蘭婦女的乳汁中所含帶的多氯聯苯和汞濃度則比美國和歐洲的婦女平均高出二十到五十倍；北極熊也因體內有毒污染物含量比重增加，導致牠們的荷爾蒙與免疫系統發生變化。凡此種種，不勝枚舉。

還有一個更戲劇化的例子。一九八六年四月二十六日，烏克蘭的車諾比核電廠爆炸，首先警告世人蘇聯內部出現重大災難的竟是瑞典的科學家。核電廠鍋爐中散逸出大量的放射性同位素，湧入了大氣層。當它們飄過斯堪地那維亞半島時，當地儀器檢測到激增的放射性。這些放射性同位素就像是識別標籤一樣，清楚標示出它們在離開烏克蘭之後，在北半球四處散播的路徑。就連遠在英國的威爾斯也偵測到強烈的放射性沉降物，使得當地的綿羊受到污染，最後英國政府還頒佈了銷售禁令。一年後，禁令仍無法撤除。

車諾比和北極的污染說明了空氣是全球連動的。空氣不是一個國家或一個地區的資源，而是全球共有的；而地球不但是我們排放廢物，也是我們吸取空氣、獲得身體所需能量的地方。

輻射防護罩

生命的發展與存活，大氣扮演了輻射防護罩的重要角色。除了可見光外，地球每日都遭受看不見的、波長較短的紫外線照射，生物的遺傳物質核酸對它特別敏感，一旦遭到紫外線照射，DNA分子的某部分就會吸收紫外線的能量，引發化學變化。雖然說生物也演化出「修復機制」，可以修補紫外線造成的DNA損傷，但不是所有損傷都可修復，結果就可能造成遺傳變異。由於生命是經由漫長時間演化而成，幾乎任何遺傳物質的變化，都會破壞細胞內基因調節反應的平衡，造成不好的突變。

大氣裡的氧分子是由兩個氧原子組成，遭到紫外線撞擊，會分裂成兩個自由基（radical）——即高度活潑的原子。一個氧自由基可以和兩個原子的氧分子起作用，變成三個原子的氧分子，亦即臭氧。換言之，大氣中的氧不斷分裂崩解，重新組合成臭氧。在離地三十公里處，有一層厚約一張報紙的大氣是製造與崩解臭氧的所在，稱為臭氧層。臭氧也是氧的一種形式，它可以捕捉紫外線，成為我們的防護罩，幫我們過濾掉大半紫外線，讓它們不至於直接照射地面。

> 一旦我們能自外太空拍攝到地球的照片，將對地球產生全新的想法，其衝擊力將不亞於史上任何新觀念。
>
> ——佛雷德・賀伊（Fred Hoyle），引自高史密斯（E. Goldsmith）等編輯的《垂危的地球》（*Imperilled Planet*）

亙古以來，空氣與生命便維持一種互惠關係，互相創造、調適、改變與保護對方，氧的化學作用不過是這個神妙平衡的一部分。從演化史的角度來看，地球與生命的搭配堪稱完美無缺，達到最佳平衡。如以地質史觀之，大氣的組成經常變動，不斷影響生命，也被生命影響，但若只看過去數十萬年，經歷了冰河期到冰河間歇期，大氣組成始終相當穩定，氧氣一直佔百分之二十一左右，非常適合生命生存：因為氧氣比率如果高達百分之二十五，大氣就會燃燒，若低到百分之十五就會致命。二氧化碳與水蒸汽這兩種溫室氣體有助於光合作用，使地表的氣溫變化在過去三百萬年來不超過攝氏七度。大氣在我們之上旋轉移動，也包圍著我們，充斥我們體內，它正是第一個為地球注入生氣、賜予生命氣息的元素。誠如俗諺所言「如入蘭芷之室，久而不聞其香」，我們也是在遠離地球之後，才能真正明白空氣與生命攜手締造的神蹟。

當我們仰望穹蒼，覺得天空無垠無盡……，
但是我們日日生活於無盡的空氣之中，卻從未感受到它的存在。
直到我們搭上太空船脫離地球，不到十分鐘便完全脫離大氣層，
在大氣層之外，什麼也沒有，一片空無、寒冷與黑暗。
回首地球，這時我們才知道，賜予我們呼吸的無盡藍天，
讓我們不陷入黑暗的空氣大海，其實只是薄薄的一層膜。
這層薄紗似的膜，就是生命的保護者，
即使些微的損壞都極端危險。

——弗拉狄米・沙塔洛夫（Vladimir Shatalov），《地球之家》（*The Home Planet*）

孕育所有生命的空氣

空氣看不見也無法分割，所以它是無國界的，既為現今萬物所共享，也為後代子孫所共有。空氣也是塑造演化的母體，跨越了時空限制，將萬物結合成一個整體。不管過去、現在與未來，

人只要活著便少不了它。

誠如前文所言，空氣的組成有賴生物與它的互動，大氣的成份一旦改變，蓬勃發展的物種也會跟著改變。不幸的是，人類的科技製造了許多機械，排放出大量廢氣進入大氣，加速了它的組成改變。

對採集狩獵社會來說，人有神聖義務保護被殺動物的「靈」，因為人類生存仰賴獵物，必須對它們心存感念。在這些社會裡，不但獵殺動物後要為它們舉行撫靈儀式，也不濫殺超過飲食所需的動物，更不能浪費獵物身體的任何部位。同樣的道理，我們也必須體認人類對空氣的責任。

科學家到現在仍不知道地球如何維持大氣的平衡，讓它的組成適合生物生存。但是我們至少知道，植物會行光合作用製造氧氣，汽車則會排放二氧化碳。工業革命以降，大氣中的二氧化碳含量不斷上升，到了下個世紀中便會成長兩倍。欲穩定大氣的組合，人類至少應該保護森林與海洋植物。確保空氣品質是我們不能棄守的底線，因為它是生命最重要的元素。光是這樣還不夠，世界各國應聯手降低科技產品製造的廢氣，減低我們對「化石燃料」的「致命」仰賴。

打從呱呱墜地到嚥下最後一口氣，我們終其一生都離不開空氣，每一次的呼吸都是聖典，也是生命中不可或缺的儀式。每當我們吸進一口這個神聖元素，便與現存萬物相連，也和無數先民與後代建立了連繫。火山爆發、大火、人造機械與工業，都會改變地球的大氣組成，也會改變我們的命運。

一旦我們重新認識了空氣的重要性，確定它是人類最重要的權利與義務，便能作出正確決策，以自然為師，恢復生物與空氣的合作關係，重建古老的平衡。

Chapter 3

流過血液的海洋

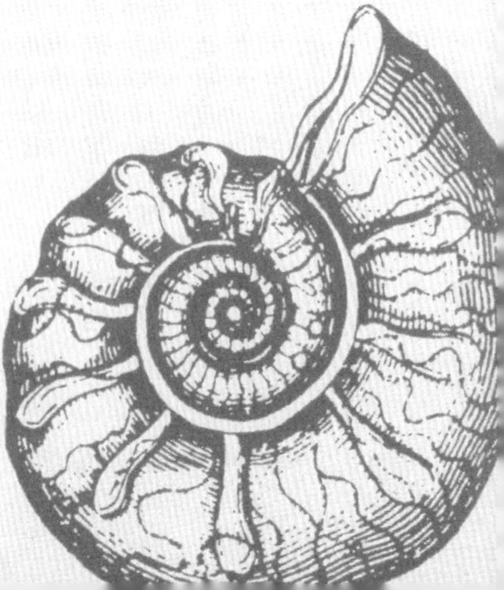

我用水創造一切生物。

——《可蘭經》，二十一章眾生知，安比雅（Sura XXI, Al Anbiya）：三〇

耶和華使泉源湧在山谷，
流在山間，使野地的走獸有水喝，
野驢得解其渴。

——《聖經》，〈詩篇〉，一〇四：一〇

THE OCEANS FLOWING THROUGH OUR VEINS

假如人類很早就可以跨越銀河，從宇宙另一端觀看地球，或許會將地球命名為「水」，因為從太空觀看，會發現我們的家並不是綠色行星，而是藍色的，在絲狀薄膜的大氣之下是廣大無垠的海洋。

地球約有百分之七十・八的面積為海洋，平均深度為三・七三公里，吸納了十三億七千立方公里的水，加上內海、湖泊、冰河與冰帽，地表約有三億七千九百三十萬平方公里的面積為水所覆蓋，約佔掉地球面積的百分之七十四・三五。夾在汪洋之中，陸地不過是一個個小疙瘩。如果我們將陸地削平與海面齊平，一個海洋的水便足以淹沒整個地球，水深達二・七公里。

在這個一片汪洋的行星上，人是陸地動物，行走於乾地上，被海洋圍繞，它是我們古老的家，人類脫離海洋已經非常之久，但它始終存在於我們體內。水是生命的來源，也是造物的原料，因為嬰兒是在羊水破裂後才呱呱墜地；陸地是在上帝分開光與黑暗後，才與海洋分開；生物也是自海洋爬上陸地的。

或許這就是為什麼水會在人類儀式中扮演重要角色，施洗禮歡迎新生兒進入家庭、洗去過去、迎向未來。水代表變化、滌淨與分享，這些象徵意涵深入我們的生活。我們的記憶裡常有潺潺流著水的畫面，譬如陽光下的小溪戲水、丟擲銅板許願的噴泉，或者是相撲比賽前對著地面灑水。古諺「水能載舟，亦能覆舟」表達了水與人的不確定關係，它既是不可或缺的生命來源，卻也能溺斃我們、淹沒世界，文學裡便不乏這類描繪。

我的父親睡在五噚深處，

他的骨頭變了珊瑚，
他的眼睛成了珍珠。
他渾身沒有一點腐朽，
而是受了海水的沖洗，
成為富麗奇瑰的東西。

——莎士比亞，《暴風雨》（*The Tempest*）

永遠都在移動變化、神祕萬分的海洋，對人類有著強大的影響，也抓住了人類的想像力。海洋拍打著海岸，不僅是地球的節奏，也受到三股力量影響，地球、月球與太陽的重力牽引著海洋日復一日、月復一月、季復一季地漲潮與退潮，敲打出行星、衛星與恆星的舞之節奏。人類早就知道傾聽浪潮的變化，以了解上天傳達的訊息。古希臘神話中的海神普羅伊特斯（Proteus）被稱為大海的老人、海豹的牧者，他可以預言未來，如果你抓得到他，他便告訴你預言的真義。普羅伊特斯擅長變形，可以變成獅、龍、小河、火焰或樹，以連串的變形術自人類的指縫間溜走。就如同普羅伊特斯的變形，他所代表的水亦充滿幻化能力，不斷改變自己，也改變地球。古神話所諭示的真理是：水是生命來源，有變幻變千的面貌。

超海（Hypersea）假說：流過陸地的海洋

生命或許演化自海洋，並在海中待了三十五億年，但相較之下，生命在陸地上的發展更豐富，也更迅速。約在四億七千五百萬年前，植物攀上陸地邊緣，從此各式各樣的生命就開始快速擴展。據估計，如今陸地上的物種是海洋物種的兩倍，而且比起浩瀚海洋，這些塞滿生物的陸地面積實在微乎其微。是什麼原因讓這麼多生命爆炸般地出現？

我們知道，陸地上的生物體內也藏著「海洋」，例如細胞裡就充滿了液體，這也是生物得以佔據陸地的原因。但黛安娜與馬克．麥可米納敏（Dianna and Mark McMenamin）進一步猜測，或許有另一種「海洋」流過陸地上的生物體內。他們認為，相較於海洋中的生物被動地各自泡在水裡，陸上的生物則會在彼此間透過身體的連結，建立起複雜的網絡，並且讓液體在其中流動。例如，寄生蟲透過血液進入動物體內，樹根會和遍布土壤內的真菌菌絲糾結，而蚜蟲則會吸取植物的樹液。此論點的核心是，陸地上的生物學會利用液體後，便適應得愈來愈良好，主要是受到真菌與寄生蟲的共同推動，植物品種得以多樣化，佔據新的棲地。陸地生物不僅利用地表水等顯見的液體，也會利用流淌在血液、樹液與細胞液中的體內海洋。這些液體相連起來，在陸地上打造出新的水生棲地，以及一片在生命間流動的體內海洋。

水文循環

如果說空氣是人體的燃料、生命的精靈，那麼水便賜給了生命形體與實質。了解人的演化來源，就可以知道生命絕不能沒有水。生命演化自海洋，血液裡的鹹味提醒我們人類發源自海洋，但是我們也和許多陸地生物一樣，已經無法生活在鹹水裡了。生命能夠運轉是靠著巧妙的水循環，蒸發作用把鹹水變成淡水，重新分布至全世界。太陽的能量使海水蒸發，水蒸汽上升至大氣層，變成雨水降落大地、滲入土壤、流入溪河湖泊，最後又重返大海。（見圖 3.1）

水的循環對生命至為重要，雖然溫哥華與西雅圖人經常哎歎：

圖 3.1　水的循環

改編自布蘭姆（Charles C.Plummer）與麥基里（David McGeary）合著之《物理地質學》（*Physical Geology*，第五版，W.M.C.Publishers,1991）

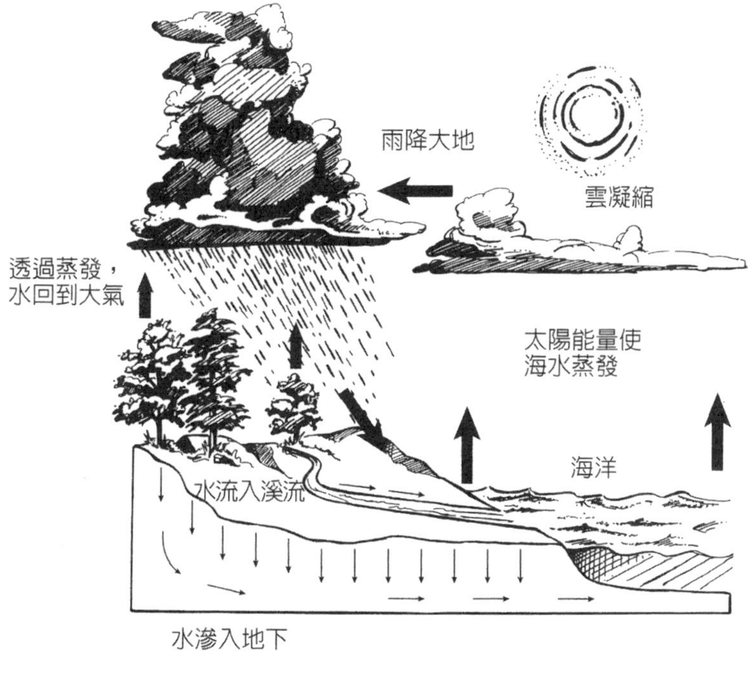

「又下雨了！」遊客到了哥倫比亞查科（Choco）雨林，也常失望地說：「連下了五天雨，哎！」渾然忘記他想體驗的雨林神奇，要靠他所憎恨的綿雨來成就。雨水帶來生命，工作內容與陸地關係密切的人最清楚這一點。溫暖乾燥的天氣如果持續到秋天，整個沿海漁業都會很焦急，因為鮭魚的魚卵和魚精已經成熟，成群在河口打轉，等著降雨讓河水上漲。草原如果一直晴空萬里，農夫會望之興歎，因為他知道水循環的重要。有些原住民部落有祈雨舞，部分文化也有複雜的降神儀式，都是在乞求天空哭泣，滋潤生命的雨季快快來臨。

生物在水循環裡扮演著積極角色，它們吸收水、排出水，也將水汽送回大氣。水的蒸發過程中，植物的角色尤其吃重，整個森林就像個巧妙的機械，用來捕捉、保存、使用與循環水分。你可以稱森林為「活海綿」，只是它的作用比海綿要複雜得多。樹木糾纏的根部盤踞地底吸收水分，也牢牢抓住土壤，讓溪水不會氾濫，並讓雨過天晴後流入溪河的水變得清澈乾淨。涵養在土壤裡、植物根部、樹幹與枝葉的水分，經過數天、甚至數個星期的緩慢分配，多餘的就重回大氣，熱帶雨林數以百萬噸計的水都是透過蒸發，由土壤回到天上。實際上，森林的雨是由下往上，升入空中的。

森林也會收集空中的水汽，特別是在常有濃霧和霧氣的沿海地區，這裡的樹木會從空氣中搜刮水分。珍貴的水凝結在針葉或寬平的葉片上，落入森林底層，一滴滴集結為森林的儲水。樹木收集水分的能力很強，澳洲研究顯示，雲霧繚繞的森林中，樹木從環境水蒸汽裡集結的水分，比下雨時集結到的還要多百分之十到二十五。想想看，這些高聳入雲的參天大樹如果消失，會有什麼結果。

森林可以留住與散逸水分，調節氣候和水文循環。被留在土壤、樹根、樹幹與枝葉中的水會一天天、一周周緩緩蒸發，多餘的水分就回到空氣中。森林面積如果非常遼闊，就會創造自己的天氣，在乾季裡降雨維持濕度，也會調節整個地區的氣候。如果大片砍伐雨林，那麼赤裸裸的土壤會變硬，結果不但留不住水分，也會讓水分快速蒸發掉。

在亞馬遜盆地的熱帶雨林，這種空氣、水分、森林的循環最令人歎為觀止。亞馬遜雨林是世界上最大的熱帶雨林，肩負調節熱量的任務，森林中的樹木與其他植物吸收水分、再透過呼吸作用釋出，每天都有大量的水分在其中循環。單是一棵大樹，每年就可以從土壤吸收七百噸的水，透過樹幹傳送到森林的林冠，最後散入大氣中。亞馬遜森林蘊涵的水氣非常多，整座森林就像一座綠色的海洋，孕育出雲朵，滿載水氣漂浮於森林之上，一如海洋的上空會形成雲朵一樣。亞馬遜森林的影響十分巨大，能推動主要的氣流與洋流，進而影響世界的氣候與天氣型態。

水分子阿奎

下面是一則水分子的遊歷故事。它是夏威夷火山爆發噴出的水分子，我們將它命名為「阿奎」（Aqua），這是水的拉丁文讀音。阿奎原本和其他氣體混合，深藏於地球內部，火山爆發將它噴發至空中，載沉載浮於空氣對流與天空永不停歇的風中，在離海面十公里高處，沿著一條濕氣往東邊飄去，這條雲氣看起來就像大氣中的一條河流。

阿奎飄到了北美大陸海岸，進入內陸，碰到了高高隆起的落磯山脈，包含著阿奎的雲氣開始冷凝、液化，變成雨降落地面。阿奎落到地面後，滲入了土裡，被重力吸引沿著砂礫打轉。

最後阿奎碰到一棵樹的小根，被它吸進了木質部組織，毛細管作用吸著阿奎上升進入樹幹，再到達樹枝，最後進入松果內的一顆種子。這時一隻鳥兒飛上樹梢，啄食松果，吞食了那顆種子，展翅沿著每年的遷移路線往南飛。

這隻候鳥飛抵中美熱帶雨林，被蚊子咬了一口，阿奎便進入了蚊子的內臟。當這隻吸飽了血液的蚊子低飛於小溪上時，被一條眼尖的魚一口吞噬，阿奎進入了這條魚的肌肉組織。而後，雨林原住前來射魚，獵走了含有阿奎的魚，驕傲地提著它返回村裡，美餐落腹。

這就是阿奎無窮無盡、變化多端的歷程，也是所有水分子的歷程。

地球的循環系統

遍布大陸的水道有點像人體的循環系統，事實上，河流系統與湖泊就是地球的循環系統。天下落下的雨、冰雪融化或植物根部滲透出來的水，流入溝渠、小溪，然後進入河流，河流再匯入湖泊大海，蒸發回到大氣。不管是植物的支根、根部與樹枝，地上的小河、小溪與大河，或者生物的血管與微血管，均十分相似。傑克・韋倫泰因（Jack Vallentyne）說：

如果說水是大地之母的血液，那麼土壤就是胎盤、水道是血管、海洋是心室，而大氣則是碩大的大動脈。如果我們將大地的脈動比喻為人類的心跳，河流的壽命便可長達數百萬年或數十億年，端看大地脈動一次是幾天還是幾年。

水會流動也會靜止，它會在微小的土壤粒子外形成薄膜，在岩石縫隙積存，也會大量儲存於地底的水層（aquifer）。遠在恐龍橫行地球時，水層便存在了，積存在這裡的水老得像「化石」，每千年才移動數公尺，倫敦市地底水層裡的水便高齡兩萬歲。水早就存在於地球之上，我們日日使用的水並非「新製品」，而是透過水的循環系統不斷再造。水循環讓雲氣變成雨，落到地面，再蒸發回到天上，這個水的「幻化」過程對生命至為重要。但是地球並非打從一開始就有水的循環，它是溫度、化學、土壤、生命等多重條件配合後的產物。

第一次洪氾

地球誕生初期，大氣非常炙熱，火山噴發出來的水汽快速蒸發，水根本無法以液體的方式存在。數千萬年後，大氣逐漸冷卻，水才有辦法冷凝成雲氣，而後降雨到地表岩石上。

讓我們想像早期的地球：乾旱、死氣沉沉、舉目望去全是赤裸裸的岩石。巍峨山峰聳入天際，山溝既大且深。傾盆大雨降下後，雨水蓄積於山溝窪陷，滿溢而出後，又流向下一個窪陷。低凹處積雨成河，受到重力牽引，帶著岩石往下奔流，切割出峽谷。

數百萬年後，地球大部分地方都有了淡水，不斷奔流的水溶解了岩石的成分，將這些元素帶進了大海。今日帶有鹹味的大海，就是在無盡漫長的歲月裡，靠著點滴的元素累積生成。

生命始於距今二十五億到三十八億年間的太古宙（Archean）時期，即使在那麼久遠的時代，生命在維持地球的水供應上也扮演了重要角色。太古宙時期，玄武岩內的氧化物不斷與二氧化碳及水起反應，製造出各式碳酸鹽（氧與碳的化合物），包括碳酸鈉、碳酸鉀、碳酸鈣、碳酸鎂等，並釋放氫到大氣裡。由於氫元素非常輕，重力根本抓不住它，會讓它逃逸到太空裡。這樣的作用如果持續個十億年，地球上所有的水都會耗光，大氣會變得像火星大氣層一樣。幸好，藍綠藻和後來的海藻、植物捕捉了大量的水、陽光與二氧化碳，促成化學反應，改變整個世界。地球上的植物行光合作用，不但製造了副產品氧，葡萄糖裡的碳環狀排列還會留住水的部分氫原子，地球上的氫才免於逃跑一空。此外，岩石內鐵元素氧化產生的自由氫，也會變成細菌的能量來源。氧、氫與硫化合產生水、硫化氫，細菌可自硫化氫的結構裡取得能量。由此觀之，生命的力量留住了製造水不可少的氫，讓它們不至於逸到外太空，使地球免於變成一片乾漠。

我們對水的需要

> 生命就是活水。
>
> ——弗拉狄米．韋納斯基（Vladimir Vernadsky），摘自巴帝可（M.I. Budyko）、賴麥斯科（S.F.Lemeshko）、雅努塔（V.G. Yanuta）合著之《生物圈的演化》（*The Evolution of the Biosphere*）

水和空氣一樣，都是生命不可或缺之要素，但是人只要幾分鐘沒空氣就會死亡，對缺水的忍耐度卻較高。我們如果幾個小時不喝水，尤其是熱天或運動後，就會覺得喉嚨乾燥，身體開始催促我們去喝水。缺水狀態下，人大約可以撐個十天，存活天數視當時的環境氣溫、活動量與穿什麼衣服而定。如果一直無法補充水分，最後還是會死亡，死亡過程將十分痛苦。水是生命的精髓，如果沒有水，地球今日仍將是不毛之地。

生物少不了水，因為生物即是由水構成，植物與動物的細胞原生質便大部分是水。人體重量的百分之六十是水，約四十公升，約有五分之三存於數以兆計的細胞內，稱為胞內液體；另外五分之二的水則在細胞外，分布於血漿、腦脊髓液、腸道……。人體含水量視年紀與性別而定（表3.1）：

人體含水量的差異來自胞內、胞外體液比率的差異，也和身體脂肪比率有關，脂肪細胞含水量就較其他細胞為少。

人體看起來很扎實，其實卻是「液態」的，

有點像膠質，看起來像固體，但大部分是水，

表3.1　不同年齡與性別的體內水分佔體重的百分比

年齡與性別	水分佔體重百分比
嬰兒	75%.
年輕男性	64%
年輕女性	53%
年長男性	53%
年長女性	46%

只是被某種有機物質凝膠化罷了。

——丹尼爾・希勒爾（Daniel Hillel），《來自地球》（*Out of the Earth*）

其實，人就是一大滴水，幸好有足夠的巨分子加厚物質撐硬我們的身體，免得化成一灘水。每天，我們體內約有百分之三的水會補充新分子，這些水分子來自海洋、草原與雨林的蒸發。水就和空氣一樣，將我們與大地、萬物連結在一起。

維持平衡

儘管我們住在陸地上，但我們體內充滿水，所以也有自己的水文循環：我們吐出的每一口氣、流出的每一滴汗、排尿與排便，都會喪失水。人體每日流失二・五公升的水，排尿佔一・五公升、呼氣排汗佔〇・九公升、排便佔〇・一公升。雖說人體也會自製水，透過新陳代謝分解碳水化合物與脂肪，從中得到二氧化碳、能量與水，但這只佔我們每日需水量的百分之十一・五，其餘的必須來自飲水（百分之五二・二）與食物（百分之三六・三），才能平衡我們流失的二・五公升水。

我們的身體隨時留意水吸收與流失的平衡。如果你開始脫水，血液裡含鹽量就會升高，稍有變化，就會刺激腦垂體後葉分泌增壓素，增壓素直接對腎臟產生作用，讓它減少排尿。

脫水也會觸發其他生理警告系統，譬如人體的牽張接受器會監視心臟裡的血液流量，如果流量降低，便會發出警訊給下視丘，抑制唾液分泌，這時我們會嘴巴發乾覺得渴，趕忙去喝水。大量流血、燒傷、下痢、大量出汗都可能造成脫水，脫水的第一個症狀就是嘴巴乾得厲害，像棉絮一樣。

如果你吸收了太多的水，身體警告系統便會反其道而行。水分過多會稀釋血液的鹽分，此時增壓素分泌便會被壓抑，刺激腎臟排出較多的水分，將較為稀釋的尿液輸送到膀胱，一個小時之內，體內多餘的水就會排光。

除了維持體內的水平衡，腎臟還是個守門人，淨化血液裡的水，將溶解了的代謝廢物統統從血液中運走排泄出去。這些有毒化合物包括胺基酸的分解物氨、肝臟製造的尿素（它是蛋白質分解後的含氮化合物）、核酸產生的尿酸與蛋白質副產品磷酸、硫酸。腎臟每天約可過濾一百八十公升血液，每個腎臟一次可流通一．二公升的血，其中五分之一進入腎小球組成的過濾網。

水如果吸收了熱，會從液態轉變為氣態，在調節體溫上扮演了重要角色。水會透過不自覺性出汗與自主神經系統控制的汗腺，滲到皮膚上，變成汗蒸發掉。水蒸發需要能量，會吸收身體能量轉化成的熱，因而使皮膚降溫。蒸發一公升的水約需兩千四百二十八千焦耳的熱。

人體與周遭環境有一種奇特的平衡關係，會聯手控制人體與環境水分的多寡。我們的身體會有多少水分透過皮膚散發到大氣中，端視當時的環境濕度、空氣溫度與活動量而定。換言之，人的水分攝取與排放要靠各種內外因素調節，其他生命也一樣。這是地球與萬物合作演出的大戲，調節著地球的神妙平衡。

水進入我們的身體，跟著心臟的節奏運行全身，永不停息地載運著食物、燃料、細胞與分子沉澱物來往各個器官之間。我們的皮膚會滲出汗水，呼吸會排出水氣，身體的各個開口部位都可以排出水，讓它進入水循環，滲入土內，跑進植物體內，或者蒸發回大氣，再落入湖泊、河川、大海。就這樣，水不斷在天上、海洋、地表循環，在這個循環過程裡，它只在生物體內短暫停留，然後就繼續它的旅程。如果我們把水當作地球的主角，生命或許只是水的幻化變形工具；就像母雞如果只是下蛋的工具，人類的存在或許就只是為了提供一個地方，讓水分子可以聚首聊天而已！

跟著水走

水對生命是如此不可或缺，因此尋找外太空生命時，基本上就是在探索水的存在。於是科學家遵循「跟著水走」的金科玉律，在外太空尋找水的蹤跡。目前為止，太陽系中最可能出現生命跡象的行星是火星，火星兩極有冰帽，還有目前所知太陽系最大的洪氾痕跡。火星三十五億年前曾遭大水沖刷，這些水上哪兒去了？二〇〇二年，火星軌道太空船「奧德賽號」（Mars Odyssey）探測到火星地表淺層有大量凍土，數量足以填滿兩個密西根湖。火星探測車與太空船也傳來令人振奮的影像，顯示火星地底可能有水，可以突破地表形成噴泉。

火星由七千萬兆噸的岩石和鐵組成，表面覆滿奇特的峽谷、隕石坑與巨火口。然而，在這個巨大的橘紅色天體上，我們最大的驚喜將是找到可以用濕式化學法繁殖、移動、生長與演化的小撮東西。

——搜尋外太空智慧機構（SETI），天文學家賽斯．蕭斯塔克（Seth Shostak）

雖然火星在最有可能發現外星生命的競賽中名列前茅，但其他行星與衛星的表現也不遑多讓。木星的衛星之一歐羅巴（Europa，木衛二）不僅表面有冰層覆蓋，地底約十六公里處可能還有海洋。如果這海洋底下的火山口一如推測，會噴出熱燙且充滿養分的岩漿，或許生命的要素（水、能量來源與養分）就完備了。木星的其他兩個衛星「甘尼米德」（Ganymede，木衛三）與「卡利斯多」（Callisto，木衛四）冰凍的地殼下或許也有一大片海洋。此外，近來成為目光焦點的則是土星的衛星「土衛二」（Enceladus）。卡西尼號（Cassini）太空船傳送回的影像顯示，土衛二表面有間歇泉在噴發，成為地球以外第一個最可能有液態水的世界。

水的特性

如果我們仔細觀察，便會發現水分子十分奇特。水的某些行為在我們看來毫不出奇，在物理學家眼中卻顯得「不正常」，譬如水在尋常溫度下是液態，但是硫化氫的分子重量和水分子一樣輕，攝氏零下六十・七度時就成氣態。水還有其他不尋常的特性，譬如它的熔點、沸點和蒸發點都很高。

生命全然仰賴水的穩定。水能大量吸收熱能，使細胞質內的光合作用與動物血液裡的氧氣輸送不致一團混亂。海洋與湖泊儲存了大量熱能，調節了地球的溫度，減緩溫度變化的速度，使人體有充分時間適應四季更迭，也保護了仙人掌等植物免於在炙陽燒烤下乾焦了。更重要的是，水能夠蒸發、儲存與輻射熱，讓萬物熬過可怕的氣候變化，如果不是因為水的神妙特性，萬物早就魂歸造物主了。

——彼得・沃肖爾（Peter Warshall），〈水分子的寓意〉（The Morality of Molecular Water）

水有一個驚人的特性：每提高水溫攝氏一度所需的熱量，約是鐵的十倍、水銀的三十倍、土壤的五倍，水因此成為非常有效的「儲熱槽」，可以積存大量的熱後而輻射出去。夏天時，大面積的水域如湖泊、海洋儲存了大量的熱，在冬天釋放出來，調節了地表溫度。洋流在熱帶地區吸收了大量熱能，運送到溫帶地區，使得當地空氣變暖；當洋流到了南北極後水溫變冷，再流回赤道，降低了當地的氣溫，而後吸收更多的熱，周而復始。水對氣候還有其他影響，譬如雪與雲會將陽光從地表反射回去，而水蒸氣則有如溫室氣體一樣將熱反射回地表。

水的奇異特性源自水分子間有強烈凝聚力，乍看之下，水分子非常簡單，是由兩個氫原子與一個氧原子組成，但是這三個原子並非呈氫—氧—氫直線排列，而是兩個氫原子呈一百〇五度角相對（見圖3.2），位於分子的一邊，帶正電；而較大的氧原子則位於分子的另一邊，帶負電。水分子的偶極（dipolar）特性就像一個小磁鐵，使得一個水分子內的氫原子會吸住另一個水分子的氧原子，當氧端與另一個分子的氫端結合時，其他水分子亦可附著於此分子的氫端，形成長鍵，這種化學親和稱之為氫鍵（見圖3.3）。我們在雪花和水晶的晶體結構上，最容易看到水分子化學鍵的超強親和力，它讓雪花擁有無限多種結構花樣。

一八八五年，綽號「雪花」的威爾森．班特利（Wilson "Snowflake" Bantley）拍下世界上第一張雪花單一結晶體的照片。感謝這位充滿好奇、自學不輟的年輕農夫，證實了雪花多變的結構。班特利後續又拍了超過五千張的雪花照片，確實沒有兩張是一樣的。他的照片至今仍是最傑出的雪花晶體攝影作品。

水分子雖然會彼此吸附，但是它和真正的化學鍵又不相同。氫鍵隨時都在變化，一個水分子可以在一秒鐘內更換一百億到一千億個氫鍵連結對象，就像在翩翩起舞時相互擁抱一樣。水分子這種急速的交互作用就像在跳一支狂熱的舞蹈，化學家理查．賽克利（Richard Saykally）這樣形容：

> ……水分子就像有雙手雙腳，帶正電的氫離子是手，氧離子上一對帶負電的電子是腳。水分子的手會去拉其他兩個水分子的腳，腳再去勾另外兩個水分子的手。所以每個水分子以氫鍵和其

圖 3.2　水分子的原子結構

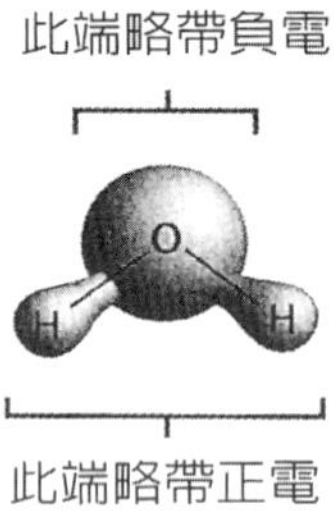

圖 3.3　水分子間形成的氫鍵

圖 3.2 與圖 3.3 改編自《生物學：生命的統一性與多樣性》

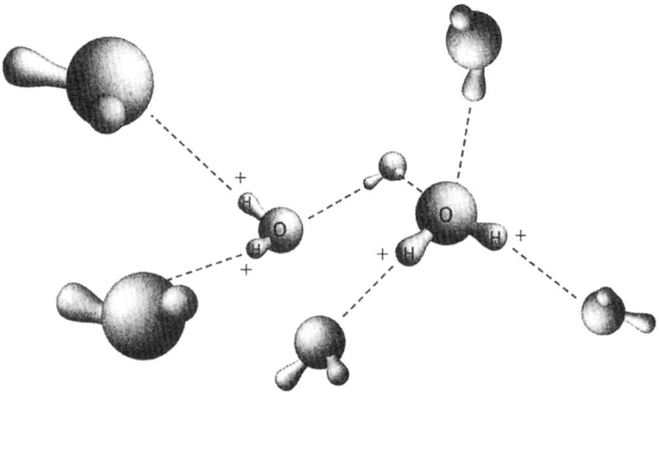

他四個分子結合，織成一張液體的大網。

水分子處於恆常的移動，因此非常穩定，需要極大的熱能才能崩解，變成氣體。水結成冰時，每個水分子會抓緊鄰近分子的「雙手」和「雙腳」，形成一個金字塔般的四面體，每面是一個三角形。

冰融化時，型態又如何改變？根據理查・賽克利和其他化學家的研究，水和冰的型態出乎意料地相似，只是少了百分之十的氫鍵。水分子的氫鍵斷裂後，又會重組、斷開、四處移動。或許正因為水能保持大多數的氫鍵，所以才有許多奇異的特性，液態水尤然。水在液態時的密度高過固態，密度最高是在結冰前攝氏幾度。因此，水結成冰後，分子之間的空間大過液態水，所以冰會浮在水上，而不是沉入水底。湖泊和河流上的浮冰有隔絕作用，使冰層下的水保持液態，讓水中生物在冬天裡依然可以存活。

水還是偉大的溶劑，水分子的雙極性讓它們可以包圍住其他分子或原子的帶電端（見圖 3.4），溶解許

圖 3.4　水能溶解鹽的原因

改編自《生物學：生物的統一性與多樣性》

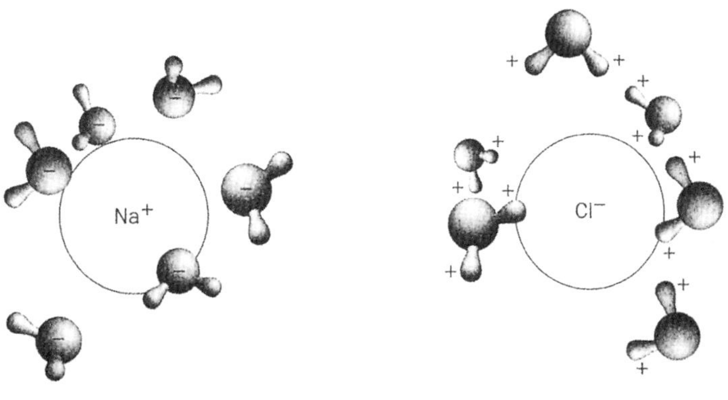

多礦物與有機化合物。就因為水的溶解能力超強，不但可以分解岩石，當水滲入土壤，也會分解其養分與物質，將其帶入地底。水也可以分解細胞分子，在生物體內運送養分。水不光只是溶劑，也會進入新陳代謝反應，成為分解物的一部分，當大分子的物質如脂肪分解時，水也會成為身體排泄物之一。

因為水在地球上以及我們的生命中如此獨一無二，所以物理世界的許多測量與計重都是以水作標準，譬如一公克就是一毫升水的重量，攝氏〇度是水的冰點，一百度是水的沸點。熱量計算單位卡路里也是來自水，每一立方公分的水溫度上升攝氏一度所需的熱量，即為一卡路里。一千個卡路里就是一大卡，是我們用來計算食物熱量的單位。

淡水供應

水，水，四周都是水，卻一滴也不能喝！

——山繆・柯爾律治（Samuel Taylor Coleridge），《古水手韻歌》（*The Rime of the Ancient Mariner*）

人類就和其他陸地動植物一樣，絕對少不了淡水，而它是地球上最稀少的一種水。地球上百分之九十七的水是鹹水，對陸棲生物而言，它是致命之物，我們需要淡水方能生存。地球上一淡水本來就十分稀少，偏偏其中的百分之九十不是積存在冰河與冰層裡，就是深埋在地底，全世界的水，只有百分之〇・〇〇〇一是立即可用的❶。

史前的貝殼丘證明：早在有文字歷史之前，人類就傍水而居，或者沿水道遷徙，有水才能生產食物。人類的文明搖籃全在氾濫平原，利用河流定期氾濫製造出來的肥沃三角洲種植農作物。發展於幼發拉底河與底格里斯河間的美索不達米亞，是人類最早的文明。數千年來，世界上的大河如尼羅河、印度的恆河、亞馬遜河與密西西比河，哺育著原住民，孕育了文明。早期，村落城鎮的創建一定傍水，即使今日，許多大城市都在海邊、湖邊與河邊。無法依水而居的人，就要有「尋水」的本事，鑿井、蓄池承接雨水，甚至捕捉雲霧朝露，才能在乾燥不

表 3.2　地球的水分布

地點	水量（立方公里）	百分比
海洋	1,322,000,000	97.20
冰帽與冰河	29,200,000	2.15
地下水（地下水面之下）	8,400,000	0.62
淡水湖	125,000	0.009
鹹水湖與內海	104,000	0.008
土壤濕氣（地下水面之上）	67,000	0.005
大氣	13,000	0.001
河槽	1,250	0.0001
陸地液態水總量	8,630,000	0.635
全球總量	1,360,000,000	100.00

❶譯注：根據聯合國教科文組織於一九九六年十一月出版的《Source》統計，比世界的水百分之九七・五為鹹水，剩下的百分之二・五為淡水。淡水中又有百分之六八・九儲存於冰山、冰帽或是終年不化的雪，另外百分之二九・九為地下水，百分之〇・三為湖泊河道的水，另有百分之〇・九淡水為其他（土壤中的水、沼澤水與永凍層的水）。換言之，全世界的水中只有百分之〇・〇〇七是立即可用的，原著中的百分之〇・〇〇〇一是淡水是立即可用的，可能為手民之誤。

毛之地種植作物。

有一條河從伊甸流出，灌溉園子。

——《聖經》，〈創世記〉二：一〇

奇妙的水循環將不可飲用的海水蒸發到天上，變成甘霖，滋潤陸上的生命。雖然，陸地上原本就有極小量的淡水是立即可用的，但是水循環使海水與湖水蒸發到天上，變成雨雪降落全球，每年全球總降雨量約為十一萬三千億立方公尺，全球地表平均降雨量為八十公分（譯注：台灣為二百五十公分）。三分之二的降雨會再蒸發回天上，餘下的降雨則會更新補充地表與地底的水。地球上的淡水分布並不平均，有的地方水豐沛，有的則極端缺乏。

水量決定某地區的植群特性與豐度。澳洲「地廣人稀」就是因為水資源太少，不足以養活那麼多人口，與擁有密西西比、馬更濟（Mackenzie，加拿大西北部）、哥倫比亞等大河磅礴流過的北美洲比起來，澳洲的中心竟是一個荒涼的巨大沙漠。

每一條大河均在地底伏流。

——達文西

加拿大是水資源豐沛的國家，它佔了地球半數以上的淡水面積，以水量而言，則佔了全世界淡水百分之十五到二十。說來難以置信，加拿大水資源豐富要拜冰河期之賜，八千到一萬年前左右，冰河在加拿大地區挖出深深的窪地，積存淡水。光是以加拿大與美國共有的五大湖來說，它便聚含了全世界百分之五的淡水，供應五大湖畔近四千萬居民所需。加拿大人平均每人一年可以分配到十三萬立方公尺的河水，埃及人只有九十立方公尺。全世界用水量最大的是美國人，平均每人一年用掉兩千三百立方公尺的水，加拿大次之，每人每年用掉一千五百立方公尺的水。

聖河愛發（Alph）從這裡流過，流經巨大無比的洞穴，流入深暗無光的海洋。

——柯爾律治，《忽必烈汗》（*Kubla Khan*）

水挑戰了既有的人類界線與所有權，它能以水汽形式飄浮天際，也可以滲入土壤流入地底洞穴與河道。水的移動如此神妙，使得人類事物變得複雜，譬如在同一水層打井取水的人，共享了同樣的水源，但這個水源根本不在他們的產業範圍內。又譬如工廠廢水進入河流，滲入土壤後，沿著分支系統，影響了大範圍內的動植物與人類。我們拿五大湖及其分支河流來說，它是全世界最大的淡水區之一，流經許多區域，由美國、加拿大兩個聯邦政府、兩個省政府與四個州政府管轄，周遭共有數十個大城市仰賴它們供應淡水。非洲的尼羅河流經七個國家，每個國家都自尼羅河汲水灌溉與飲用，也把廢水和排泄物傾入其中。埃及位於尼羅河最下游，承接了所有的污水與惡果。中東如果爆發危機，我們敢說引爆點不會是土地的爭奪，而是水。

海洋

江河流入大海，海卻不滿不溢。

——《聖經》，〈傳道書〉，一：七

海與太陽共同驅動了地球的氣候變化，雖然空氣的溫度變化非常迅速，但是大海吸收了大量的熱量，然後緩慢釋出，因此是海洋保持了地球溫度的穩定。在中緯度地區，由風驅動的環狀洋流將赤道的熱運往兩極，改善了地球的溫度與氣候。溫暖的黑潮從日本南邊的西太平洋流向北美，從加州到阿拉斯加，連北美洲內陸的中西部氣候都受到影響。大西洋的墨西哥灣流從墨西哥灣往北走，在加拿大紐芬蘭島南邊與拉布拉多洋流的冰冷極地水相逢，冷與熱的迎頭碰觸製造了此地著名的大霧。墨西哥灣流穿越北大西洋，一分為二，北邊的那條潮流包圍了不列顛群島，讓蘇格蘭西北部有棕櫚樹可以遮蔭，使得英國雖然緯度較高，卻依然享有溫和的氣候。墨西哥灣分出的另一股潮流往南走，彎過葡萄牙，與北赤道洋流會合（見圖 3.5）。

此外，還有深海洋流，這是一條巨大的環流，輸送不同溫度與鹽分的海水。舉例來說，冬天南極的海水會結冰，因此水中鹽分濃度增加、海水冰冷且密度大增，同時會下沉到底層，形成一道巨大、移動緩慢的「河流」。這條「河流」挾帶冰冷的海水通過印度洋，繞過非洲頂端，再向北深入太平洋的海溝。

洋流行經廣大海域，夾帶著部分生物的卵與幼蟲前進，將動植物的骨骸、礦物、元素與土壤沉入海底。人類很早便懂得運用洋流：在冷暖流交會、營養最豐富的地區捕魚，享受海潮送到門前的厚禮；或者利用洋流作為海上的高速公路，進行貿易。洋流是地球偉大力量的展現，地球的自轉加上強風，讓緩慢旋轉的海流將熱輸送到各地，使地球保持大氣平衡。洋流就像一個有生命的蜘蛛網，連繫了各大陸塊與南北極，不斷蜿蜒、移動、攪合，溫柔地將地球包圍在這張網內。

水的神妙工作

當我們看著地球上繽紛的動植物樣態，便會驚覺生命是個機會主義者，藉由突變與基因的新組合，抓住生態區位（niche）裡的機會。不管是動物或植物，都各自演化出可以在陸地或海中生存的物種。海底植物非常多樣化，有巨大的巨海林，也有大量繁殖的浮游植物，它

圖 3.5 中緯度地區的海洋潮流

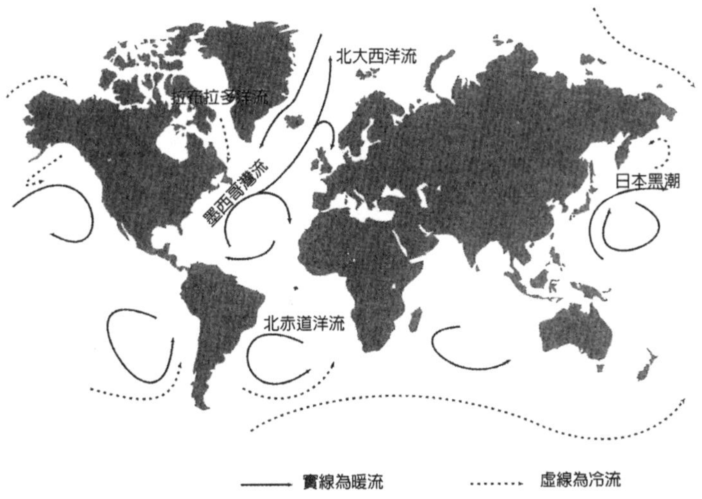

們是海洋食物鏈的最底層。我們再看依賴珊瑚礁生存的各式海底生物、海灘上成行排列的紅樹林，以及河口處多姿多采的生物群，在在證明了演化力量多麼會精雕細琢生物，使它適應生存環境。同樣的，陸相生物不管是在水量豐沛或乾旱之地，也都找得到成功繁衍之道，極地冰層之下有生物，乾旱的山巔與漠地中央也有。我們再看鰻魚與鮭魚這類溯河性生物，牠們演化出特殊的生命週期，可以同時利用淡水與海水環境生存；還有許多物種在不同生命周期裡可以水陸兩棲，或者同時生活於水中與空中。許多生物努力適應環境，以保存每一滴珍貴的水：仙人掌捨棄大片的葉子，演化出表面積小的針狀葉以及堅韌的外表，避免水分散失；駱駝鼻孔長出濃密的鼻毛，能夠收集、凝結呼出的水氣；要用顯微鏡才看得清楚的緩步動物（又稱水熊蟲）可以在蟄伏乾燥的狀態下，活上數十年，甚至數百年；而豐年蝦（Artemia）的卵乾燥後可存放數年，但一放入水中，就會孵化成充滿活力的幼體（也就是這樣，「海猴」才能裝瓶郵寄給在漫畫上看到廣告、迫不及待想買來當寵物的人❷）。但是，不管物種演化得多成功，都不能脫離水而生存。所有物種中，最懂得利用水、對水最需索無度的，就是人類！

水資源的使用與濫用

我們每個人每天都需要吸收一定量的水，以補充流失的水，維持體內的平衡，但它只佔我們每日用水的極小量。富有國家的用水量遠大於貧窮國家，工業化國家每人每日平均用水量為三百五十到一千公升之間，而肯亞鄉下每人每日的用水量只有二到五公升而已。此外，開發中國家大部分的水質比較差，讓水資源使用更加不平等。在今日，十一億人沒有乾淨的飲用水可喝，而且每天都有三千九百個兒童死於污水引起的疾病，也就是大約每十五分鐘，就有一整個教室的小朋友死去。

水源豐沛的國家如加拿大，用起水來好像它是無窮無盡的資源。現代人的衣食、物質與能源所需，無不耗用大量的水：餐桌上的蔬菜需水灌溉，廚具用電需要水力發電，即使盛菜的碟子都需要耗用數公升的水，才能燒製出來。農業與工業用水更是多得驚人，例如一公斤的咖啡需要兩萬公升的水，一百公克的漢堡肉需要一萬一千公升的水，一公斤的米需要兩千到五千公升的水，而一公升的牛奶則需要兩千到四千公升的水。如今生產的食物是上一個世代的兩倍，但耗用的水則是三倍。許多作物需要大量澆灌，澆灌的水從地底抽取，這些地下水要數十億年才能重新填補。工業用水更是龐大，有時與化學物混和反應，有時則做為介質，例如把木質纖維變成紙漿，或清除製造過程的多餘物質。

五大湖現今的命運勾勒出人類的兩難。對原本居住在大湖區的原住民而言，大湖是神聖的，不僅是食物與用水的來源，也是他們通往大陸其他地方的水道。歐洲人來到北美大陸後，人與大湖的關係不變了，湖畔的森林被砍伐一空，集水區變了，水質也因此惡化。湖裡原本豐富的原生

❷ 譯注：美國郵購商人 Harolds von Braunhut 在一九五七年創造了「驚奇海猴」(Amazing Sea-Monkeys) 這個品牌，把豐年蝦作為一種水族寵物銷售，並請插畫家畫了擬人化的豐年蝦人偶，在漫畫書上大打廣告。結果海猴的銷量驚人，甚至成為一種次文化標誌。取名「海猴」是因為豐年蝦的長尾類似猴子，而且是鹹水動物。

魚種被濫捕一空，外來種魚類取而代之。韋蘭德運河（Welland Canal）原本為方便人們繞道尼加拉瀑布而建，如成卻成為八目鰻的遷徙水道，由此進入上游大湖，摧毀了當地的魚類生態。新物種不斷潛入繁殖，嚴重改變了五大湖的原有生態；新近引入的水生動物還有斑紋貽貝，牠們躲在船隻的壓艙物裡，從外國進入五大湖，迅速繁殖。

五大湖畔周圍的城市居民除了不斷自大湖引水，滿足灌溉、飲用與工業需求外，也將五大湖當成棄置廢水、排泄物的場所。城市的不斷開發拓展，改變了大湖的界線，導致快速侵蝕；擁有豐富有機物質的湖畔濕地，原本供養無數野生生物，現在不斷被傾倒廢棄物、被水泥填平，遭到污染。不斷增加的人口也超越了五大湖的負擔上限，不再能支撐健康、平衡的生命形態。

瓶裝水的問題

瓶裝水的銷量在近年快速增加，二〇〇二年，美國人總共花費了七十七億美元購買瓶裝水。平均起來，瓶裝水的價格是自來水的一千倍；透過聰明的行銷手法，瓶裝水被包裝成更安全、更健康、更時尚的選擇。實際上，瓶裝水因行銷手法炒作而熱門，卻對環境造成很大的傷害。儘管商人宣稱瓶裝水比較健康，但無法保證瓶裝水比自來水安全。瓶裝水的檢驗規範參差不齊，曾有測試發現瓶裝水中含有大腸桿菌、砷，以及合成化學物。比起瓶裝水檢驗，自來水的檢驗嚴謹多了。

瓶裝水的來源也是個問題。約有兩成五的瓶裝水根本就是自來水，有些「製造商」則會抽取泉水或地下水，而泉水和地下水是地球非常重要的儲水。

裝水的塑膠瓶則是另一個問題，要製造、運輸、回收與處理每一個瓶子都得消耗能源與資源。光是在美國，每年就耗費一百五十萬桶石油製造塑膠瓶，而十個瓶子中有九個最後都成了垃圾。此外，原本用來裝水的瓶子也可能污染裝在裡面的水，《消費者報告》（Consumer Reports）的一項研究報告就指出，在十個檢測的塑膠瓶中有八個會滲出影響內分泌的雙酚 A 物質。

取得安全的飲用水是基本人權，現今的世界卻仍有很多人無法享有這項基本權利。為了各式花樣的瓶裝水投入大量金錢與資源，似乎不太明智；這些資源如果用來改善自來水，讓人人都以負擔得起的價錢，獲得安全的自來水，肯定會更好。

伊利湖周圍有一千一百六十萬居民，數十年來一直是污染監控與科學研究的焦點。伊利湖四周有七座大城市，受到都市開發、工業與農業的衝擊，使得這座湖泊在五大湖中承受的生態壓力最大。約在一九六九年六月，流入伊利湖的凱霍加河（Cuyahoga River）著火❸，導致伊利湖的水

---

❸ 譯注：因石化工業排放廢水，使這條一百多公里河道裡的水生生物幾乎絕跡，河面上也經年漂浮着一層油污，因而容易著火。

位降到有史來的最低點。媒體宣稱伊利湖已經「死亡」，政府隨即宣布展開伊利湖及其他大湖的整治計畫。這幾年來，因嚴格規範廢水排放，同時也加強了污水的管控與處理，並降低清潔劑的磷酸鹽含量與禁用DDT等殺蟲劑，整體情況才稍獲改善，不過嚴重的問題依然存在。

最嚴重的問題是向下傳遞的化學物質，如多氯聯苯及多溴二苯醚。這類化學物質存在於阻燃劑中，結構非常穩定，可在食物鏈中傳遞。多年來，生物學家發現許多生物不但發生畸形、體型縮小、無法繁殖等問題，照顧幼仔的行為也出現異常，例如有些鳥類不再照顧自己的蛋或雛鳥。科學家一直找不出箇中原因，直到現在有研究報告指出，五大湖的食物鏈中存在著許多無法分解的化學物質，影響了生物的內分泌系統，也干擾與新陳代謝及生殖有關的腺體荷爾蒙，妨礙野生動物的生殖發展。例如，五大湖中的鮭魚因為缺乏甲狀腺荷爾蒙而甲狀腺腫大，影響了鮭魚的生殖系統，阻礙魚卵和幼魚的正常發展。證據清楚顯示，食物鏈中無法分解的化學物質會阻斷甲狀腺荷爾蒙的正常作用。

人體當然也無法自外於這些無法分解的化學物質。一項針對密西根湖畔的女性居民所做的研究調查顯示，當母親攝取愈多來自密西根湖的魚類，嬰兒的出生體重就會愈低。

多倫多市的飲用水來自安大略湖，它是五大湖中最下面的一個湖，但是現在多倫多市民不敢再飲用自來水，而是花錢買瓶裝礦泉水喝。水文生態學者傑克．韋倫泰因曾保守估計，假設尼拉加河與安大略湖水內的有毒化學物質，在過濾成自來水的過程中被稀釋了一百萬倍，那麼引自安大略湖的自來水，每杯水的化學物有：

- 一百億億個氯離子，一半來自每年冬天撒在路面防止結冰的鹽。
- 三十兆個水分子，來自上游人類的尿液。
- 一億個溴二氯甲烷分子，來自下水道污水的氯化消毒。
- 一千萬個化學溶解劑分子，諸如四氯化碳、甲苯與二甲苯。
- 四百萬個氟氯碳化物分子，來自冰箱冷媒、罐裝噴霧劑的推進劑。
- 一百萬個木材防腐劑的五氯酚分子。
- 五十萬個多氯聯苯分子，來自廢棄的電容器與發電機。
- 一萬個各式殺蟲劑分子，來自p,p'-DDT、p,p'-DDD、p,p'-DDE、安殺番、靈丹與其他殺蟲劑。

如果我們不知道如何保持水質純淨，至少我們應該控制有害因素，保護自然。因為打從天地初始，自然便提供我們乾淨的水。維護地球生命，水扮演了重要角色，它調節氣溫，創造生長，維繫地球生物所需的要素。它是生命的潮流，神聖的根源。

我們就是水——海洋在我們的血液裡奔流，我們的細胞裡充斥著水，新陳代謝活動也需要水才能運作。哺乳動物就像兩棲動物與爬蟲，雖然不再分秒都生活於水中，但是生存繁衍所需，還是離不開水。在人類最親密的性行為裡，精子是藉著半液體狀的精液，才得游向子宮，而受精卵也需著床於營養豐富、血管遍布的子宮，胚胎則漂浮於羊水大海中，發育出鰓裂（gill），顯示出我們的生命源自大海。生命的新陳代謝過程製造水，我們也從各式固體食物與液體飲料裡吸收水。如果說空氣是神聖的氣體，水就是神聖的液體，將我們連向大海，回到生命原始的起點。

在所有自然資源中，水是最珍貴的……。在這個年代裡，人類已經忘記本源，漠視生存所需要素，使得水和其他自然資源變成了犧牲品。

——卡森，《寂靜的春天》

失去生命力的伊利湖

過去數十年裡，伊利湖有了巨大改變。四〇年代末，我住在加拿大伊利湖畔的雷銘頓（Leamington）鎮，非常靠近加拿大最南端的皮利角（Point Pelee）。每年春天，伊利湖就會出現大群蜉蝣，拍翅聲嗡然響徹空中，它們包圍著房舍，遮蓋了馬路上空，屍體堆積在湖畔，幾達一公尺深。湖裡的魚兒亢奮地躍身捕食蜉蝣，鳥兒、小型哺乳動物與其他昆蟲也大啖這場春天饗宴，證明了伊利湖生命力旺盛。但是僅僅十年間，生物蝟集的盛況便不復存在，伊利湖被宣告「死亡」了，因為磷酸鹽刺激湖內藻類大量繁殖，產生優養化現象，吸光了其他生物所需的氧氣，農場噴灑的DDT殘留則殺光了湖內的無脊椎生物。

五〇年代末，我有一次搭火車經過尼加拉河，低頭探視峽谷，看到釣者不斷拉鉤，釣起一條又一條鱸魚。那是鱸魚一年一度的產卵期，釣者趁機捕撈，銀白色的魚兒不斷躍出水面，真是壯觀極了。但是因為濫捕與污染，尼加拉河到了六〇年代便不再看到鱸魚的蹤跡。今日，五大湖正面臨巨變，飽受新引進的魚類與植物、農業與工業廢水、集水區開發所引爆的衝擊。

Chapter 4

眾生之母

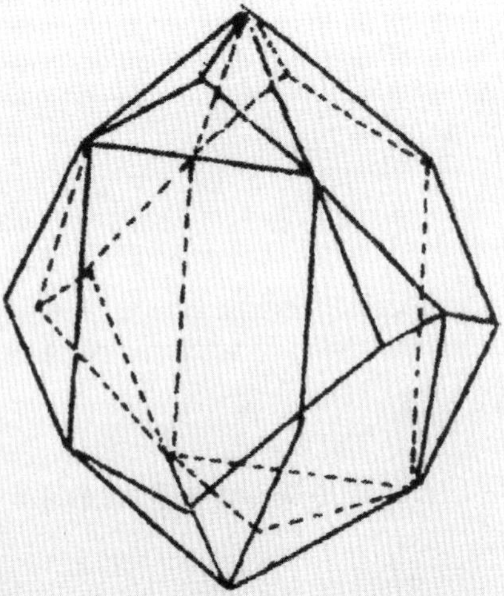

你要汗流滿面才吃得飽。
你要工作，直到你死，歸於塵土，
因為你是用塵土造的，你要還原歸土。

——《聖經》，〈創世記〉，三：九

塵歸塵，土歸土。

——葬禮祈禱文

MADE FROM THE SOIL

在英文裡，Earth 這個字不僅代表我們所居住的地球，也指我們生活所需的物質來源——土壤。在眾多的人類起源故事裡，它都是造就人類的原料。《聖經》說：

上帝耶和華用地上的塵土造人，把生命的氣吹進他的鼻孔，他就成為有生命的人。然後耶和華在東方開闢伊甸園，把那人安置在裡面，叫他看守園子。

《聖經》裡的第一個人是亞當（Adam），這個字從希伯來文 adama 說來，意指「土地」或「土壤」；第一個女人則取自亞當的肋骨造成，取名叫夏娃（Eve），從希伯來文 hava 而來，意指「活的」。亞當與夏娃兩字結合形成永恆的連繫：生命來自土壤，而土壤是活的。

在其他的創世故事裡，到處可見生命起源與土壤的連結，第一個人的誕生都與土壤脫離不了關係，有的由土造成，有的用木頭削成，有的則用粗玉米粉、種子、花粉或樹液形塑而成。有的生命起源故事描繪海龜或水甲蟲自海底攜帶土壤到陸地；有的人類自地底子宮而出，或者太陽、雨水、泥土、種子揉合形成第一個人類的面貌。不管人類起源故事為何，我們都是「土製成品」！這些故事揭露了一個真理：土壤是我們的生命起源。古時，人類世世代代都珍重、膜拜土壤，因為它賜給我們豐厚的禮物。希勒爾（Daniel Hillel）說：

早在農耕誕生之前，人類就已經膜拜土地，進入農業社會後依然尊崇土地。土壤是神聖的，它是偉大神祇的化身，展現自然創造力，彰影自然奧妙現象。人們相信大地之神賦予山川樣貌，掌握四季更迭與萬物繁育的週期，賜予動物、植物與人類生命。岩石、樹木、山巒、泉水與洞穴，都是大地之神寄身所在。

但是有些「大地之子」長大後，瞧不起生養他們的母親，剪斷臍帶，隱瞞自己的身世，甚至忘了自己的根源。當一個國家日趨工業化，人們便開始將土地當作「塵土」，一種會污損身體的骯髒物質。都市居民被水泥、瀝青與細心修剪的草坪圍繞，早就與生命來源隔離。我們認為食物是超市裡一盒盒處理包裝過的東西，忘記了所有食物都來自土地。當人遠離了土地，也就忘記了一個最基本的真理：維繫人類生存的每一滴養分都來自生物，而所有養分來源均直接或間接產自土地。植物學家瑪莎・克勞琪（Martha Crouch）指出，我們與食物的關係，其實就是我們與其他生物間最親密的關係，因為我們將生物吃進嘴裡，使其進入我們的細胞。我們身體的每一個部分，連驅動細胞新陳代謝、給予生命活力的糖、脂肪與酶，都來自我們啖食其他生物的遺體。缺乏食物，我們便感覺飢餓，開始燃燒體內儲存的熱量，持續饑餓七十天，就會死亡。

大地（earth）、土壤（soil）、污泥（dirt）、土地（ground）、家園國土（land），這些字有著各式衍伸的複雜概念，包含了人類的根源、安身立命、腳踏實地等，我們愈了解這些字所隱含的真意，我們的收穫便愈多。中世紀時代，污泥意指排泄物、糞肥與肥料，一個好農夫會細心地播撒塵土照料田地，堆肥（soiling）這個字便由此而來。在我們眼中代表骯髒的污泥，在老祖宗的語言智慧裡卻指出它是肥沃之地、食物的來源、大地的生命。就和生命其他要素一樣，土地是我們的支持系統、我們的供給網絡，靠土地生活的人知道這個真理。

土地也是實在的，是戰爭雙方拼死爭奪的東西，是選擇立場時的立足之地，也是據理以爭的基礎❶，更是建築的奠基所在。家園意指我們所擁有的土地，也可以擴大為我們所屬的國家，更是安全的象徵，因為我們渴望腳踏實地，永遠在尋找安身立命的落腳處。

神聖的土壤

達科塔族的小孩都明白人就是土壤，土壤就是人。
我們熱愛和我們一起生長於土地上的飛鳥走獸，萬物相連，
因為我們共飲同樣的水，呼吸相同的空氣。

——直立大熊路德（Luther Standing Bear），《我的蘇族同胞》（*My People the Sioux*）

保護自然是指人與大地的和諧狀態，因為大地代表了一切生活於地球之物。
與大地和諧共存，就像與朋友融洽相處，你不可能珍惜一個朋友的右手，
卻砍斷他的左手。同樣的道理，你不可能喜愛獵物而厭憎獵者、
保育水源卻任由牧場荒蕪、栽育森林卻破壞農場。大地是一個完整的有機生物體！

——奧爾多・李奧帕德（Aldo Leopold），《砂郡年記》（*A Sand County Almanac*）

源自黏土的生命

我們腳下踩的土地可能是促發生命合成的催化劑。解釋生命起源的黏土理論認為，簡單的有機分子透過與黏土粒子等無機物結合，因而得以成形。基本上，黏土可被視為母體或骨架，透過微弱的電荷作用，有機分子會受到吸引，聚合在一起，並黏附於其上。

舉例來說，黏土可以吸出溶液中的胺基酸，這些胺基酸會像一顆顆「珠子」聚集在黏土表面，串成一條蛋白質「項鍊」。黏土中的金屬則可作為催化劑，將簡單的分子串成較複雜的有機聚合物。黏土幾近是有機分子的模板、網架或者跳板，讓有機分子最終可以離開黏土。

一項研究發現，黏土的結構適合用來包覆、保護簡單的有機分子。在這個模型中，有機分子不會停留在黏土表層，而是會鑽進黏土的礦物層中，猶如避風港一樣保護有機分子的黏土也因而被科學家稱為「原始的子宮」。一段時間後，黏土會因高溫高壓的影響而改變結構，閉合礦物層間的縫隙，釋出有機分子。

❶譯注：英文中 ground 也代表基礎、理由、立場。

對多數原住民而言，大地是生命的基石，也是人類性靈、自我認同、歷史與意義的來源。南美卡耶波族（Kayapo）印第安人的頭目派伊阿坎（Paiakan）曾經形容大地為「我們的超級市場、我們的藥店」。人類大部分歷史是處於採集狩獵社會，不斷逐水草遷徙尋找食物，土地所有權是一個陌生的觀念。先民認為他們有權使用土地，也有責任捍衛斯土，現今的原住民社會仍保有這種對待土地的態度。一九八七年，吉克閃族（Gitksan）世襲酋長烏枯（Delgam Uukw）為「還我土地」訴訟出庭時說：

> 每個酋長都有過一個祖先曾遇見大地之神，並蒙祂賜與權力。大地、萬物與人類都是有靈之物，必須予以尊重，這就是我們的律法。

因此，人與大地的關係是：人必須保護大地，維持它的生產力，不可以對大地予取予求，留一點給別人，也留一點給將來。人類必須將獵物的骨骸還給大地，根據賀皮族（Hopi）印第安人首領的說法：

> 賀皮人以虔誠神聖的態度，為大神馬叟烏（Massau'u）固守大地……。大地像教堂的聖室，它就是我們的耶路撒冷……。
>
> 是超越人類理解的大能（power）將土地賜予賀皮人，賀皮人的生活一切仰賴土地，四處可見與土地有關的命名。大地是神聖的，如果遭到褻瀆，不僅賀皮文化的神聖性將消失，所有的文

化亦然……。

我們自大神處繼承土地，成為守護照顧者，為大神保守土地，直到祂重返人間。

著名科學家卡爾・沙根（Carl Sagan）、史帝芬・史耐德（Stephen Schneider）、佛里曼・戴森（Freeman Dyson）與古爾德曾聯名簽署一封呼籲信，譴責人類走上自毀之途，呼籲人類扛起對土地的責任。這些科學家的觀念不僅和原住民相同，還用宗教性字眼「造物」來描繪土地的神聖：

地球是人類的出生地，也是我們目前僅有的家……。但是我們即將步上（或者已經步上）自毀之途，犯下「摧毀上帝造物」的罪行。

土壤下的祕密世界

比起沼澤或池塘，土壤比較引不起我們的注意。用肉眼仔細觀察，會發現土壤裡可能夾雜有樹枝、石礫、細沙，或許還有蚯蚓與甲蟲，平常得很。但是，如果將土壤放在顯微鏡下觀察，便會發現萬千世界，彷彿是古老煉金爐，不管軟、硬物質，液體或氣體，有機或無機物，動物、植物與礦物，都在土壤裡熱鬧作用。植物的花瓣、樹葉與枝莖掉落地面，成為這棵植物的堆肥，死而後生，不斷茁發，供養其他生物，然後再度死亡，又回到地底忙碌的工廠。生物所需的氮大多來自微生物的固氮作用（nitrogen-fixing），這些微生物又大多生存在土壤中。土壤就像小宇宙，展現了大宇宙運作的縮影，大地、空氣、水與能量共同造就了土壤的活力，每一立方公分的土壤或沉積土都蘊藏了數十億個微生物。土壤可以創造生命，因為它是活的！

諷刺的是，探測火星所花費的金錢（光是最近兩台探測車就花了八億兩千萬美元）以及為其所規劃的願景，遠遠超過我們為腳下這片土地所投入的心力。然而，正是我們花園裡、田野中、牧場上以及森林裡的土壤，還有溪流、湖泊、濕地和海洋中的沉積物，才得以涵養出宇宙中最多變豐碩、互相交織的生命網。

——依芳・貝斯金（Yvonne Baskin），《地底世界：污泥與塵土的造物如何塑造世界》（*Under Ground: How Creatures of Mud and Dirt Shape Our World*）

談到生物多樣性，土壤中的生物就佔了大部分。據估計，土壤與水底沉積物中的生物種類，就佔了地球所有物種的三分之二。在黑暗安靜的土壤小宇宙裡，小型掠食者撲殺獵物，微小的肉食動物大嚼藻類，一滴土壤水裡就含有數以千計的水生微生物，與真菌、細菌、病毒共同活躍在人類肉眼看不見的黑暗舞台上。微生物是土壤的守護者，它們的生死輪迴造就、維繫了土壤的肥沃，讓它們自己與人類得以倚賴土壤維生。

我們對天體運行的知識，還多過對腳下土壤的認識。

——達文西

達文西的歎息至今仍無改變，儘管土壤科學在過去四百年裡大有進步，但科學家只知道土壤裡微生物種類驚人（見表4.1），對它們的認識卻甚少。目前正式發現的細菌只有四千種，但土壤生態學家依蓮・英格漢（Elaine Ingham）表示，一茶匙❷的森林土壤中可能就帶有十億隻細菌，並涵蓋四萬個物種；此外，這勺茶匙裡還會有兩萬種真菌，把這些真菌全都拉直的話，長度可達一百五十公里。一茶匙健康的農耕土壤中約有六億隻細菌、一萬隻阿米巴原蟲等單細胞原生動物，以及二十到三十隻有益的線蟲，而這些生物大多仍未被科學家定名。粗略估計，目前科學上大約只鑑別得出約百分之五的土壤生物物種。

微生物體積微小卻數量眾多，佔了生物量（biomass）的大部分，不管是在地球的任何一塊角落，微生物都是最主要的生命形態（見表4.2）。更何況，即使在土壤之下的基岩（bedrock）中，也存在生命。一直以來，科學家都認為生命只會出現在基岩之上的四層土壤中，但持續有報告指出，深入地底數百公尺的油井鑽頭仍會受到細菌污染，使得科學家們不禁要一探究竟。調查結果出人意料，微生物不僅出現在地底數百公尺，甚至在地底數公里、溫度超過攝氏五十度的地方，也可發現微生物的蹤跡。生物學家圖里斯・昂斯托特（Tullis Onstott）便在南非鑽石礦坑壁的深處發現細菌。在高溫高壓的地底，新品種的微生物和生存於地表的大不相同；由於地底缺乏陽光與氧氣這些常見的能量來源，地底微生物可能需從原子核獲得能量，亦即水會與岩石發散出的核

❷譯注：一茶匙為五毫升（5 c.c.）。

射線相互作用，產生能量。

昂斯托特說，地殼中佈滿生意盎然的細菌群落，各有各的DNA組成，和地表所有已知的生物並不存在密切關係。「基本上，我們正踩在生命樹的全新分枝上，有些與目前已知的生物截然不同。」因此，儘管大陸板塊漂移碰撞、山巒隆起陷落、海水滿溢乾枯、冷熱時期交替來去，地底的微生物依然逕自生生不息，或許每千年才分裂一次。這些地底生物，還有生長在溫泉或深海熱泉等環境的嗜極生物（extremophile）顯示出，即使在最嚴苛的環境中，生命也能抓住一線生機，繁榮茁壯。在地球上，確實連岩石都具有生命！

表 4.1　表土裡的植物與動物數量比

生物	數量／每平方公尺	數量／每公克
細菌	10^{13}-10^{14}	10^{8}-10^{9}
放射菌	10^{12}-10^{13}	10^{7}-10^{8}
真菌	10^{10}-10^{11}	10^{5}-10^{6}
藻類	10^{9}-10^{10}	10^{4}-10^{5}
原生動物	10^{9}-10^{10}	10^{4}-10^{5}
線蟲類	10^{6}-10^{7}	10-10^{2}
其他動物	10^{3}-10^{5}	
蚯蚓	30-300	

表 4.2　森林與草原表面土壤的動物生物量

生物類別	草原	橡木林	雲杉林
食草性	17.4	11.2	11.3
大型食碎屑動物	137.5	66.0	1.0
小型食碎屑動物	25.0	1.8	1.6
掠食動物	9.6	0.9	1.2
總和	189.5	79.9	15.1

生物量（公克／平方公尺）

微生物在土壤的沃度週期裡扮演了重要角色，較大的生物體挖鬆土壤，有助水與空氣進入層層土壤，與礦物、有機物質混合，同時間，這些生物的排泄物，甚至它們的屍體最後也成為土壤的肥料。較小的生物則扮演分解者角色，分解有機物質、固定元素，讓植物可以吸收使用，在植物的生長過程裡，不斷與它互動。土壤裡的蚯蚓、螞蟻、白蟻、跳蟲、原生動物、真菌、細菌，有的肉眼可見，有的微之又微，都在土壤的神奇作用裡扮演了重要角色。土壤不僅是創造生命的下層基礎，也是地球最重要的濾網，可以淨化、循環腐化的物質與水，也是水涵養與水循環的要角。

不管就生理或心理層面而言，人類最珍貴重要的資源就是我們腳下的土壤。
它常遭到漠視或被鄙視為「污泥」，事實上卻是地球生物的命脈，
也是不可或缺的滌化媒介，廢物在此分解、再生，大地因而有了生產力。

——希勒爾，《來自地球》

活生生的地底世界

如果地底生物的密度一如礦坑生物，那麼這些地底原生質的總重量，就會比地表上所有生物（鯨魚、森林、群聚的哺乳動物等等）的總重量還要重。我們對這個活生生的地底世界幾乎一無所知，無論是物種的數量、分布情況、和其他生物交流的方式，也不

知道它們和地核產生的養分與熱運動有何關係，更不知道這個地底世界對土壤有何貢獻。但如今，為了降低二氧化碳濃度以減緩氣候變遷的衝擊，人類卻提出「碳吸存」（carbon sequestration）❸作為解決方案。這項計畫將上億噸的二氧化碳灌入地底，然而，我們並不清楚二氧化碳如何不溢出、會產生什麼鍵結、保存在哪個位置、能保存多久，以及對地底生命會造成什麼影響。我們不能因為自己住在地表，就認為黑暗的地底一片混沌，沒有生命，而毫無顧忌地把二氧化碳封入地底。我們應該明白自己所知有限，學會謙恭，面對所知不多的事物應慎重行事。

土壤的起源

土壤是一種複雜的混合物，包含礦物粒子、有機物質、氣體與養分。天地之初，地球的表面並非如今日般覆蓋土壤，而是經過漫長的地球演化史，這些土壤成分不斷混合、製造、再製造，才形成了今日的土壤，生命在這場演化大戲裡再度扮演要角。

岩石遭到自然力量侵蝕，便會風化開始形成土壤，不同地區的土壤性質不同，端視形成它的岩石含有何種礦物。地球上最多的礦物是長石（feldspar），它是晶質礦物類，是所有結晶岩的主要構成物。地球在形成初期逐漸冷卻凝固，熔點僅有攝氏七百到一千度不等的長石，很快就熔化浮出地表，普遍分布於世界各地，成為黏土礦物之源。

地球上的岩石主要有三種：由地密岩漿冷卻形成的火成岩，另外兩種則為沉積岩與變質岩。暴露在地表的岩石受到氣溫變化、風吹雨淋、雪水與濕氣的侵蝕，不斷風化，剝落下的岩石碎屑受重力牽引，或遭到溪流、冰河、風與潮汐的搬運，便散布各地。僅僅兩百年前，人們認為山嶽、湖泊、沙漠都是亙古不變的，現在我們知道地貌不斷在變動，即使巍峨高山，只要假以時日，風化作用也可以將它侵蝕為平地。（同樣地，山嶺也會成長，如今喜馬拉雅山就以每年一公分的速度在隆升。）

下面這個例子最能描繪風化的過程：剛鋪好的人行道，經過行人日積月累的踐踏，慢慢的，一度平坦的路面開始破損，瀝青之下的碎石、小樹與野草冒出路面，車道的排水也侵蝕路面坑洞，行人的腳磨損路面粒子，夾帶砂塵的風剖損了路面，冬天的雨水積存在坑洞內，結冰後體積膨脹，將坑洞撐得更大。岩石的風化過程就有點像人行道的損毀過程，只是耗時更久。

風化作用分為三種：物理的、化學的與生物的風化作用。物理性風化會將岩石崩解為小塊，但是不會改變它的化學結構，譬如水滲進岩石的縫隙，到了冬天，岩石縫隙間的水結成冰，體積膨脹，會將岩石崩解開水。又譬如受侵蝕的岩石碎裂，滑下山坡，撞擊其他岩石，也會造成物理崩解現象。日夜溫差變化使岩石熱脹冷縮，重複的壓力也會造成縫隙。俗諺說「滴水穿石」，只要時間夠長，水分的滲透也會沖蝕掉一整面山。

❸編按：陸地生態系中，除了林木行光合作用對二氧化碳的吸收與貯存具重要貢獻，森林的土壤及枯枝落葉層也有貯存二氧化碳的功效。

化學風化則會改變岩石的化學結構，帶走某些成份，留下其他成份，這也是土壤生成過程一的部分。水是化學風化的重要媒介，例如它可以溶解黃鐵礦與硫化礦，形成活性高的硫酸。水溶解後的產物有的會成為生命營養素，有的則和岩石內的礦物起作用。雨水可以溶解二氧化碳，形成微弱的碳酸。只要日積月累，水幾乎沒有溶解不了的東西。水可以分解長石，形成黏土與沙粒，還可以蝕刻石灰岩，形成壯觀的石灰洞窟群，例如美國新墨西哥州的卡爾斯巴德岩窟（Carlsbad Caverns），或是在加拿大賈斯柏國家公園（Jasper National Park）瑪琳峽谷（Maligne Canyon）中，精雕細琢的石灰岩流槽、隧道及滲穴。

岩石崩解後所增加的表面積，提高化學風化的潛能，然後分解岩石內的成份，形成新的混合物（見圖 4.1）。一公克的黏土經過物理與化學風化作用後產生的一克黏土，其粒子總面積可高達八百平方公尺，差不多等於人體內肺泡囊與腸絨毛的面積總和。

地球早期的風化作用，使玄武岩裡的矽酸鈣完全溶於水中，形成碳酸鈣與矽酸，流向大海，在海底沉積。原本光禿禿的海底慢慢有了許多元素混合，徹底改變了地球的發展。

一旦地球出現生命，生物體便成為第三股風化力量，也就是生物性風化。微生物釋出化學物質，使岩石溶解出它所需要的元素。大量的生物體侵入岩石縫隙，對它形成壓力，譬如植物根部尋找礦物，以及盤據在岩石表面，都會造成岩石的崩解。

圖 4.1　岩石風化崩解後表面積的增加

改編自普斯（Frank Press）與席佛（Raymond Siever）合著之《大地》（*Earth*,San Francisco:W.H.Freeman and Company,1982）

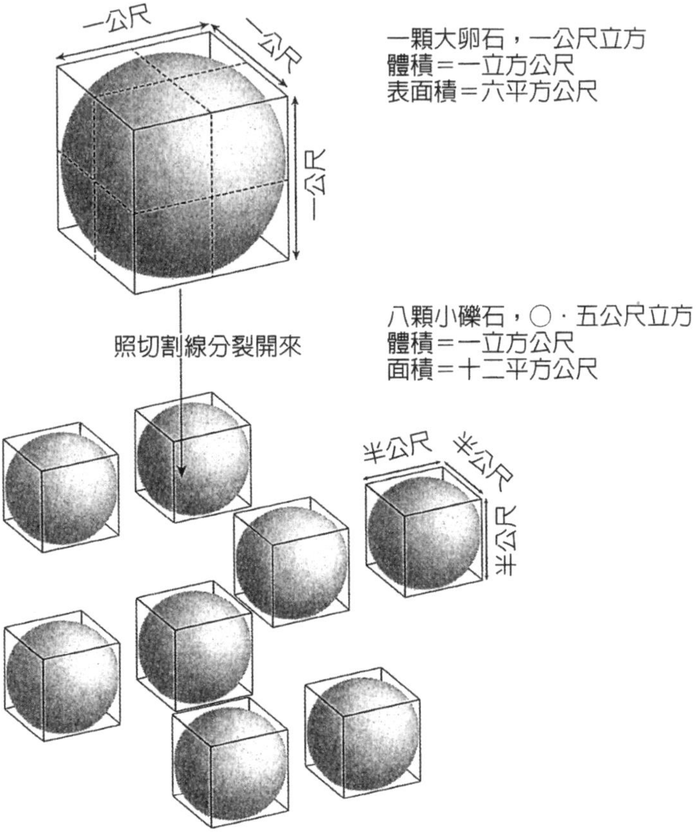

希臘神話蓋婭

大地之母，
眾生之母，
萬物最古老者。
堅硬奇妙如岩石者，
全部來自大地，
孕育萬物的大地之母，
我歌頌妳！

古希臘神祇蓋婭（Gaea或Gaia）是胸部深闊的地神，她是眾神之母，有了她，才有了一切。她創造了天神（Uranus）掌管星空，並與天神共同統治世界。蓋婭是宇宙創造者，她與天神育有眾多後裔，名叫泰坦族（Titan），他們不僅是巨人，也是眾神之祖，掌管雷雨、各種自然力量與人類。古希臘詩人平德爾（Pindar）寫道：「人與神來自同一個家族，都是同一個母親賜予我們生命。」

後來，蓋婭的後裔之一狄美特（Demeter）接掌了大地之母的角色，成為耕作、肥沃與豐收之神。狄美特與女兒——冥王之后波塞芬妮（Persephone）——分而復合的故事，勾勒出大地的自然循環，也描繪出土壤如何不斷再生成為生命的要素。神話記載，波塞芬妮一日在田野中採花，被叔叔冥王哈得斯（Hades）綁架，強押到地府。哈得斯掌管的地府陰暗恐怖，是亡者的最終去所，卻也是生命與再生的來源。當波塞芬妮消失於地府後，她的母親狄美特四處尋找女兒，地上萬物因而停止生長。最後眾神終於將波塞芬妮還給狄美特，以祈大地萬物能夠再度豐收，但是波塞芬妮已經吃了地府的石榴子，此後每年都得重返地府一趟。

此故事的寓意是：所有的生長與收穫都來自黑暗、豐盛的土壤，新生命要靠逝者——腐爛的樹葉、植物、生物屍體——的滋養，方得成長。每一年，世界會自土壤與植物的死亡中復生，就如荷馬所說的，大地是眾生之母。

風化形成生命

岩石風化的程度要看氣候、板塊作用、岩石的原始組成與風化的時間。機械與化學風化作用製造了海底的黏土、土壤、沉積物與鹽類，岩石崩解則形成漂礫、小圓石、沙粒與坋粒。這些作用乍看似乎摧毀力十足，卻一直是使地球生命豐盛的原動力。風化是地球製造生命的手段，風化產生新的媒介，生命藉此媒介才得以繁盛、多樣化。

科學家講到生命起源的故事，總是說溶解後的元素與鹽類沉積海底，形成原子與分子濃湯，它們是生命的先驅。早在陸地表面適合人居之前，海洋早就是溫暖的生命之窩。三十六億年前出現的第一批細胞是細菌，大半的地球生命史裡，細菌是唯一的生命形態，使生命進一步演化的基石就是土壤！一如生物不斷與空氣、水互動，互相形塑影響，生物藉由創造土壤，也徹底改變了地球的面貌。細菌鑽進地底，溶解毫無生氣的岩石，將之崩解，取得它們需要的養分。換言之，細菌才是生命由海洋爬上陸地的先驅。

當植物終於在三億五千萬年前由海底上了陸地後，它們也必須抓住岩石，或者抓住細菌崩解過的粗礫與砂石。植物的根部不斷在岩石粗礫中搜尋縫隙，分泌酶來溶解岩石，以獲取它們需要的重要元素。不過真正的硬地先驅是細菌，它們不斷溶解濃縮各種物質，以利它們吸收，生產出碳酸鹽、磷酸鹽、矽酸鹽、氧化物與硫化物。細菌與植物運用上述方法將岩石崩解，連同其他風化因素，日積月累，高山也會崩解為碎礫，而植物的根部則會抓緊沙粒，防止風吹雨淋的沖蝕。無數代的動物、細菌與植物死亡，它們的屍體也成為沙粒的一部分。這些屍體的組織、細胞分解後，釋出分子與有機物質，形成了營養豐富的棕色沙礫狀土壤，成為地球生物養分來源與棲息之所。

長達數百萬年的時間裡，植物與微生物不斷擴展版圖，從陽光、水與礦物裡吸收養分，自海邊擴展到山谷、平原。當時間靜靜流過，百年變成千年，千年又變成萬年，植物的有機遺體不斷堆積，提供細菌滋長的豐富養分。最後，小型動物如蠕蟲、節肢動物也開始挖掘洞穴，加速岩石的崩解，自其中吸取礦物質，它們的屍身也肥沃了土壤。

當土壤愈變愈肥沃，植物也愈長愈大，愈來愈多。腐化的生物幫忙抓附岩石與富含有機物質的土壤粒子，當大地覆蓋這類有機肥料，植物就勃然而生，提供日益龐多的陸地動物所需糧食與棲息之所，人類亦是其中之一。

生與死的平衡

一九七〇年代，阿拉伯石油禁運引發危機，各國開始探勘本土石油。當時我正在拍攝一部影片，探討在北極圈探勘原油的危險。一天，我漫步於北極小島上，突然注意到滿佈地衣石頭的地面上，有一塊不協調的鮮豔斑爛顏色，走近一看，居然是個小「花園」，長滿了小花與青草，爬滿了忙碌的昆蟲。小「伊甸園」的中間躺著麝牛的屍骨，死了至少好幾年，雖然屍骨被陽光曬得泛白，骨頭內的礦物均已流失，變得鬆脆，但是剩下的養分依然足以在極地荒原裡創造出一個生物社會。

接著我到了世界的另一端，造訪南極捕鯨站。看到昔日熬煉鯨脂的大桶已經鏽蝕，捕鯨人房舍也都破敗而搖搖欲墜，但是一片荒蕪中，植物與花朵卻勃然而發，仰賴的就是昔日屠殺鯨魚後，滲入土壤的血水與埋入其中的屍骨。一次大戰沙場上留下的血肉骨頭，至今仍供養著北歐的罌粟花田，成為轉世輪迴的象徵。

這些例子顯示生與死之間有著細緻的平衡，環環相扣，形成循環。

地球演化到了今日，土壤已經變成一種複雜而多樣的混合體，隨地區而性質有所不同。譬如雨林土壤上的樹木高聳入天，林冠茂密，讓無數生物棲息其中。熱帶雨林土壤因為受到嚴重的風化與淋溶作用影響，其實並不肥沃，樹木能夠長得如此高大，純靠樹根如蛇般大片蜿蜒分布，大異於溫帶地區的樹木根部深鑽地底。

不管是美國西部的大草原、北極的溼地，或者赤道草原的土壤上，苔蘚、禾草、灌木與顯花植物都熱鬧並存，供養了無數飛禽走獸與食草性動物。北加拿大的美洲馴鹿、非洲塞倫蓋提草原的白尾牛羚，或者數以百萬計早已消失於北美草原的水牛，統統是土壤家族的一員。

交織生命之網

真菌常讓人聯想到自然界的腐朽與衰敗，其實真菌不僅是有機物質循環的要角，對生態系統的穩固與強健更意外地助益甚多。無論是參天大樹或廣闊草原，近百分之九十的植物都要靠土壤中的真菌才能欣欣向榮。

在歐洲，松露向來是頂級饕客盤中的珍饈，由於松露散發的分子類似公豬的費洛蒙，於是農夫就用想交配的母豬，來尋找松露這種氣味濃郁的精緻食材。十九世紀末，普魯士國王試圖找出培育松露的方法，好從法國那兒搶點松露的生意，於是將這個任務指派給真菌學家哈曲（A.B.Hatch）。哈曲苦心研究從子實體延伸而出的菌絲，卻發現這些菌絲全都緊緊纏繞著樹木根鬚，無一例外，彷彿原本就是樹木的一部分。（探出土壤的「蘑菇」就是真菌的子實體，帶有孢子。真菌絕大多數的生物量則源自無數細小的根狀菌絲，在土中交織成一片細密的網。）哈曲有一項驚人的重大發現，那就是菌根菌會和樹木共生，因此，在樹根周圍經常可見種類多達十餘種的菌根菌，其中有些則只會生長在特定樹種周邊。

真菌透過菌根和樹木形成互利的共生關係。對樹木來說，菌根可以增加根部表面積，促進水分、礦物質、氮、磷等養分的吸收。基本上，條狀的菌根就像樹木根部的延伸，拓展到樹木根部無法企及的深廣土壤。此外，真菌會刺激樹木分泌抗生素，本身也會製造抗生素，能避免樹木遭病菌侵襲；作為回饋，真菌則會自己吸取樹葉合成的糖分。

菌根菌和樹木的合作關係非常密切，如果土壤中沒有菌根菌，樹木會發育不良，甚至停止生長。遠古植物的化石中，就曾發現菌根菌的存在，或許正因為這層共生關係，樹木才能順利在陸地大批繁衍。

深埋的土層

土壤被稱為生命世界（life world）與無生命世界（inanimate world）的橋樑，這座橋樑雖然由礦物與有機物質構成，但也需要空氣與水。土壤是碳的儲存庫，某個程度來說，它控制了地面與空氣的碳分布。肥沃的地表土壤有一半是崩解的岩石與腐植質（humus）的混合物，腐植質能幫助土壤保住水分（見圖4.2）；另外一半則是重要的土壤孔隙，它們可以讓空氣與水流通，提供微生物與植物所需的氧氣與二氧化碳。

森林裡的大喬木是生命世界與無生命世界在土壤裡碰頭的方法。這些樹木的根伸展後，成為不斷擴展的網絡，愈往外延伸就愈細，在土壤裡搜尋濕氣與養分。土壤水被保留在土壤粒子間，以緩慢的速度移動，因此樹根也不斷移動搜尋它。一棵大樹的根總長度有時可達數百公里，表面積總和達數百平方公尺。

土壤在地表形成，層層往下，其成份、質地、構造與顏色都不相同，科學家根據上述特徵的差異，將土壤分為O、A、B、C四層（見圖4.3）。

O土層裡多為有機物質，表層包括尚可辨識

圖 4.2　沃土的組成

改編自普斯與席佛合著之《大地》

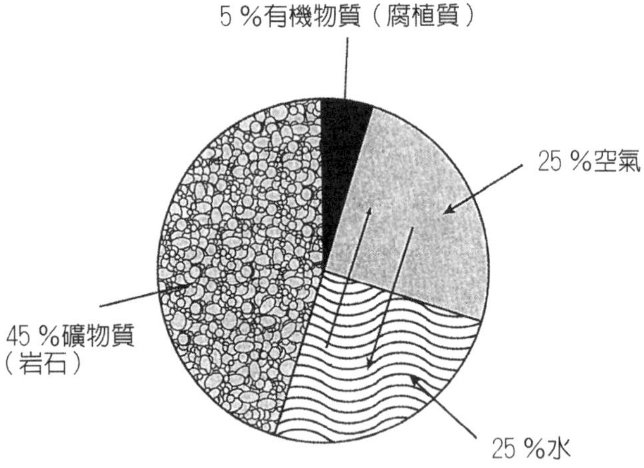

圖 4.3　土壤的四個分層

改編自普斯與席佛合著之《大地》

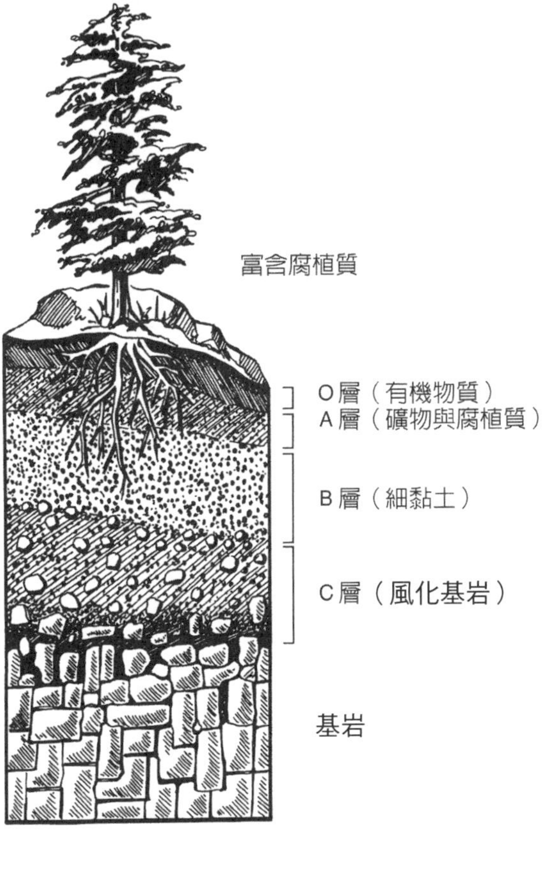

的植物腐爛物如葉、枝條，下面則是部分分解的有機物質與腐植質。A土層的成份多為礦物質與腐植質，許多生物活動都在此層進行，此層的養分也遠比下面的土壤高得多。A土層底部的土壤粒子比較粗，因為較細小的粒子被淋溶作用洗入到B土層去了，因此A土層又叫洗出層。B土層通常比較厚，覆蓋在風化基岩之上，是由細黏土密密組成的硬盤（hardpan），雖有生物與有機物質，但不及A土層那麼多。O、A、B土層合起來構成土壤，或稱土體。C土層則多為部分風化的岩石碎屑，有機物質很少。

自然界裡，掠食者與食物的角色經常置換，萬物生養互相倚賴，這是自然的法則。歲月流轉，生物以緩慢不覺的速度在土壤裡累積有機物質，溫帶地區裡，落葉林與一年生植物的腐爛物在土壤裡累積，每千年可使表土（topsoil，土壤最上面的一層）增厚五公分。這就是地球肥沃盛育的物質！

> 那裡出產大麥、小麥、葡萄、無花果與石榴，那裡出產橄欖與蜂蜜，
> 你們在那裡將不再饑餓、不再缺乏。
>
> ——《聖經》，〈申命記〉，八：八—九

自大地取食

空氣是生命之息，水是生命之飲，而大地就是生命的糧食。我們當然不是直接吃土，但是每

天都得自土壤汲取養分，綠色大地就是人類羔羊嚼食的草地，使我們身心得以生存的糧食來源。

現在假設一顆直徑七十公尺的番茄是地球，它的皮仍和普通番茄一樣薄，這就相同於地球土壤與地球的體積比。這樣一層薄薄的土壤不斷進行生命更新，我們和其他陸上生物都要直接或間接仰賴它提供食物。

人要生存與維持健康必須吸收能量、蛋白質、碳水化合物、無機物質、微量元素、主要的脂肪酸、維生素、水與粗質物（譬如難以消化的植物纖維素）等。每一天，脂肪提供我們百分之二十五的能量需求，蛋白質提供百分之十二，碳水化合物則提供百分之六十三。今日我們吃的大多是已失去其生物原貌且經處理的盒裝食物，但是除了化學合成的代糖和脂肪替代物，每一口我們吃下肚的都曾經一度是活生生的生命，而其中大多數是直接產自土地。

維生素提醒我們：人類的生存必須仰賴其他生物。維生素是複雜的生物化合物，為其他生物所製造，人體無法合成。我們吃下某些生物，取得所需的維生素，少了它們，我們可能會得夜盲症（缺乏維生素A）、壞血症（缺乏維生素C）、佝僂症（缺乏維生素D）、巨紅血球性貧血（缺乏葉酸）、惡性貧血（缺乏維生素B）、腳氣病（缺乏維生素B）、粗皮症（缺乏菸鹼酸）、血管阻塞問題（缺乏維生素K）。

人體的設計非常會攝取所需養分，就像土壤的生成過程，攝食也是將東西分解、重組為我們需要的養分。換個角度來看，人類的消化過程有點像風化作用，我們運用神妙的物理、化學作用分解食物，讓它為我們的維生系統所用。

吸收食物的過程泰半是反射動作，不為人類意識所及。攝取營養就像呼吸一樣重要，至關人類的生存，我們的身體因此設計出一套系統，讓多數攝食過程繞過人類的意識。

我們將食物送入嘴中，便開始了消化過程：用嘴撕咬食物、咀嚼成小碎片（見圖4.4）。人類的三十二顆牙齒是偉大的機械，最外表是堅硬的琺瑯質，裡面是骨狀般的齒質，包裹著血管神經，鑿子般的門牙可以咬斷食物，平面的臼齒則可磨碎食物。

人的神經受器會對氣味、觸感、味道起反應，同樣的，它們也會對咀嚼動作有所反應，以便刺激唾腺分泌唾液。唾液並非簡單的口水，它包含可以濕潤食物的黏液，使食物方便在口中移動，容易咀嚼吞嚥。唾液也含有澱粉酶（alpha-amylase），可以分解碳水化合物。嘴是人體的一大開口，因而也有抵抗外來病毒、細菌、以及其他致病微生物的機制，所以唾液裡便含有溶菌酶（lysozyme）、免疫球蛋白A（immunoglobulin A）以及過氧物酶（peroxidase），是抵抗感染的強力武器。

吞嚥不是一件簡單的工程，但是藉由一連串反射動作，我們吞起東西來輕而易舉。首先，我們將嚼爛的食物變成一個小球體，由舌頭送入食道口的會厭，當這團食物抵達會厭，感覺受器就會發出刺激，產生一連串我們稱之為「蠕動」的收縮，然後那一團食物便到了由括約肌管制入口的胃。

通過括約肌的食物使得胃部收縮，將食物往下擠到胃的下半部。胃部收縮的頻率由荷爾蒙控制，在十到二十分鐘內，食物中一半的水分就被胃壁吸收了。受到食物色、香、味的刺激，我們的胃每天約分泌三公升胃液，其中包含分解蛋白質的胃蛋白酶原（pepsinogen）、保護胃壁不受胃液侵蝕的黏液、用來吸收鐵質的鹽酸與胃膽鐵質（gastroferrin）。胃裡的食物經過化學與物理

圖 4.4　消化系統的構成要素

改編自史達爾與塔格特合著之《生物學：生命的統一性與多樣性》

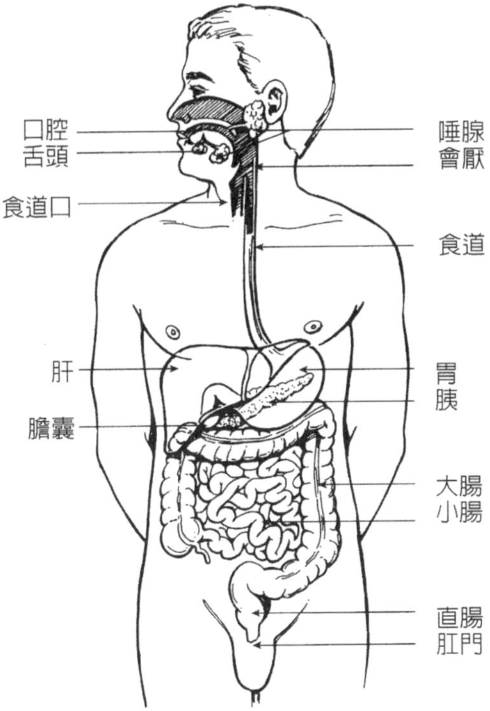

運動，轉化成液狀的食糜，擠到胃的底部壓縮，然後又被胃的收縮動作往上推，這種反覆運動旨在使食物液化、混合胃液、消化部分食糜，並使脂肪乳化。

食糜經過幽門括約肌進入小腸，人體內的小腸約兩公尺，主要在徹底吸收分解後的食物、水與電解質。就像肺部的肺泡囊，小腸也有一大堆突出物像指頭般突起，分別是絨毛與微絨毛，目的在擴大小腸接觸食糜的面積。（見圖 4.5）

絨毛與微絨毛的表面積合起來超過一百平方公尺，因為長期遭到肌肉收縮運動影響，絨毛尖經常脫落。小腸經常蠕動，將分解物、水、電解質推向肛門。每天胰臟都會排出兩公升富含碳酸的汁液來中和食糜；消化酶則會分解蛋白質、脂肪與碳水化合物。人體要消化脂肪，肝臟必須每天製造〇・七公升的膽汁，其中一些儲存於膽囊。百分之八十五的膽汁是膽紅素，它是紅血球死亡後血紅素的崩解產品，膽紅素分解後的東西經過小腸排出，所以糞便會是棕色的。

胃腸消化道最後一段是一・三公尺長的大腸，水分與電解質在此繼續排出。食物走完這一大段彎曲的旅程後，就只剩糞便了。糞便成份多為無法消化的纖維、脫落死亡的細胞、細菌與少許的水分。成人的糞便，每一毫升便含有 10^{10} ～ 10^{20} 個細菌，佔了乾糞便三分之一的重量。

如果你飲食豐盛，胺基酸、單糖、脂肪酸都會經由消化過程進入血管。葡萄糖扮演了重要的調節角色，當血糖過高時，葡萄糖就會刺激胰臟製造胰島素，胰島素便會刺激肝臟、脂肪與肌肉細胞儲存葡萄糖，同時間，胰高血糖激素的分泌遭到抑制，使醣原不會轉化為葡萄

圖 4.5　絨毛與微絨毛的結構圖

改編自《生物學：生命的統一性與多樣性》

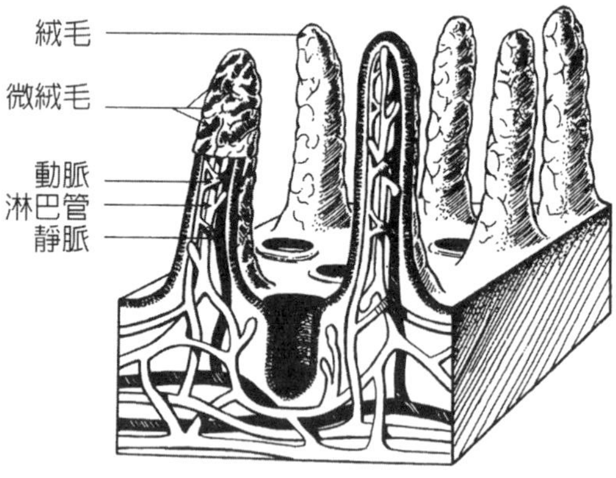

糖，人體內的葡萄糖因此被有效儲存，以供不時之需。

人在禁食或饑餓時，血糖降低，腎上腺會製造腎上腺素與正腎上腺素，這些都是直接對肝臟、脂肪組織、肌肉與其他組織作用的荷爾蒙，它們將脂肪變成脂肪酸，成為能量，因而保留了許多葡萄糖分子供腦部使用。肝臟藉由醣原與脂肪的轉化平衡，在血液裡保存許多葡萄糖，讓血糖平衡維持數天，接著血糖便會急遽下降。如果餓得太久，肌肉與其他組織裡的蛋白質會慢慢分解為胺基酸，讓肝臟製造新的葡萄糖分子，供腦部使用。人如果無法自外部取得養分，消化系統就會拆解自己的身體，犧牲組織來維繫指揮器官——腦。

我們不斷在耗損體內組織與器官的分子，例如，血球細胞只有一百二十天的壽命，腸膜的上皮細胞只能生存五天，而皮膚的表皮細胞則是兩周。每天死掉更新的細胞至少數百萬個，死亡與更生的過程不斷在身體內進行，就連全身骨架也會每隔幾年就全部更新一次，因此一定得吸收養分！我們的食物來源都是生物，這些動植物生前自空氣、水與土壤中吸取養分，在整個地球生命史上，一個物種的屍體與排泄物就是另一個物種的資源，形成無止盡的使用、排出、再使用循環。土壤和空氣、水等生命要素一樣，進入我們的身體深處，成就了我們。它也和空氣與水一樣，需要我們尊重以待。粗魯對待土壤，就是粗魯對待我們自身！

農業：人類發展史新頁

大約在一萬到一萬兩千年前，人類發現種子放在土上或土壤中，會長出植物供人類食用，這個認知引發了農業革命，徹底改變了人類的行為，為文明奠基。早期的農耕多半受限於環境，農人要自給自足，必須了解土壤、氣候、作物的多變狀況。早期的農人學著辨認不同土壤的差異，並藉由多次嘗試、觀察與實驗，經過好幾個世代，終而如願以償，培育出想要的大小、味道、甜度、纖維、含油量等等。這些農夫選擇符合需求且適應環境的植物，創造出強韌、適應良好的作物，例如中國的稻米與小米、非洲的高粱、美洲的玉米及南瓜，幾世紀以來養活了整個世界。

成功掌握作物的培育技巧後，人類繼而牧養已經馴化的動物，放棄了採集狩獵社會的浪跡生活，定點而居，並在日益複雜的社會裡扮演分工角色。由於農業生產已經超出眾人所需，於是人們將食物儲藏起來，以供日後所需，或透過貿易、販售來換取其他貨物。人類聚居的地區迅速發展，有些人培養出木工、工具製作、製陶、編織等技術，促進農業與社區的發展。人類不再遷徙，也開始囤積物品。

至此，人們變成餵養自己的高手，發展出龐大的人口，社會也逐漸轉變。階級制度促成勞務分工：有些人擁有土地，有些則負責耕作。一段時間後，這種社會結構造成社區成員間或是不同社會間彼此爭奪土地及水資源。

每一項創新發明都會改變農業與社會。例如，七千年前發明了可由家畜拖拉的金屬製耕犁，從此農地面積大增，以前單靠人力難以耕耘的土地也變得能夠耕作；在貧瘠的地區，農民將水道分流，就此形成原始的灌溉系統。農耕社會逐漸改變了餵養眾生的土地。

然而，人類的活動會影響土地，早在還沒有農耕的舊石器時代，人類憑著石矢與手斧殲滅了許多北美、南美大型哺乳動物，但若以土壤變遷與流失的規模來說，農耕仍是罪魁禍首。現代化農耕使用機械、引水灌溉、大量使用化學肥料，都對土壤造成致命衝擊，雖然單位面積生產力增加，但是生產出來的有機物質不再回歸土地，完成自然循環，相反的，它們直接進了水溝、填築土地或者送進焚化爐。

……文明人不斷利用土地，使其符合耕作模式需求；其實應該反過來，人類的農耕活動應當配合土地的模式才是。

——卡特（V.G.Carter）與戴爾（T. Dale）合著之《表土與文明》（*Topsoil and Civilization*）

一九八四年，加拿大參議員赫伯特・史派羅（Herbert Sparrow）提出了一份報告〈土壤危機〉（Soil at Risk），指出加拿大在過去數十年裡的表土流失等於一千年來的總和，美國與澳洲也出現相同的狀況。史派羅認為二次大戰以來，工業國家實施的機械農耕強調單位面積生產力，是造成土壤流失的主因。在史派羅報告提出後，現今土壤惡化問題更形嚴重，都市化與劣質的農業、林業活動對土壤產生壓實作用，侵蝕作用與有機物質減少使得土壤流失，讓進入土壤中的水分也變少，減少了土壤滌清水污染的機會。另一方面，土壤變薄，水涵養功能減低，碰到積雪速融或大雨傾盆，便很容易釀成水災。

文明人行過地表，所到之處，留下沙漠。

——無名氏

過去五十年來地球人口激增，農業生產也跟著大幅成長，人類刻意超越土壤與生態體系的自然極限，達成這樣的生產力。諾貝爾獎得主肯達爾與人口生物學者大衛．皮曼岱爾（David Pimentel）認為，現代農耕方法侵蝕表土的速度，是形成速度的三十倍：

全球有超過百分之九十的食物來自土壤生態，但土壤侵蝕減低了食物生產量，並使生物多樣性遭受嚴重破壞。過去四十年裡，全球有百分之三十的耕地沒有生產……導致逾三十億人營養不良。

表土生成緩慢，每五百年才增加二．五公分。根據皮曼岱爾的估計，現在每年流失的表土比新增土壤多出兩百三十億噸，約佔了全球土壤的百分之〇．七。地球土壤如果持續以這種速度流失，筆者的女兒現為十四歲，到了她十六歲生日那天，百分之三十的地球表土將流失光，而世界人口依然不斷成長。

地球上繽紛萬千的生命靠空氣、水與土壤生存，也幫忙清潔、改變、再造這些生命要素。但是人類這個單一物種就用掉了地球一半的土地，根據勃納．坎貝爾（Bernard Campbell）博士估計：陸地生態系每年製造一千億噸有機物質，人類直接使用、分配或摧毀掉的有機物質便佔了百分之四十。換言之，地球生態是靠千萬物種聯手維繫，人類卻使這些物種無立足生存之地。

現在，我們終於知道自然的賞賜並非無窮無盡，我們已到了自然的極限……，地球上可供高度發展農業的地方，都已經被開發了，

那些尚未被開發的地方（譬如亞馬遜盆地），或許本來就不適合農耕。許多乍看非常有價值的開發計畫，到頭來都產生了意想不到的惡果。

——坎貝爾，《人類生態學》（*Human Ecology*）

火與耕種

人類學會了用火之後，便開始焚燒森林、濕地與草原，造成土壤流失、崩移與粉砂化（siltation）。距今四萬年到七萬年前，澳洲原住民的祖先抵達澳洲，開始焚燒林木草原，徹底改變了這塊大陸的動植物面貌。但火未必只帶來毀滅，在許多環境中，起火都是自然、甚至是必要的現象。

在乾燥的氣候中，野火能減低生態中的「燃料含量」（fuel load）。定期發生的野火火勢較小，通常只會焚燒一小塊地，如此一來，林地會有一塊塊年齡不同的植被分布。火能燒掉自然中的枯枝落葉，將養分釋放回土地，促進植物生長。許多植物甚至需要火的高溫，才能釋出種子。野火無法避免，若壓抑太久才燃燒，火勢會更猛烈，可能燒盡基岩之上的一切。

澳洲原住民傳統上採用火棒（firestick）耕作，能減少難以控制的大火，避免重大災難。他們定期定量地用火來管理他們的環境，不但為野生動物在濃密的叢林開闢生活空間，也能使植物恢復生機，造福自己的同時，也造福了他們的獵物。

用火是澳洲原住民的大事，黛博拉・博得・羅斯（Deborah Bird Rose）在《滋養土地》（*Nourishing Terrains*）一書中提到，歐洲探險家在澳洲各地所見到的大火代表著「一切安好——人與土地都為所應為。」

> ……燃燒的土地不只是火焰、煙霧與焦黑的植被。焚燒土地的行為還包含了人們是如何看待自己與居住環境——也就是他們的家園——之間的關係。火之於他們首先是工具，但也必然與過去及未來發生的事件有關……火可被視為內部關係生態的一部分，沒有事件是單一獨立發生的。
>
> ——約翰・布萊德利（John Bradley），摘自《滋養土地》

土壤：珍貴的物質

雖然人類也自海中取食（魚類攝取量頗大，相等於牛與雞攝取量的總和），但是我們的主要營養來源仍是土壤，因為絕大部分的人都以穀類為主食，農業提供了人類百分之九十八的營養來源。地球陸地有百分之十二是農地，百分之二十四是牧地，百分之三十一是森林，作為全球生物多樣性保留地的國家公園，佔地只有百分之三・二而已，地球剩下的三分之一陸地完全不適農耕、發展林業或畜牧。

換言之，薄薄一層、面積又不大的可耕地是全人類的營養來源，卻因土質惡化，正以每年一千萬公頃的速度消失中。同時間，全球人口每年增加九千萬人，每年都需新增一千萬公頃耕地，約莫一個俄亥俄州那麼大。這就是人類濫伐森林的原因，百分之八十的森林被砍伐後，都是用來種植糧食。根據皮曼岱爾的說法，土壤流失與土質惡化的最大因素是：

> 過去三十年裡，非洲的土壤流失速度已成長了二十倍……。表土流失速度是生成速度的二十到四十倍……。未來二十五年內，農地惡化將使糧食生產減少百分之十五到百分之三十。

大地古老的智慧

> 你們應以守護者姿態繼承神聖地球……，
> 應保護土地不受侵蝕。
>
> ——洛德明克（W.C. Lowdermilk），〈七千年土地征服史〉（Conquest of the Land through 7000 Years）

地球萬物相連，凡人類種下的果都會透過生態系反彈回來。如果我們能重獲這個古老認知，就能重拾它所傳達的責任感。瓦茲瓦尼皮族（Waswanipi）就和許多原住民一樣，徹底了解人對大地的責任：

瓦茲瓦尼皮獵人知道狩獵成功不全靠他的能力，一部分要歸功於麋鹿、海狸、鱒魚甘願捨身，讓瓦茲瓦尼皮人得以生存……。

獵人知道北風與獵物的靈魂並非無常的，也不是被動的，相反的，它們標示出獵人此刻在「自然眼中」的道德位階。獵人今日與過往的所作所為，都會影響北風、獵物靈魂與他之間的互惠關係。

為了讓自然慷慨滿足瓦茲瓦尼皮人的生活所需，獵人必須對自然盡最大的義務，包括俐落地宰殺獵物，免除牠們不必要的痛苦；絕不因為好玩或炫耀而獵殺超過所需的動物；對獵物的屍體與靈魂要表達敬意，不管是扛運獵物屍體返回家中、宰殺獵物或啖食獵物，都應舉行適當的儀式，進食時絕不浪費。

瓦茲瓦尼皮獵人從長者處得知：獵物的身體可以餵飽族人，但是獵物的靈魂會返回再生，如果人與動物取得平衡，獵物雖被殺了卻不會減少，人與動物都可以存活。

鹹海的浩劫

曾經，木伊那克（Muynak）有充滿生氣的海濱度假村，漁業也蓬勃發展。然而，如今鹹海距此地已有一百二十公里遠。白色的塵土覆滿乾涸的海床，從遠方看來彷彿白雪，但那不是雪：那是一片鹽地荒原，從村莊向外延伸，覆滿殺蟲劑與重金屬沉積物，持續隨風揚起，形成一陣充滿污染物的沙塵暴，吹過焦土裸露的海床，呼嘯過荒廢已久、腐敗朽壞的漁船殘骸，一路捲進村裡。一度欣欣向榮的村莊，如今飲用水遭受污染，居民罹患氣喘、肺結核與癌症的比例也攀上新高，村民沒有工作，意志消沉。

鹹海曾是世上第四大湖泊，也不過五十年前，鹹海裡還滿是魚鮮，更是附近村落的命脈。鹹海調控氣候，補充當地的河流與地下水，哺育一百七十三種陸地野生動物（包括老虎），還有二十四種魚類悠游其中。但到了一九五〇年，蘇聯看好此地能種植棉花，也就是所謂的「白色黃金」，於是從注入鹹海的河流取水。一九六〇年，鹹海還和愛爾蘭一樣大，但數十年來，人類將河水導入老舊、效率不彰的灌溉渠道，導致鹹海分裂成兩個部分，面積只剩原來的四分之一。湖畔的土壤並未變得豐饒，反而成為大片鹽灘，原本溫和的氣候也變得極端，夏季更炎熱、冬季更酷寒。沙塵暴散播疾病，許多土地受到鹽分侵蝕，更深受棉花業使用的殺蟲劑污染，再也無法繁衍生命。

鹹海是上個世紀最慘烈的環境浩劫，甚至有人稱之為「寧靜的車諾比事件」。之後，復育工作進行了多年，建築新的攔水壩、堤防、水閘，修補過去的破壞。如今，北鹹海出現了改善的跡象，使鹹海地區恢復了一線生機。錫爾河（Syr Darya）現在可以一路浩浩蕩蕩流入鹹海，流入湖中的水量是過去的兩倍。復育之前，北鹹海的主要港都——哈薩克的阿拉爾斯克（Aralsk）原本距離湖岸八十公里，現在則只剩十五公里，魚群也逐漸重現在海中。如果給大地時間，大地能夠自己療傷復元，但鹹海的慘劇讓我們知道，自然環境的變遷不過是須臾之間，一個變化也會掀起漣漪，造成影響深遠的重大災變。

自耕農最懂得人對土地的責任，他們細心照料施肥自己的田地，好讓土地可以生生不息。每個地區對土地的固有知識，其實就是一本當地人民多年累積、聰明誘使土地盛產的方法摘要，包括何時應該犁地、種植哪種植物、如何保護土壤不被自然力量崩解等。這些農夫知道人類的需求必須符合當地的自然系統，織入當地的生態網絡，適應千百年來所形成的地區條件。這樣的認知維持了數千年，直到現在，已開發國家才自認有能力「改善」自然，重寫自然法則。

科技先進國家使用土地的方式並不永續，相反的，他們「挖採」土地，移走有機物質卻不補充，為了求得今日的豐收，犧牲了未來的生產力。土壤科學仍在萌芽，如果我們自認懂得如何使土壤健康、維持生產力，盡情掠奪其他生物所創造與維持的土壤，那我們就大錯特錯了！

讓大地供養生生不息

一九六〇年代綠色革命時期，工業化農業興起，大幅提升了生產力。大量經嚴格汰選的植物品系須輔以大型機械耕種、照料、收成，噴灑化學農藥消滅野草與害蟲，並施灑人工肥料促進作物生長。食物最主要的營養價值來自於植物行光合作用，將陽光轉為糖、脂質與碳水化合物等能源儲存起來。使用人力或動物耕作會消耗能量，但人力每消耗一單位的能量，可以從植物取得約六到十個單位的能量；工業化農業則從化石燃料汲取能源來合成農藥、固氮（以製造肥料），並推動農耕機械，然而，我們從植物取得的能量，每一單位就必須消耗掉六到十單位的化石燃料。換句話說，高產量的現代農業將化石燃料轉換成食物，結果卻是**淨損失**（net loss）。化石燃料並非取之不盡、用之不竭，其儲量已愈來愈少，現代農業顯然不該繼續靠石化燃料來維繫。

我們可以從古巴的近代史學習如何面對這個危機。古巴曾是蘇聯的附庸，蘇聯挹注古巴大量石油，並收購古巴主要的出口品——蔗糖，造就了古巴的蓬勃經濟。古巴農業仰賴大量的機械與化學農藥，消耗的能源與工業化國家不相上下。一九九〇年，蘇聯解體，古巴的石油來源與蔗糖市場一夕消失，陷入了巨大災難；他們甚至沒有燃料可以將鄉下種植的食物運到城市，使得都市人口攝取的卡路里下降了百分之三十。

古巴靈機一動，想出解決這場災難的辦法：既然都市人口消耗全國超過百分之八十的蔬菜，乾脆就直接在城市裡耕作，利用院子或空地種植、生產食物，政府還延請專家，並提供設備，協助這些農耕新手。如今，古巴境內有一萬多座都市農場，提供當地居民新鮮又便宜的有機食物，同時也為居民帶來收入與數萬個工作機會。這些都市農民師法大自然，不壓榨土地，不噴灑化學農藥、人工肥料或過分灌溉，結果產

圖 4.6　鹹海自一九六〇年起的形狀變遷

改編自尼可拉・瓊斯（Nicola Jones）所著之〈南鹹海「將在十五年後消失」〉（South Arial Sea 'Gone in 15 Years', New Scientist, July 21, 2003）

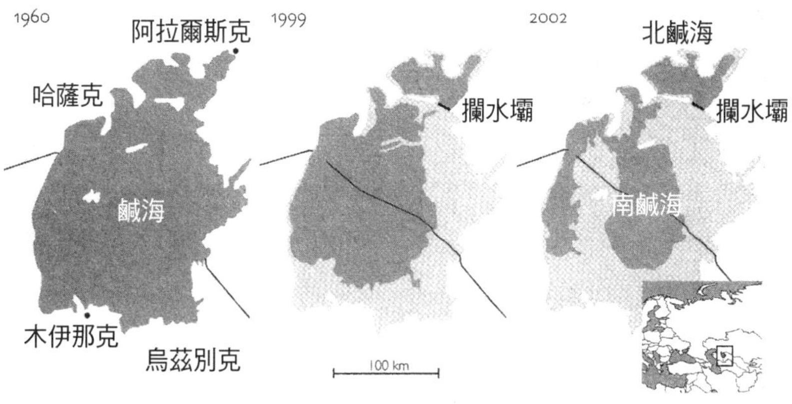

量直逼工業化農業的收穫量。這種小規模的農業就像個生態系統，多樣化的植物減低了害蟲侵襲特定目標作物的機率。此外，人們使用天然的殺蟲劑或殺菌劑，並利用蟲子處理廢棄物，提供養分給泥土。儘管此種耕作模式需要投入大量勞力，不過對於一個有大量肥胖人口的社會來說，這反倒是個益處。

除了古巴，也有很多個人與團體正努力回報土壤，想辦法滋養、重建土地，因為他們知道，只有土壤能餵養人類，而這珍貴的資源已經陷入危機。農業生態學家米蓋爾・艾特瑞（Miguel Altieri）認為，農業土壤自成一個生態體系，他和團隊根據對生態原則的知識，設計、管理永續性的農業活動。他們透過增加土壤中以及栽作物的生物多樣性，讓農人得以全年生產作物，同時也減低對化學農藥的依賴，恢復土地的生產能力。但除了讓農業永續發展、維持生態健全，艾特瑞也努力尊重文化、講求公平正義，還要能夠獲利。他表示：「……想要永續發展，就不能不保留各種文化，當地農業就是從這些文化發展起來的。生產要穩定，社會就必須保護自然資源，培養人與農業生態、環境的和諧關係。」

雖然有股力量持續把農業往工業化、全球化的方向推去，使得全球食物安全、傳統謀生方式，以及土地與水源的健康受到損害，但也有許多人像艾特瑞和他同事一樣，要把農業推回原本的路上。他們在當地進行小規模耕種，挑戰農業公司灌輸給人們的迷思與那些似假若真的觀念，並且拒絕不良的「科學」技術，重新向土地與世世代代都在其上耕作的人，學習他們的智慧。

在已開發國家，許多人透過消費行為來表達他們的看法。自一九九七年到二〇〇〇年間，有機食品市場成長為兩倍，每年有逾五百萬公頃的農地以有機方式耕作。光是在加拿大，有機食品銷量每年就成長百分之十五到二十五。

已開發國家的人對有機栽培與無農藥產品愈來愈感興趣，顯示人類開始懂得聆聽地球的古老智慧，打算讓土壤重返人類生活的中心位置。土壤的生產力與健康是生命鏈的重要一環，它是生命基石，和空氣與水一樣，為生物所共同創造與維持，也是萬物生存所繫！

所以土地不只是土壤，土地是能量的泉源，

這個能量在土壤、植物和動物之中循環流動……。

想擁有一個可以補強、指引土地與經濟關係的倫理規範，

我們必須先有一個觀念——土地是一個生物機制。

唯有如此，我們才能看見它、感受它、了解它、喜愛它、信任它，

從而才能建立倫理感。

——李奧帕德，《砂郡年記》

❹譯注：台灣通過有機驗證的農耕地面積，從二〇〇八年的二千三百五十六公頃，增加到二〇一二年的五千五百五十八公頃，年複合成長率為百分之二十三點九三。通過有機驗證的農業產值從二〇〇八年的十四億，成長到二〇一二年的三十三億三千四百萬，年複合成長率為百分之二十四點二三。資料來源：行政院農業委員會一〇一年農業統計年報。

Chapter 5

生命的火

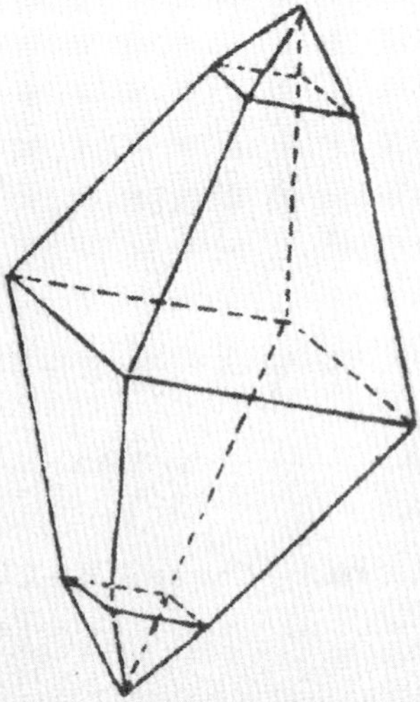

我是點燃所有生命火花的至高火紅力量。
死亡不及於我，我卻能指揮死亡，
以智慧展翅睥睨冷笑。
我是所有神聖物質的生命要素，流過美麗曠野，
在水中閃耀，在太陽、月亮、星辰裡燃燒。
我是無形風中的那股神祕力量……我就是生命！

——聖希達嘉德（Hildegarde of Bingen），

引自麥格拉根（David MacLagan）的

《創世神話》（*Creation Myths*）

THE DIVINE FIRE

人們怎能忽視驅動地球與生命的引擎？只要在清朗的早晨抬頭望，就會看見神聖的火球高掛在東邊的天空。華勒斯・史蒂文斯（Wallace Stevens）的詩如是描繪：「亙古的天火渾沌，我們生存；不變的日夜更迭，我們依附。」精確指出自古到今，萬物仰賴的生命來源是太陽。多數人認為「空無」是一片冷冰黑暗，因此我們仰望天空，對太陽發出膜拜讚語。寫成於三千年前、印度教最古老的文獻群《梨各吠陀》（*Rig-Veda*）便指出天神為熱所創：

太初時，
黑暗被黑暗遮蔽；
一切宇宙是無光明的水波。
被空虛遮蔽、正在成形的那唯一物，
由自熱的力量產生。

上帝在《聖經》〈創世記〉裡命令：「要有光。」天上便躍起了火球，源源不斷向地球傳輸能量，讓生命得以生存，迄今不墜。

物理學家形成能量為「作工的能力」，能量的產生不能「無中生有」，必須自某處取得。這個概念激發了最重要的科學定理之一，那就是熱力學第一定律：「宇宙間的總能量恆為定值，不會有所增減，只會由一種形式轉化為另一種形式。」

因此當我們揮動鐵鎚敲擊釘子，運動肌肉使用的是原本儲存在體內的能量，這些能量來自食物，食物的能量則來自太陽的光子。當鐵鎚敲打釘子，能量便以熱的形式自鐵釘、木頭、周遭的空氣傳散出去。

儲存在木頭或天然氣裡的能是「高品質」的能，因為馬上就能被取得、作工，但是能量一旦以熱的形式散逸到水中或空氣，便成為「低品質」的能。因此熱力學第二定律指出：「宇宙總能量的流散具有方向性，總是由高品質能流向低品質能。每一次的轉化，都會有一些能量散逸為無法作工的形式。」這種散漫、紊亂的狀況稱之為熵（entropy）。因此，簡單地說，熱力學第二定律就是「萬物趨向紊亂」，自然界的熵不斷增加！

沒有能量，就不會有生命，生命是能量的有機表現形式，不管是移動、呼吸、視物、成長或者新陳代謝，都需要能量。生物是複雜的組織，需要高品質的能維持運作。即使我們在沉睡時，身體依然釋放出相等於一百瓦燈泡的熱量。生命演化史長達三十八億年，生命形態與數量越來越複雜，組織化程度也越來越高，如果熱力學第二定律為真，系統內萬物趨向混亂，生命何以能夠延續？那是因為太陽能源源不斷，補充了能量的劣化。我們看看冰冷的外太空真空環境，就知道如果不是太陽能的補充，地球上的生命終歸會枯竭，外太空的環境溫度只有絕對溫度三度，在這樣的低溫下，所有的活動，包括原子裡粒子的運動都會停止。

內在之火

人類是恆溫動物，即使外在環境溫度大幅變動，依然會維持一定的體溫。其實我們只有體內維持攝氏三十七度的恆溫，四肢與皮膚的溫度都會有上下幾度的變化。為了維持「核心」溫度恆常，人體製造的熱必須散失的熱量相等。我們的身體就像配備有中央空調冷暖氣的房子，能夠精確偵測變化，不斷調整環境溫度，使房子的主人可以維持最佳狀態。

人體的新陳代謝作用燃燒碳水化合物、脂肪與蛋白質，是我們主要的熱量來源。一個七十公斤重的男人，如果從事輕微的勞動，所需的各式身體燃料如表 5.1 所示：

皮膚是人體的熱來源之一，太陽與燈光的照射會讓我們的皮膚吸熱，碰觸熱杯子、熱水與熱空氣，皮膚都會直接吸收熱能。皮膚能吸熱也會散熱，如果環境涼爽，我們可以散掉近三分之一的熱量。坐在冰涼的椅上，熱量便會自身體散出；冷水或冷空氣流過我們的皮膚，也會使我們散失熱量，因而覺得冷。潛水夫的橡皮潛水衣同時有絕緣效果，也能阻絕冷水碰觸皮膚，使他們不致散熱。

人體另一個熱量來源是肌肉運動。當我們從事體能活動時，肌肉活動可佔掉體內自製熱量的九成。如果我們失掉太多熱量覺得冷時，便會刻意活動身體或不自覺的發抖，這都是在增加肌肉活動以製造熱量。嬰兒的體表面積與體積的比率相對較大，皮膚流失的熱量較多，所以嬰兒在肩膀與頸部有俗稱「棕脂肪」（brown fat）的肩胛間腺，只要核心溫度下降，就

表 5.1　七十公斤重的男子所需的各式身體燃料

分子	所需量（公克／日）	能量（千焦耳／日）	吸收量%
脂肪	65	2500	25
蛋白質	70	1200	12
碳水化合物	370	6300	63

會刺激新陳代謝，將棕脂肪轉化為熱量。

環境溫度下降，皮膚上的熱接受器（thermoreceptor）會發出訊息給下視丘，它則發出訊息指揮血管的平滑肌收縮，限制血液流量，讓人體末端溫度下降，核心溫度上升，為核心器官保存熱量。這時我們的手指冰涼，因為平常流到此處的血液百分之九十都停止了。人體還有另一組平滑肌，在毛囊底部，這是猿類祖宗留給我們的遺產，受到下視丘刺激，這些平滑肌會收縮，讓我們起雞皮疙瘩。

當失溫現象（hypothermia）產生，這些保溫的防衛措施便不夠用了。失溫初期，核心體溫降到攝氏三十四度到三十六度間，我們會開始發抖、呼吸急促，因為血液被保留在體內深處，出現輕微暈眩或惡心的感覺。當核心體溫降到攝氏三十二到三十三度間，發抖現象停止、製造熱量的新陳代謝停頓；一旦降到攝氏三十到三十一度間，我們便無法行動，眼睛反射停止，失去意識，心跳不規則。核心體溫如再降到攝氏二十四到二十六度間，心臟的室肌（ventricular muscle）只會偶一跳動，無力再輸送血液。這時人體這座房子的機械停擺，死亡隨之而至。

當環境溫度高過皮膚溫度時，皮膚細胞便會吸熱，透過血液輸送到全身。而體內溫度如果高過皮膚溫度時，也會透過皮膚散熱，如果還無法使體溫下降，中樞神經系統便會收到訊息讓汗腺出汗，藉由水分透過皮膚散發。人的皮膚約有兩百五十萬個汗腺，溫熱的汗水蒸發後帶走了熱量，我們便覺得涼快，排汗量多寡則視體內溫度與環境濕度而定。

儘管人體所製造、散逸與吸收的熱量時有浮動，外在環境溫度也常有大幅度變化，我們的體溫卻必須取得精細平衡，以維持最好的身體機能。人的平均體溫為攝氏三十七度，通常上下變化不超過攝氏半度，生病發燒或排經期間，體溫變化會維持較長時間。我們的下視丘、皮膚與脊髓都有熱接受器，如果核心溫度上升，熱接受器便會發出訊息，擴張皮膚附近的血管，增加末梢血流量，使核心熱量透過皮膚散發，降低動脈與靜脈間的熱交流。此外，中樞熱接受器也會刺激排汗。如果這些方法都擋不過熱度上升，核心溫度只要上升幾度，便有可能產生致命的體溫過高（hyperthermia）現象。

低溫療法

儘管體溫太低會有危險，但有些時候，降低體溫卻有助於治療。在某些情況下，藉由醫學方法降溫也是一種醫療選項。例如，在腦部受到嚴重創傷後，把核心體溫控制在大約攝氏三十三度，就可以減緩腦腫，進而降低腦壓。超低的體溫也能讓人體因受傷而引發的自然反應減少到最低。受到創傷後，人體會開始產生造成腦內發炎的化學物質，因而傷害、甚至破壞腦細胞，降低體溫會延緩這種過程，進一步保護腦部不受到第二次傷害。降低體溫的方法包括冰袋、注射冰冷的生理食鹽水，或是蓋上特別設計的冷卻毯或冷卻背心。在一些心臟手術或是心跳停止後，也會使用降溫法，以抑制頭腦對氧的需求，減少腦部受損的機率。

基本上，謹慎採用降低體溫的醫療法，可以讓身體處於一種類似冬眠的狀態，減緩新陳代謝的速度，並降低身體對氧的需求。如此一來，就能為身體爭取到修復的時間，或至少把傷害程度降到最低。當病人脫離險境後，體溫會慢慢升回攝氏三十七度，在這個溫度下，我們的新陳代謝引擎能作最有效率的燃燒。

熱也是我們對抗傳染病的武器，我們生病時體溫會上升，打擊入侵的病原，因為它們多數受不了熱。發燒原理是這樣的：入侵人體的細菌攜帶有一種名叫熱原（pyrogen）的蛋白質，它會擾亂下視丘的體溫調節器，把設定的溫度調高，我們便開始體溫上升、發燒、打冷顫與發抖。當發燒降退，下視丘的體溫調節器恢復正常的溫度設定，這時體溫必須下降，便開始出汗，血液大量奔流至皮膚幫助散熱。除了細菌攜帶的熱原外，我們的肝臟、腦部也會製造刺激發燒的蛋白質。發燒就像許多武器一樣，可以防身也可能傷了自己，雖然會使身體進入戰鬥位置，摧毀侵襲我們的病原，也會傷害身體。

維持體內之火不斷燃燒

以前的教科書都把動物歸類為冷血或溫血，這樣的分類是生物學上的誤稱。雖然哺乳類動物和鳥類確實將體內之火的溫度維持得相當穩定，所以算得上是溫血，但其他動物——兩棲類、爬蟲類、魚類和無脊椎動物——的體內溫度則會隨著所在的環境溫度而變化。這表示，在溫暖天氣裡，一條沐浴在陽光下的蛇可能跟哺乳類動物一樣是「溫血」，但過一會兒，等到太陽下山後，牠體內的溫度就會下降。哺乳類動物和鳥類都是「endotherm」（按照字面上來講，就是「內熱」），其他的所有動物則是「ectotherm」（按照字面上來講，就是「外熱」）。

不管是內熱或外熱，所有動物都已經在行為和生理上演化出各種策略，用來調節牠們的體溫，以維持細胞的活躍和身體的各種功能。例如，當氣溫下降時，蛙類和樹蛙會製造出天然的防凍劑，防止牠們體液裡形成致命的冰晶；當水蒸氣從牠們濕潤的皮膚蒸發出去後，兩棲類動物就會感到清涼；爬蟲類只要曬曬太陽就可以替牠們的體內引擎充電；哺乳類和鳥類利用喘氣讓自己冷卻下來，因為空氣在通過牠們溫暖又潮濕的嘴巴時，水分會蒸發，造成冷卻效果；企鵝坐下來時，腳趾是朝上的，如此一來，只有牠們的腳後跟和尾巴會接觸到冰；而海獅和海豹則喜歡在被陽光曬熱的岩石上作日光浴。

對內熱動物來說，皮毛、羽毛和脂肪都是用來調節溫度的工具。被困在毛髮或羽毛之間的空氣就如同一件緊貼住皮膚、溫暖舒適的外套，較粗糙的外層毛髮或羽毛則可以擋住強風、雨水和雪花，而厚厚的脂肪層則有助於哺乳類動物在各種極端的氣候下生存，像是海洋深處、地球上最高的地區和南北兩極。

許多處於冷空氣或水中的動物會透過一套精巧的逆流熱交換系統（counter-current heat exchange system）來降低自身的熱流失，包括海中哺乳類，大型魚類和鳥類皆以此種方式保暖。溫暖的動脈血液從身體核心流出，緊緊貼近回流到身體核心的血管——這種血管帶著來自身體末梢（例如腳或鰭）的冰冷血液，一路回流到身體核心。由於這兩種血管靠得很近，熱能就會從動脈轉移到輸送回流血液的血管。這個過程可以讓身體的核心溫度維持恆定，同時也稍微冷卻了動脈血液，如此一來，當血液抵達身體末梢時，便能減少熱量的流失。

大自然早已替所有動物配備了精密的生物功能，使其體內之火得以持續燃燒。不過，只有人類發明了攜帶和使用外來熱源的方法。

普羅米修斯的交易

普羅米修斯（Prometheus）的神話探索了火之力量的曖昧性。天神宙斯原本將神聖的火保留給眾神，但是眾神之一的普羅米修斯欺騙了天神，偷盜了天火給男人（顯然，在那個沒有火的寒凍受苦時代裡，女人是不存在的）。稍後的神話甚至指稱，普羅米修斯以聖火創造了人類。

這樣的膽大妄為不可能逃過天神的罰，宙斯將普羅米修斯綁在山邊，每天老鷹都會來啄食他永不死亡的肝臟。得到天火的人類也免不了受罰，宙斯雖不能取回聖火，卻可以賜下另一個「禮物」，那就是潘朵拉！潘朵拉是第一個女人，她的名字代表「所有的禮物」，宙斯將她遣下人間，帶著一個密閉的盒子。潘朵拉就像火，極端美麗、不可預測、詭譎善騙，擁有不可遏制的好奇心。最後，她忍不住打開盒子，宙斯送給凡人的禮物遂自盒中蜂擁而出，它們全是人類不可避免的痛苦災難，包括疾病、絕望、憤怒、嫉妒與衰老等。

這是古希臘神話的伊甸園故事，人類輕率、大膽地探索知識與力量，得到了不可知的結果。如果我們將「火」當作人類第一個科技發明，用來改變地球面貌，就能看出這個神話「以古喻今」的力量。

沒有火的日子

人類的遠古猿人祖先就像我們現在的近親——類人猿（Great Ape，靈長目猩猩科和長臂猿科動物的總稱，包括大猩猩、黑猩猩、猩猩和長臂猿等）一樣，都是居住在樹上，身上披滿毛髮。牠們究竟為什麼放棄樹上生活，仍是個爭論不休的科學疑問，但是人類的祖先一旦爬下樹、雙腿直立行走後，便脫下一身皮毛。有的科學家認為人類祖先下地後，定居於非洲裂谷熱帶區域，不僅日夜溫差極大，乾雨季交替氣候大幅變化，還要面對暴風雨的嚴酷考驗。為了保持溫暖，人類要覓食補充熱量，發明衣服禦寒，建造庇身之所，還要學會使用控制火。對早期人類而言，這些活動必須運用觀察力與創造力，外在挑戰也強化了天擇壓力，使得人類腦容量加大。

人類從猿人爬下樹到邁入寬廣世界的旅程裡，最重要的里程碑可能是學會用火。有了火，人類的居住不受限制，隨身帶著「溫暖」，得以從熱帶地區遷移至冬寒之地，從歐洲、亞洲漫遊至嚴酷的北極苔原、喜瑪拉雅山與安地斯山，並在日夜溫差極大的澳洲沙漠生存。

體內真火

人類從熱帶地區移往新的領域，為了應付溫度變化，必須尋找保存熱量的方法，發明衣物與庇身之處，還要學會使用火。其實身為生物體，人類體內早就配備了神奇火爐了！

人體的細胞物質會製造能量，又叫作化學能，是細胞物質分解成較簡單的物質時，所釋放出來可用的能。計算化學能的方法是將物質丟進氧氣裡燃燒，然後計算它所釋放出來的能量，譬如一公克脂肪的能量為三十八・九千焦耳、一公克碳水化合物的能量為十七・二千焦耳，而一公克蛋白質所釋放的能量則為二十三千焦耳。

細胞就像小火爐，從燃料中汲取能作工，維持生存、成長與繁殖。能量究竟來自何處？最早的生命形式勢必是從複雜分子的化學鍵中取得能量。我們將一顆糖丟入火中，它會燃燒，燃燒打斷了碳原子間的化學鍵，與氧形成新的化學鍵，產生二氧化碳、水與熱。化學鍵斷裂後釋放的能量就是熱。

細胞可在控制條件下燃燒物質獲得能量，並以連續步驟釋放能量，細胞再自其中取得能量。燃燒之前需要火柴點火，在細胞內，則是以酶打斷糖分子內葡萄糖單元的化學鍵，產生二氧化碳與水，取得每公克十五・七千焦耳的能量。

原子的結構是由電子吸收能量，電子吸收能量後便被激發。原子中的電子依其能量多寡，處於不同的能階狀態，如果電子吸收到足夠的能量，或者受到足夠的刺激，高能的電子會釋放出能量，而在兩個原子間產生新的化學鍵。（在化學結構中以連接原子符號的線段表示化學鍵）。細胞演化至今，已經發展出將能量儲存在腺核苷三磷酸（adenosine triphosphate，簡稱ATP）這種特別的分子裡，細胞是靠ATP的電子得以釋放與儲存能量。

ATP作為能量來源，提供細胞活動所需的動力。ATP分子的作用就像化學電池，只在有需求時，才會釋出能量，否則會將能量儲存起來。圖5.1說明ATP運作的循環過程。由於能量儲存在ATP的化學鍵裡，所以當某個酵素指示它轉移三個磷酸鹽群之一時，ATP就會替其他分子注入能量。這種反應會釋出大量能量，供生物體使用，而經過轉移後的ATP就變成了ADP（adenosine diphosphate，二磷酸腺苷）。

將ADP轉變回ATP則需要從食物和陽光取得能量，並加以燃燒，粒線體（可在植物和動物細胞中發現）便會釋出這些能量。這是由於氧會破壞化學鍵並釋出能量，回饋到ATP的循環過程中，把磷酸鹽重新送回給ADP。

生物體會不停地利用ATP，而ATP分子則會以驚人的速度完

圖 5.1　ATP 循環

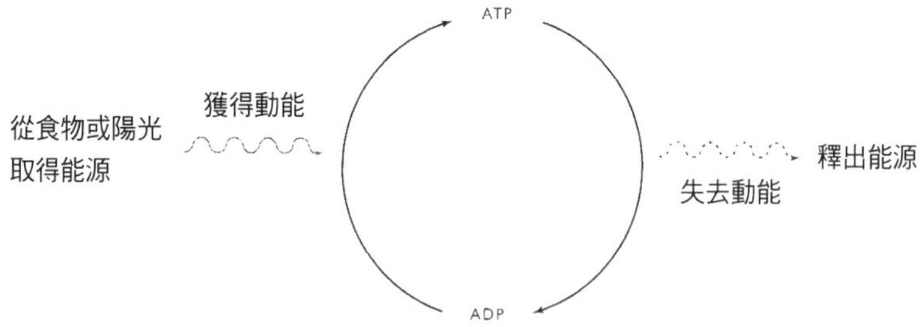

成消耗和再生的循環。例如，在一個活的肌肉細胞裡，每一秒就會消耗並且再生一千萬個ATP分子。

在ATP裡儲存能量，就像舉起一桶水倒向架子，舉起水桶需要能量，但是當水從桶中倒出，我們也可以自傾瀉而下的水柱取得部分能量。我們再拿吹氣球為例，吹氣球需要能量，但是氣球戳破後空氣奔放而出，也會產生能量。換言之，化學鍵遭到外力擾亂，斷裂後便能取得能量。細胞擁有數百種酶，可以使用ATP所釋放的能量作工，如合成分子、運送物質穿過細胞膜，或者運動肌纖維分子等。

讓生命誕生（第一道霹靂）

在數十億年前的海洋裡，創造生命的能量究竟從何而來？科學家認為，誕生第一個複雜分子所需能量可能來自閃電，或者火山、海底噴發岩漿釋出的熱。一九五〇年代初期，史丹利・米勒（Stanley Miller）曾做過一個驚人實驗，模擬生命誕生以前的大氣，將氫、甲烷、氨與水放入燒瓶中加熱，提供能量，再仿製閃電，放電撞擊這些氣體。不到一個星期，燒瓶裡就產生了構成蛋白質基礎物質的胺基酸，後來的實驗也產生了生命所需的各式巨分子。

到底第一個細胞是如何產生的？它又是如何延續下來？生命誕生之初，一定有許多奇特的生命形態，它們是實驗模型，必須面對演化的考驗過濾。這就像早期的汽車有各式模樣，有的三輪，有的四輪，甚至有更多輪子的；有的車子是蒸汽發動，有的是電動，還有的車子燃燒煤油；有的形狀像馬車，有的像箱子……。經過時間的淘汰，一些基礎特色被保留了下來，成為所有汽車的標準模型。生命的實驗亦復如此！

在生命演化過程裡，一定有無數早期細胞模型被淘汰了，最後某一個細胞脫穎而出，打敗了其他細胞模型，存活且繁衍，成為地球所有生命形態之母。現今，我們相信生命不可能「無中生有」，一定是繁衍或誕生自另一個生命；但是約莫四十億年前天地渾沌時，第一個有機體的確是「電光」、「石火」的產物，充滿了生命力，執拗地存活下來，我們都是它的後裔！

尋覓能量

生命初期，面對嚴酷考驗，永遠都在索覓能量。今日海底深處，地球內部熱氣噴發出熱水柱，高達攝氏兩百五十度，但是不可思議的，某些細菌卻能在這裡存活，不僅適應高溫，如果離開了這個環境，還會冷死。這些細菌自海底噴出的硫化氫中取得能量，這應當是早期生物體取得能量的模式。同理，原始的細胞可以自複雜分子的化學鍵裡取得能量，只要海裡富含複雜分子，生物就能找到供它們成長、演化與繁殖的能量。

細菌在海底至少存在了二十億年，除了海底噴水口附近的細菌之外，還有其他生物靠化學能生存，土壤裡的細菌便是靠分離氨分子的質子與電子，獲得能量，留下亞硝酸離子與硝酸鹽離子（nitrate ion），其他生物則會自鐵化合物取得能量。

回顧生命的壯觀演化，不得不佩服生物真是懂得抓住機會！有的細胞學會製造化學能，以供已用，死後也為其他生物所用，別種生物可自它們的屍骸汲取分子殘存的能量。換言之，取得能量的原始生物成為他種生物的能量來源，掠食者之上還有掠食者，形成環環相扣的食物鏈，也維繫了自然生態的平衡。

地球內部的熱餵食了不少生物，但是這些生物的數量與地域分布有其局限，光靠地底之火，絕不足以讓地球的生物形態如此繽紛多樣，供養地球生物的最終能源是太陽！

慷慨的太陽

地球上的生命是由太陽慷慨賜予的，它是銀河裡四千億顆恆星中的一顆，大小中等，非常不起眼，在亮度與體積分類上被歸為黃矮星（yellow dwarf）。我們站在地球上看太陽，不由得崇拜它的碩然壯觀，因為它占了太陽系百分之九十九．八的質量，其中百分之七十五為氫與氦。太陽的重量約是地球的三十三萬倍，強大的重力收縮產生的熱使氫原子核熔合，但是熱核反應產生的原子極端不穩定，在轉變為氦原子的過程裡，它的能量會以光子形式釋出。

太陽的直徑為一百四十萬公里，表面溫度為絕對溫度五千七百七十七度，核心溫度更是嚇死人的一千五百萬度。太陽每秒鐘燃燒六億三千七百萬噸氫，製造出六億三千兩百萬噸的氦，釋放出三千八百六十億乘以十億個百萬瓦的能量，相等於一千萬個百萬噸黃色炸藥的氫彈。太陽已經燃燒了五十億年，雖然已步入星球的中年期，但至少還可以燃燒三十到五十億年。

太陽距離地球一億五千萬公里，緜緜不絕對地球傳輸賜予生命的光子。此外，太陽還噴發出連續氣體流太陽風（solar wind），這般帶電粒子流吹向地球，撞擊到大氣層，釋放出光芒，形成北極光與南極光的絢麗之舞。

地球能和太陽保持「適當距離」，一起生存於太陽系，實在是一個幸運的奇蹟。地球的大氣加上地底內部噴發的水，創造了生命誕生的條件。水提供了化學變化所需的媒介，也讓岩石風化，生成土壤所需的物質，培育了生命。太古時期，水蒸汽與二氧化碳是大氣裡的慈悲分子，這些溫室氣體讓太陽的熱不至於奔逃到太空中。

終於，地球生物學會以光合作用「吃食」陽光維生，這是生物演化的一大步，新陳代謝機制與生物適應性都躍升到另一個層次。距今二十五億到七億年間，光合細菌一直是海洋裡最主要的生物，形成了今日大片疊積藻類化石的疊層石。大約在距今二十五億至五億七千萬年間，光合作用的副產品——氧——「污染」了大氣，空氣中開始富含這種極端活躍、會觸發氧化作用的媒介，生命形式也開始有所轉變。

我們必須感謝太陽讓大氣裡有氧，使生物演化出好氧新陳代謝，也賜給我們臭氧層。臭氧層是抵擋陽光紫外線的盾牌，使我們的DNA不受傷害，物種才能從海底爬上陸地。

光合作用是在一種名為葉綠體的細胞器裡進行，它有多種色素，可以吸收紅、橙、黃、綠、藍、靛、紫不同波長的光子。葉綠體裡最強勢的色素是葉綠素，多數葉子看起來呈綠色，是因為葉綠素遮蓋了其他色素。到了冬天，植物不再製造色素，葉綠素崩解，其他色素譬如類胡蘿蔔素（carotenoid）便浮現了，讓秋天落葉呈現紅、橙、黃等繽紛色彩。當一個色素捕捉住光子，光子的能量便會激發色素內的電子，並轉移到電子受體分子，激發後的高能電子會依序經過許多不同電子受體，最後用於製造 ATP 分子，而將光能儲存在 ATP 中。

葉綠體是行光合作用的工廠，雖然體積很小（兩千個葉綠體堆積起來還不到一個一毛錢銅板厚），卻內含數千個顆粒，每個顆粒裡有兩百到三百個捕捉光子的色素分子。植物就在這些微小的細胞器裡，以陽光為燃料進行生命的活動。而光合作用帶動的碳循環不僅是陽光的產物，也是生命的印記，更是前代生命賜給後代的能源，一種禍福相倚的禮物！

來自過去的遺產

生命的戲碼以廣大地球為演出舞台，在漫長的生命演化史裡不斷排演，終於炮製出驚人大戲。看看今日繽紛多變的生命形式，就可知道生命大戲的製片過程永不停歇。人類不懂得尊敬時間的力量，不知道細菌、植物與動物的屍身經年累積，可以變成何種驚人的沉積，但是生命就是透過這種方法遍布全球。數十億年來，生物的屍體沉積到海底，不斷堆積，到了四億年前，地殼開始產生激烈的造山運動，水平面降退，營養豐富的海底沉積浮上了陸地。在這之前大地並無植物，此時海底生物開始爬上陸地，不久，陸地上便出現許多低矮灌木以及崢嶸向天的巨樹。

接著，在距今三億六千萬到兩億八千萬年間，地球有局部造山運動，海面水位時漲時落，曾五十次淹沒大陸，而後又乾涸，每一次的海水漲落都會使一些物種消失，一些物種乘機崛起。當海水降退時，大片森林會占據沼澤與低地，但是當海水再度淹沒陸地後，森林裡的有機物質便會沉入沼澤水域。

這些有機物質富含碳，是光合作用與新陳代謝的產物，因為光合作用會自大氣中捕捉二氧化碳。微生物分解這些有機物質，釋放出氧與氫，濃縮了碳，但細菌也被植物腐化釋出的酸給殺死，形成名為泥炭（peat）的半腐化物質。泥炭埋入沉積深處後，水分與氣體會被壓力擠出，愈變愈硬，積存了更多的碳氫化合物，成了棕色的軟煤，叫作褐煤（lignite）。褐煤沉積得愈深，變得更硬更黑，成為煙煤（bituminous coal，又叫瀝青煤），繼續承受更多的壓力與熱之後，就變成了無煙煤（anthractite）。

石油與天然氣也是生物遺體的碳氫化合物形成，只不過煤炭（coal）是由沼澤中的植物形成，石油與天然氣則由海底動植物形成。它們的屍骸埋入了海底沉積，無法進行氧化作用，經過百萬年後，這些有機物質不斷被壓縮，生物分子產生了化學變化，變成石油與天然氣。繼續受壓後，這些化石燃料會穿過多孔狀的沉積岩，進入到不滲透層，形成油池。換言之，化石燃料是前代生物賜給工業文明的禮物，用完之後無法再生！

化石燃料是地球漫長歷史的結晶，是無數代生物屍骸累積而成的遺產，它們的屍體分子裡殘存的能量，經過數百萬年的擠壓，才變成了煤炭、石油與天然氣。形成化石燃料的過程裡，這些生物遺骸幫忙固守碳元素使其無法返回大氣，維持大氣中溫室氣體的平衡。但是前代生物漫長的努力成果，卻被人類在眨眼工夫間破壞殆盡了。

泰半歷史裡，人類都以動物脂肪、糞便、稻草與木柴作燃料，數百年前才開始使用煤炭，石油與天然氣則是工業革命以後才使用的新燃料。就在這麼短的時間裡，人類卻變得極端仰賴石化燃料，以目前的使用速度來看，我們在短短幾十年間便會用光所有已知與蘊藏的石油。

開發葉綠體燃料

太陽賜給我們純淨能源的大禮，讓這個星球適合人們居住。不過，如果想要使用這份大禮，必須把太陽能從光能轉變成化學能，這個過程就發生在植物和藻類的葉綠體裡。我們進食或燃燒木頭、石油時，就使用了這樣的能源。研究員塔西歐斯．梅里斯（Tasios Melis）和他的同事們發現一種可以更直接利用大自然能源的方法，就是打開某種「分子開關」，促使綠藻產生氫氣，而不是氧氣。梅里斯在實驗室的培養液裡發現，如果少了硫，藻細胞就無法產生氧。把硫抽走後，就會中斷藻細胞的正常呼吸，為了保命，藻細胞只好採取另一種新陳代謝方式，而這種方式會產生氫，也就是天然氣。如果能夠製造足夠的天然氣，便可作為一種可再生、無污染性的替代性燃料。目前已經有人使用氫燃料，然而，使用氫氣發電雖然不會排放有害氣體，但此種燃料最初是從天然氣提煉而出的，而天然氣卻是一種無法再生的能源；此外，在提煉過程中，還是會產生二氧化碳這樣的廢氣。

從綠藻能源池裡抽出的氫，雖然在短時間內尚無法取代一般的氫氣，但已有許多計畫致力於研究以生質氫（biohydrogen）取化石燃料替代品的可能性，梅里斯的團隊便是其中之一。

石油高峰（peak oil，指的是地球上所有可供應的石油量都已被確認了）即將來到。石油高峰過後，我們所能取得的石油供應量將愈來愈少，油價也會跟著一飛沖天，因為世界各國勢將搶奪不斷減少的供油量。石油高峰的精確時間點向來充滿爭議，但有些預言指出，全球石油產量將在二〇〇七年達到最高點。我們當然可以在時間點上進行永無止境的爭論，只有極少數的人會質疑這個無法逃避的真相：便宜油價的時代已經過去了。石油的供應明顯銳減，但我們對石油的需求卻絲毫不減。光是一九九五年，全世界就用掉了大約二百四十億桶石油，當年新發現的石油蘊藏量卻只有九十六億桶；二〇〇四年一整年間，對石油需求的成長速度已超越一九七六年以後的任何一年。這種情況所帶來的巨大影響是我們難以掌握的，因為我們的全球經濟是建立在便宜油價的基礎上。誠如「石油與天然氣高峰協會」（Association for Peak Oil and Gas）的柯林・坎貝爾（Colin Campbell）說的，目前要考慮的是更迫切的問題，亦即「越過生產高峰後的下坡。石油和天然氣主宰我們的生活，它們的產量限縮將會替這個世界帶來劇烈和難以預測的變化。」受到波及的不僅是我們日常生活的各個層面，同時還會產生另一個問題：誰將控制石油資源，而他又必須付出什麼代價？

石油時代的前半段已經結束。

它一共持續了一百五十年，

見證了工業、交通、貿易、農業和金融資本的快速擴張，

也讓全球人口成長了六倍。

後半段則開始降臨，
最大的特色是石油產量和仰賴石油的一切同時衰退……

——柯林・坎貝爾

隨著人口的成長，我們繼續壓榨地球供應化石燃料給我們，一下子燒光耗費億萬年才得以成形的東西。按照生物學家傑福瑞・杜克斯（Jeffrey Dukes）的估計，要產出四公升的汽油必須消耗約九十噸的古代植物，然而絕大多數的人類連想都不想就把它們燒掉了。很明顯的，化石燃料的蘊藏量是有限的，它們是來自陽光和時間的禮物，而我們這種物種存在的時間是如此短暫，根本不足以讓它們再次孕育重生。

人類除了在短短幾個世代間耗盡了化石燃料，還以超過自然循環機制所能去除的速度，將大量的二氧化碳還原到大氣裡。過去百年裡，人類大量使用石化能源，已改變了大氣裡的二氧化碳量比率。我們對影響氣候的因素所知有限，無法盡知二氧化碳增加的全部後果，只知道它和氣候異常變遷息息相關。但大自然本身已經發出氣溫發生變化的訊號，像是不斷增強的颶風、席捲歐洲和亞洲的要命熱浪、變薄的冰蓋和後退的冰河。也許最引人注意的是植物群和動物群在行為上與其生存範圍的改變：植物物種生長的緯度和高度全都發生變異，因為不同的物種會各自往得以續存的舒適地區移動；而動物物種的分布，比如鮑魚，也因為海洋溫度的上升而出現變化；松甲蟲（pine beetle）已大規模肆虐北方森林，因為已經沒有嚴寒的冬天可以限制牠們的移動；候鳥則提早幾個星期抵達北方，並且比以往延遲幾個星期才離開。

以上這些影響的走向與目前的變遷模型十分吻合，在氣候與溫度上觀察到的波動也跟事先預測的相差無幾。石油與天然氣是有限的，燃燒它會危害健康、製造環境問題，雖然煤炭與泥炭的儲存量還很多，但是燃燒它們會製造更多的溫室氣體，造成更大的環境衝擊。我們既然知道這些問題，就必須在生態永續的前提下，謹慎制定能源政策。

誰是環境惡化的罪魁禍首？我們如果在黑夜裡從外太空向地球望，便可看到真凶。麥爾康・史密斯（Malcolm Smith）描寫道：

> 非洲撒哈沙漠以南大部分地區，以及南美洲、中國大陸中部都是黑漆漆的，但是北美、西歐與日本卻大放光明，這些地方的人口僅佔世界四分之一，卻用掉全世界百億千瓦電力的四分之三，彷彿在大肆宣揚自己不顧死活的浪費行為！

> 一個工業國家居民半年內所用掉的能源，
> 足夠讓一個開發中國家人民用一輩子！
>
> ——莫里克・史強（Maurice Strong），《衛報》（*Guardian*）引用語

正面迎戰：敵人就是我們自己

冰河以驚人的速度融化，山松甲蟲（mountain pine beetle）吃光了加拿大西部的松樹林，海

平面上升，氣溫以驚人的頻率打破記錄——過去一百五十年來，二十個最熱的年份裡，其中十九個就發生在從一九八〇年以來的這段期間內，另外四個發生在過去七年間。想要對全球溫室效應和氣候劇變視而不見，幾乎是不可能的。雖然還有些人持保留態度，但絕大部分的科學家都同意，人類活動是造成地球暖化的主要原因。

聯合國的「政府間氣候變遷小組」（Intergovernmental Panel on Climate Change，簡稱IPCC）由來自一百多個國家的二千多位科學家所組成，共同研究某個科學議題，在國際間的類似組織中是規模最大的一個。IPCC在二〇〇七年二月二日發表了他們的第四篇報告，其結論指出，過去五十年來所觀察到的暖化現象，大都是人類活動造成的。這些發現獲得八大工業國（G8）所有會員國以及中國、印度和巴西等國的國家科學院公開認可。最近一項研究審閱了刊登在專業科學雜誌上九百二十八篇討論氣候變遷的論文，結果發現，其中沒有一篇反對這樣的共識：氣候變遷已經發生，而人類便是罪魁禍首。

科學證據已昭然若揭。毫無疑問的，全球暖化正在發生，而人類活動卻以驚人的速度加劇全球暖化。現在該是採取行動的時候了，然而，各國政府的反應卻冷熱不一。自二〇〇五年二月十六日開始生效的京都議定書（Kyoto Protocol）雖然立意良好，但因美國沒有加入，加拿大政府又在一旁冷言冷語，使得它的作用大減。這兩個國家為全球氣候所製造的問題遠比他們願意承擔的來得多，像是加拿大人口還不到全球百分之零點五，卻是全世界第八大的二氧化碳排放國。

幸運的是，很多個人、地方政府和公司企業並不坐著等待聯邦政府來領導他們。例如，加拿大卡加利市（Calgary）的捷運系統就是使用風力發電的電力來運作，而魁北克省（Quebec）則藉由一系列公民提案，計畫要在二〇一二年前將廢氣排放量減低至一九九〇年的百分之九十八．五。美國很多州和城市的步調已經超越停滯不前的聯邦政府，並且採取行動減少能源成本以及溫室氣體的排放；甚至有些公司企業已經體認到，減少化石燃料的使用，對企業本身的營運有利。比起二〇〇一年，英國石油公司（BP）在二〇一〇年的二氧化碳排放量成功減少了百分之十，順利達成他們預設的目標，而這項行動也為這家公司在過去十年間省下了六億五千萬美元的能源支出。

科學家兼作家阿莫里．洛文斯（Amory Lovins）指出，「針對全球暖化進行修正要比忽視它來得便宜，因為節省能源是有利可圖的，有效使用能源在市場上愈來愈受到矚目……氣候問題是過去幾十年來數以百萬計的錯誤決定所造成的，但數以百萬計的明智選擇也能讓氣候重新恢復穩定性。」

尼可拉斯．史登爵士（Sir Nicholas Stern）在二〇〇六年十月發表厚達七百頁的重量級報告〈氣候變遷經濟學〉（The Economics of Climate Change）。他在報告裡一針見血指出：氣候變遷是經濟問題，而不只是環境問題。史登是世界銀行（World Bank）的前首席經濟學家，他被要求以金錢數據說明全世界必須負擔的全球暖化代價。根據史登的計算結果，全世界必須花費約全球國民生產總值（GDP）的百分之一，才能處理今天的全球暖化問題。大部分政府和企業大叫，這筆鉅額將會造成經濟大災難。但史登進一步計算出，如果我們現在不採取行動，將會為一個更溫暖的地球（氣溫大約升高攝氏五或六度）付出高達七兆美元的昂貴代價。這篇報告指出，全球暖化的代價可能比兩次世界大戰加起來還高，最起碼會摧毀約百分之二十的全球經濟，致使全世界陷入前所未見的經濟大衰退。如果我們只能在兩個選項中擇一：花費國民生產總值的百分之一，或是什麼也不做，生活在經濟、社會和生態大災難中，那麼我們真的有選擇的餘地嗎？

引火自焚

神話故事中的神祇都知道火是一把雙刃刀：給你溫暖也可以吞噬你；給你權力也可以摧毀；賜予生命更可奪取生命。人類與化石燃料的關係再度證明這個危險真理。能源的使用讓工業國家百姓擁有舒適生活、經濟保障、行動自由、豐盛食物與改變地球面貌的力量；同時間，能源也像潘朵拉的盒子，飛出許多災難，包括空氣污染、土壤侵蝕與環境惡化。化石燃料提供了便宜、可攜帶的能源，用來驅動車輛、發動生產機器，使得人類邁向過度消費的死亡之路，盡情濫砍森林、濫捕海洋生物、毀壞水道、殘殺其他物種。我們要如何駕馭這個輕率取得的力量呢？

我們可以在經常流動卻又恆常平衡的生態系裡得到啟示：物種活動要盡量維持地區化與小規模，絕不輕易為生態注入新因素。我們拿糞金龜來說，牠們將卵下在動物的糞便裡，用糞便裡的養分孵育下一代。缺乏葉綠素的植物便寄生在行光合作用的綠色植物屍身上，而牠們自己也成為昆蟲與其他動物的食物。換言之，自然生態系裡，能量與物質的輸送形成一個不斷循環的圓，不會有終極產物被棄置在空氣、水中與土壤裡。

但是人類打破了這個圓，以線形方式使用能量與物質，把它們從原料變成最終會散逸的熱，或者是棄置不用的東西，而無視這些廢棄物會帶來不可預期的後果。其實，古時有關力量的神話早就告訴我們：科技擁有不可預知的副作用，越龐然的科技所產生的結果越是不可駕馭。不過，當潘朵拉打開盒子，所有的人類苦難飛往世界各處，還是有一個東西留下，那就是希望！如果我們願意開發較為有效的替代能源，譬如太陽、風力、潮汐與地熱，還是有希望永續使用能源。

皮曼岱爾曾經勾勒一個美好遠景，在那個世界裡，人類以永續的觀念使用能源、土壤與水，維繫生物的多樣性，卻依然可以過著高水準的生活，前提是人類必須先減少使用化石燃料並降低人口。皮曼岱爾估計，在不影響農業與林業生產的情形下，美國大約有九千萬畝土地（約是德州加上愛達荷州大小）可用來收集太陽能。如果厲行節約，每個人可降低一半的能源使用量，大約只需要相等於五千公升石油的替代能源。減少使用化石燃料，保護了土壤與水，改善了空氣污染，再加上大量資源回收使用，美國可以成為一個永續社會：

最適宜的人口數為兩億人……，美國人可以繼續享有高水準的生活……。其他國家想要取得人口與資源的永續平衡，要比美國難得多。

世界人口即將在二十一世紀中葉暴增到一百億，屆時每人只能分配到半公頃土地，皮曼岱爾建議人類應努力保護人類，才能讓每個人的配額土地產出足夠養活自己的糧食。此外，人類必須快速穩定並降低人口。如果這些目標都達成了，皮曼岱爾認為：

地球應當可以支持三十億人生存，以永續再生能源取代化石燃料，每人每年約可以得到相等於五千公升石油的替代能源（約是現今美國人能源使用量的一半，卻仍多過其他國家人口的使用量）。屆時，地球上約有十億到二十億人可過著相當富裕的生活。

雖然地球目前人口已超過六十五億，而且每隔十一年，人口就會增加十億人，皮曼岱爾的未來世界是我們的希望，因為他除了強調節約能源與公平分配，也提出了新方向。化石燃料雖然充斥我們的生活，汽車需要它，焚化爐、生產機器、農耕也都離不開它，但是人類是在最近才開始依賴這種能源。一旦我們知道石油與天然氣是有限的，過度使用還會製造溫室氣體，便應將人類的創造力投注在開發替代能源上，尤其是源源不斷的太陽能。

我們當然需要一段時間才能改變能源使用形態，正好趁這段時間節約儲存能源，減少廢棄物排放。開發中使用天然氣的高效能車，一公升便可跑一百五十公里，既可使人類保持高度行動能力，對生態不造成強烈衝擊，也為人類爭取時間，重新設計及架構居住方式，以期可以完全不使用汽車。生產效能的提高可以減少能源使用，節約觀念則可降低消費，減少生態問題，增進人與人之間的平等。

人類的確有可能進入桃花源，需要的只是意志力！

Chapter 6

家族的庇蔭

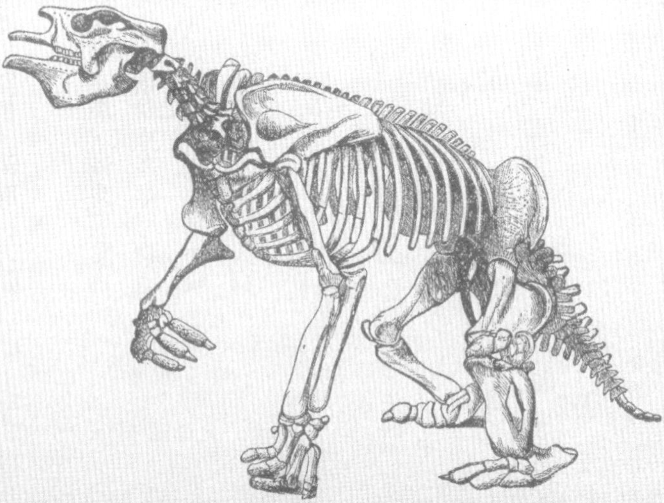

想到地球依地心引力的既定法則運行，
最美麗奇妙的生命形式居然始自如此簡單的開端，
從過去到今日仍在演化著……。
從這個角度來觀看生命，無疑是壯觀的！

——達爾文，《物種起源》

……在亙古的時間長河裡，
多姿多樣的生命形態茂生於地球，
慢慢改變了地球的面貌。
某個角度來看，
生命與地球是一個整體，相互改變。

——琳恩．馬古利斯（Lynn Margulis），
《五大生物界》（*Five Kingdoms*）

PROTECTED BY OUR SKIN

每個看過種子發芽茁壯成大樹、青蛙卵變成蝌蚪、繭蛹幻化成美麗蝴蝶的小孩，都能深深感受生命是個奇蹟。科學無法穿透生命最深邃的奧祕，但是音樂詩歌企業表達它，為人父母者也都能直接感受它的神奇。

你帶我到世界的中心，向我展示萬物唯一之母——綠色地球——的美好、瑰麗與神奇。

——布萊克・艾克（Black Elk），引自麥克魯漢（T.C.McLuhan）所著《觸摸地球》（*Touch the Earth*）

早期的思想家注意到生命有四大要素——空氣、水、火、土，但是他們不知道生命並非被動的接受者，而是聯手扮演積極角色，創造、補充與維繫了生命四大要素。

只要在腦海裡想像一下，就不難了解，所有生命在供應被原住民稱作四大神聖要素的土、空氣、火和水時，扮演了什麼樣的重要角色。想像科學家已經創造出一台時光機，可以帶我們回到四十億年前，那時生命還未出現在這個星球上。如果我們馬上衝出時光機調查這個荒涼的世界，大概沒幾分鐘就會死了，因為生命出現前的大氣層雖然含有豐富的水蒸汽和二氧化碳，卻缺乏氧。直到生物出現，開始行光合作用後，氧才作為生物捕捉陽光後的副產品被釋出。在幾百萬年的歲月裡，這個過程改變了大氣層，製造出像我們這樣的動物賴以生存的空氣。

假設我們事先就預料到這些不適合人類生存的狀況，並且準備好數罐新鮮空氣，揹出去探索大地。在溫熱的大氣中（水和二氧化碳都是溫室氣體）活動幾個小時後，我們會感到口渴，但是否可以隨意取水來喝卻是個問題，因為那時沒有植物的根、土壤菌類或其他微生物來過濾水中的重金屬以及從岩石中釋出的危險物質。此外，我們也會感到飢餓，不過我們目前所吃的食物全都是生命體，所以，那時候基本上沒有任何東西可吃；甚至，即使我們自備食物，並且帶了一些種籽想要種植新鮮蔬菜，但我們將會發現，沒有土壤來讓它們生長。因為只有當生命體死亡，它們的屍體和泥土、沙子及砂礫這些母體混合之後，才會製造出土壤。

又假設，在這個完全沒有生命的星球待上一天之後，我們開始想家了，並且決定生個營火來取暖。然而，我們將找不到可以用來生火的燃料，因為我們目前使用的每一種燃料——木頭、動物糞便、泥炭、煤、石油、天然氣——都是由生物體所形成的。甚至，即使我們自備了燃料，也無法點燃營火，因為空氣中沒有氧氣供火燃燒。這趟不可思議的時光之旅讓我們得知，地球環境之所以適合生物存活是基於一張由所有生命組成的緊密網絡。

生命能完成這些壯觀的工程，要歸功於生物多樣性的力量。多樣性不僅讓生物得以抓住機會適應環境，更讓生物在適應環境的過程裡創造出新的機會。地球上沒有任何一種生物是不可或缺的，但是所有生命形態加起來，便形成了地球的豐富性。換言之，生物多樣性或許可以視為生命的另一個要素，與空氣、水、火、土等量齊觀，成就了地球的豐富與沃美。

自然世界的成員多到無法計數，它們共同構成了一個生存系統。
我們不可能獨立於自然之外，
因為我們與地球、海洋、空氣、四季、動物與花果共同織成一個網絡。
在這個網絡裡，牽一髮動全身，每一個因素都對另一個因素有所影響。

我們是地球這個「大整體」的一部分，如果人類想要存活，便要懂得尊敬、保護、熱愛地球的多樣性表現。

——坎貝爾，《人類生態學》（*Human Ecology*）

生與死：連體雙生

生與死是互為平衡的一對，看似反諷，但是生命如要延續便需要死亡。自古以來，人類都在追求永生，生物如果真的長生不老，在演化路途上便好似穿上緊身衣，缺乏適應環境變遷的彈性。萬物有生有死，在代代繁衍中發展出適應環境的變化，個體的死亡才得以讓整個物種長遠存活下去。

當然到頭來，物種也和個體一樣會死亡！從多細胞生物在五億五千萬年前的寒武紀竄起以來，地球至少已經有三百億個物種。根據科學家估計，物種平均存活四百萬年，然後就會讓位給另一個物種。地球上目前約有三千萬個物種，這代表演化史上百分之九十九．九的物種都滅絕了。約莫三十八億年前，海底裡誕生了第一個細胞，生命自此展現了驚人的韌性與堅持，現今地球所有物種均來自這個細胞。

萬物互為關連

森林是巨大之物，它包含了人、植物與動物。

如果我們焚燒了森林，挽救動物又有什麼意義？如果把人與動物撤離了森林，保護森林也失去了意義。如果人類無法挽救森林，也就無法挽救動物。

——貝可洛洛提（Bepkororoti），引自〈歐克斯汎亞馬遜盆地工作報告〉（Amazonian Oxfam's Work in the Amazon Basin）❶

沒有任何一個物種可以獨立存在，事實上，今日地球上三千萬個物種的生命週期均如其他物種相連：植物要靠特定的昆蟲散布花粉；魚兒徜徉大海覓食，也成為別人的腹中物；有的鳥兒飛越半個地球，只為讓後代飽食北極短暫豐盛的昆蟲。萬物相連，形成一個巨大的關係網，物種相互倚賴，一個物種消失，會將這張網扯破一個小洞，但是幸好它非常有彈性，只要不是一口氣滅絕太多物種，這張網的形狀雖會略微變形，但依然撐得起來。

我們必須聆聽樹木的心跳，因為它和我們一樣，都是活生生的生命！

——桑德拉．巴哈古納（Sunderlal Bahuguna），引自高史密斯所著《垂危的地球》

所有生物的最終能源來自太陽，植物與微生物行光合作用，將太陽能吸收為己用（誠如前面

❶ 譯注：「歐克斯汎」全名為Oxfam International，成立於一九九五年，位於英國，為十一個非政府組織（NGO）的聯盟，致力於消除貧窮與社會不公，聯合勸募，在全世界一百個國家推動消除貧窮運動。

章節所述，只有極少數的微生物是化學合成自營的，可以利用氧化氮、硫等無機物為能源，或者直接自地心取得能量）。行光合作用的植物與行化學合成自營的微生物，它們的初級消費者（Primary consumer）是蚱蜢、麋鹿、磷蝦等食草動物，食肉動物的初級消費者如蜘蛛、狼、小墨魚等，以這些食草動物為食物，而它們則又是食肉動物的次級消費者（secondary consumer）（如齒鯨、人與鵰等）的營養來源。生物攝取能量，形成一個食物鏈，食肉動物的次級消費者位於最頂端。但是最終生物都會死亡，屍身被微生物分解，重返大地。（見圖 6.1）

看不見的世界

人類感知的世界建構於感覺器官的靈敏度上，當想到許多生物的感官遠比我們敏銳千百倍，人類真是應該心生謙卑。外出蹓狗，你的愛犬是不是會繞著消防栓、樹木打轉？牠是在用嗅覺建構世界，憑著其他動物留下的化學線索，判斷牠們是何種動物、多大年紀、什麼性別，又是在什麼時候留下這些氣味的。空氣中漂浮著費洛蒙，只要一個分子，便足以刺激昆蟲的反應。人的耳朵無法聽見極高頻的聲音，蝙蝠卻憑著高頻的回音定位，得以前進、捕捉獵物與逃避掠食者。人的耳朵也無法測得極低頻，它卻是海底巨大生物的溝通利器，可以穿越海洋環繞半個世界。同樣的，人的視覺能看到光的紅、橙、黃、綠、藍、靛、紫七彩，卻無法像響尾蛇一般看到紅外線，也看不見某些花朵發散出來吸引昆蟲的紫外線。

人類的視界其實非常有限，我們靠呼吸空氣維生，對廣泛多樣的海洋與淡水生態系所知有限，

圖 6.1　溫帶生態系的食物鏈

改編自《科學案頭參考書》

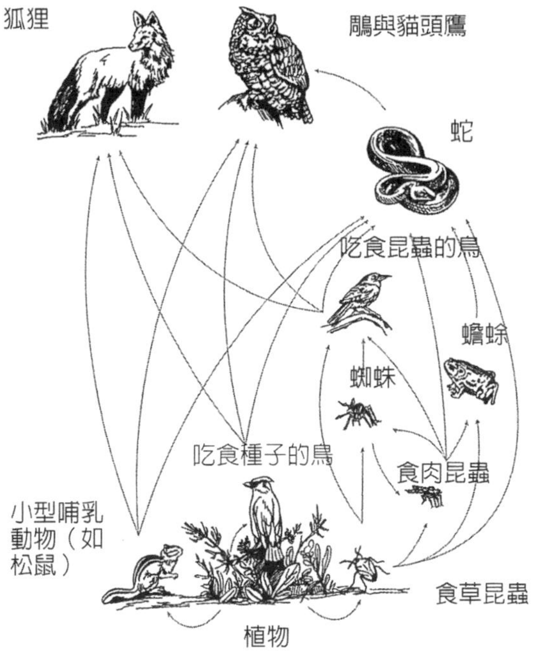

更不了解成功生活於其中的動植物。又譬如我們受限於地心引力，很少有機會如飛鳥或棲息於雨林林冠的生物般俯瞰世界。許多掘洞動物、植物與微生物在我們的腳下生存，我們不明白它們的幽暗地底世界；更因為我們是活躍於白天的動物，所以也不知道夜行動物的天地。

人類的光接受器無法解析微小之物，看不見微小的細胞，所以也不知道一小撮土壤、一滴池塘水或者一滴海水裡，便含有無數的微生物。當然，為了彌補人類生理的極限，我們以科技來延伸感官的能力，發明了許多精巧機器，可以聽到（甚至看到）原本聽覺所不及的萬籟合奏，也可以在空氣或物品裡測出毒物、炸藥或DNA的微量分子。

顯微技術則為人類打開了新視界。早期科學家在顯微鏡裡看到繽紛萬千的微生物，一定是大吃一驚。地球生命史的大部分時間裡，微生物是地球的唯一生命形態，直到今日，它的生物量依然等同，甚至大過於原始森林、哺乳動物、鳥類、魚類與昆蟲的總和。（就比例上來說，琳恩．馬古利斯在她的著作《微生物的歡樂園》〔*The Garden of Microbial Delights*〕裡告訴我們，人類每一平方公分的皮膚裡就有十萬個微生物。）人類雖然看不見微生物，但從過去數十億年直到現在，它們都是地球的優勢物種。當人們驚歎於古木、飛鳥與哺乳類動物的神奇時，千萬不能忘記這得歸功於微生物所建構的豐富世界。

我們目前生活在「細菌時代」。自從第一批化石——當然，那就是細菌——在三十多億年前被埋葬在岩石後，我們的星球一直生活在「細菌時代」。

——史蒂芬．傑．古德（Stephen Jay Gould），《細菌時代》（*Planet of the Bacteria*）

修補生命

現代生物學最偉大的見解之一便是確認DNA是生命的藍圖，支配所有多細胞生物體的物質組合。華生（Watson）和克里克（Crick）把分子結構闡釋為雙螺旋，開啟了一場革命，讓現在的科學家們幾乎可以隨心所欲地創造出生命體。今天，科學家們可以分離、淨化、排序、和合成特定基因，然後讓它們在不同物種之間移轉。這種能力使得生物科技爆炸性成長，創造出驚人的新生命體：因植入能製造防凍劑的魚類基因而得以抵抗霜害的草莓、因富含維他命A而可預防盲眼症的稻米、因植入特殊基因而產生抗生素的香蕉。只要是想像得到的，沒有行不通的組合。創造出符合人類福祉的有機物，這種想法是讓人無法抵擋的。

生物科技被宣傳為消除人類飢餓和痛苦的工具，因為它可以增加糧食產量，供應日益增長的全球人口，同時創造出能夠抵抗病蟲害的農作物，以及製造新藥。然而，經基因改造的有機體，或是以此為原料製作出來的產品可能具有風險，而我們對此卻幾乎一無所知，就如同當初DDT或CFCs被帶進我們生活中一樣。由於我們對細胞、生命體和生態系的運作機制認識有限，因而無法預期操弄生命體的基因會產生什麼樣的影響與反應。生物科技所犯的可怕錯誤在於：將基因視為獨立存在和作用的因子。事實上，基因是一個更大的完整組合，也就是基因組（genome）的一部分。從受孕到成熟的過程中，經汰選的基因會依循著適當的序列及時機，開啟或關閉整套基因組。至於基因之間有著什麼樣的關係，以及它們所組成的連結網絡，我們才剛開始進行分析與探索而已。

從某個物種被移轉到另一個物種的基因，會發現自己處於一個截然不同的脈絡中，這也讓我們幾乎無法預期會出現什麼後果。就像是把米克．傑格（Mick Jagger）從滾石樂團（Rolling Stones）裡拖出來，將他安插進紐約交響樂團，並請他製作一些音樂。最後或許會出現某些聲音，但這些是否能被視作音樂便無從得知了。

這正是單一基因之所以舉足輕重的原因。誠如柏克萊大學的生物化學家，也是該校分子與細胞生物學系（Molecular and Cell Biology）前系主任理查．史卓曼（Richard Strohman）所說：

> 當你把單一基因植入某種植物或動物體內，這項技術會發揮作用……你將會得到你想要的某種特性，但你也同時……為這個細胞或是整個生命體製造了難以預料的改變……基因存在一張彼此相互作用且自有其邏輯的網絡中……然而，工業化社會裡的人們並不理會這樣的網絡，因此他們的科學是有缺陷並且危險的……我們正處於危機之中，儘管已經認知到基因概念的不足，但我們仍不知該如何藉此讓它成為一個更完善的全新概念。

自然是循環的

自然系統不僅緊密交織，而且還形成一個圓，周而復始循環，一個物種的廢棄物可能是另一個物種的資源或生存機會，因此在自然系統裡，沒有任何東西會變成終極廢物。（見圖6.2）

太平洋鮭魚的一生，最能表現生命的連結與循環。這種鮭魚以數量龐大著稱，即使一萬個受精卵只有幾個存活下來長成大魚，每年依然可以有千萬條成魚回到大海。打從受精卵階段開始，太平洋鮭魚就有一長串的掠食者，在淡水流域時要面對鱒魚、烏鴉與真菌的殺戮，游到大海，還有殺人鯨、鵰與海豹等著獵食牠。即使在鮭魚死後，牠的

圖6.2　依食物消費分類的生物群

改編自《生物學：生命的統一性與多樣性》

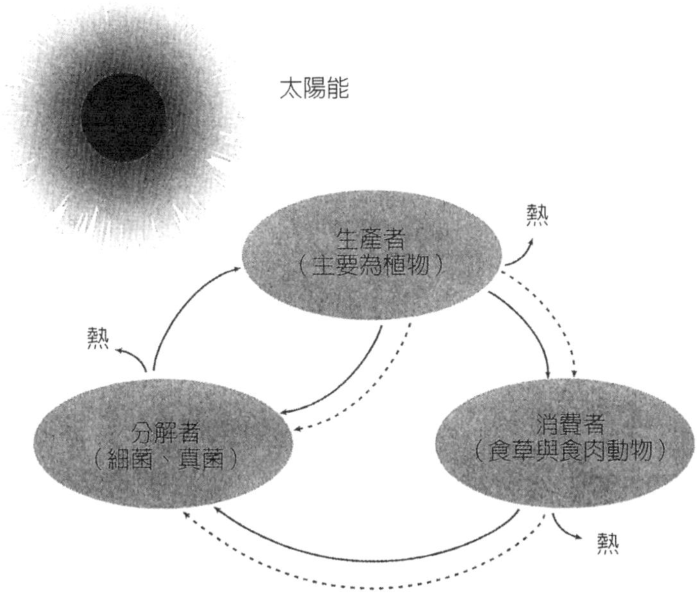

屍體也為細菌與真菌提供養分，後兩者則是微體無脊椎動物的糧食。最後，微體無脊動物又成為鮭魚後代的食物。而鳥類、哺乳動物大啖鮭魚，在森林裡排下糞便，將鮭魚的養分回歸大地。從人類的角度來看，鮭魚的一生顯得「多餘」、「浪費」，但是在生命的循環鏈裡，沒有任何東西是浪費的。

生命發展初期，自然便開始塑造新物種，使其適應別的物種已經占據的棲境。打從太古宙起，就沒有任何一個物種可以單獨演化，一定是整個群落（community）演化，彷彿是一個大的有機體。所有的演化都是共同演化，生物圈是一個互相倚賴的同盟。

——維克多・薛佛（Victor B.Scheffer），《形態之始》（*Spire of Form*）

無論從任何角度來看，人類的生存都必須仰賴地球及地球上的生命形態，你不可能在空氣、水、土壤及生命間畫出清晰界線。超越你我的手指與皮膚之外的，難道就是「他物」？不是的！我們和空氣、水與人類緊緊相連，同樣都是由太陽能驅動，我們就是空氣、水、土、能量與其他生物！

生物多樣性為何重要？

人類初始，便懂得利用環境裡的各種生物，學會辨識哪些植物可吃，如何捕捉跑得比我們快、身體比我們壯的動物。有些生物具有療效，可以用來治病；有些生物十分美麗，可以做成裝飾品；有些生物的皮毛可以拿來製衣保暖；有些植物則可以做為房屋建材。我們甚至偷取動植物自衛的本事，萃取毒液製作毒箭，麻痺河裡的魚。人類擴散遷移、浪跡世界，不管到了哪裡，都能在當地的生物身上找到利用價值，足以證明各地生態系統雖不同，但是系統內的生物都是十分多樣化的。

大約一萬到一萬兩千年前，人類開始訓馴養動物，此後人類的生活便改變了，躍升至文化發展的另一個層次。所有今日人類馴養的動植物早年都是野生的，我們需要野生生物的多樣性基因，這是生命用來對抗環境變異的最大武器。光是為了這個理由，人類便必須盡力保存生物多樣性，因為這關乎我們切身的利益。不管是不是能為人類帶來好處，生物多樣性本身就有它自己的價值。如同法國哲學家凱瑟琳・拉瑞爾（Catherine Larrère）所說：「所有的生命體，透過自身的存在以及運用複雜、非機械的策略求取生存和進行繁殖，便自有其價值。除此之外，生物本身就具有多樣性，這是演化的產物，也是它們得以持續繁衍的條件，有其固有價值……。」

另一個迫使我們必須保護生物多樣化的論點是以下這個不幸的事實：人類對地球多數物種近乎一無所知，只知道各種生命形態連結成一張網，每當我們研究了其中的一小塊，就發現它似乎有無限的連結。研究得愈多，我們便愈看清楚自己的無知，唯有維繫生物的多樣性，才可能了解生命的互動與求生存方式。

鮭魚森林

北美西海岸，夾在太平洋和海岸高山之間是一片從加州一路延伸到阿拉斯加的溫帶雨林，號稱是地球上所有生態系中最大的生物量（指的是各種有機體的整體質量）。它之所以被稱作雨林，是因為那個區域經常下雨，但這個生態系的神祕之處在於，紅杉、黃杉、花旗松（Douglas-fir）、北美西川雲杉（Sitka spruce）、鐵杉和香脂（balsam）等巨大的樹木都長得相當茂盛，這裡土地卻只供應少量生長所需的氮肥，因為這種養分都被雨水從土壤裡給沖刷掉了。這個謎團的答案，說明了生物之間精緻的相互連結。

我們早就知道，鮭魚出生在大陸沿岸的河流和溪流，這些河流需要森林來讓河水保持冰冷、留住土壤（相對的，這也防止河岸遭到侵蝕），並供應食物給小鮭魚。因此，當一處流域的森林被砍伐殆盡，當地的鮭魚數量就會銳減或消失。但現在，我們又發現，森林其實也需要魚兒。

陸地生態系裡，幾乎所有的氮都是氮的同位素之一：氮14（nitrogen-14），但在海洋裡，則是濃度相當高、也更重的氮15（nitrogen-15）。當鮭魚游到大海裡，牠們會吞食富含氮15的獵物，因此在牠們的組織內屯積了大量的這種同位素。成熟後，鮭魚會迴游到牠們原來出生的河流，此時，牠們的原生質（protoplasm）含有豐富的氮15。老鷹、烏鴉、野狼、熊和其他幾十種生物都會吞食產卵後死亡的鮭魚屍體，經由牠們的排泄物，海洋氮會被分散到森林各處。在鮭魚產卵季節，每頭熊最多可吃掉六百尾鮭魚。牠們通常把捕到的鮭魚帶到距離河流一百五十公尺遠的地方，吃掉魚的一部分後，就會回頭再捕另一尾。留在原地的鮭魚屍體就會被蠑螈、甲蟲、鳥類和其他生物吃掉，包括從蛆孵化出來的蒼蠅。富含氮15的蛆成熟後，掉進森林的廢棄堆裡，在冬天化成蛹，等到隔年春天變成蒼蠅破蛹而出，正好成為從南美飛回極地的候鳥在途中的食物。在河流裡死亡的鮭魚，會沉到河底，很快就會被一層厚厚的菌類和細菌覆蓋，這些菌類接著會成為昆蟲和其他無脊椎動物的食物。因此，四個月後，當鮭魚幼魚出現在河底的魚卵砂礫中時，河水中滿滿都是富含氮15的食物，而這些食物都是吃牠們父母的屍體長大的。

現在，海岸雨林的大樹之謎終於解開了。透過各種生物的傳播，鮭魚成為氮肥單一且最大的來源，讓這些大樹終年都可以獲得滋養。這些記錄可以從測量樹木年輪裡的氮15含量推斷出來。

基於政治、經濟、和社會的優先考量，人類把鮭魚廣大影響的各個層面交由不同部門負責處理：負責商業、漁獵和本土漁業的部門管理鮭魚，林業局管理樹木，環保局管理環境、鯨魚、老鷹和熊，農業部和能源部管理河流，而礦業局則負責高山和岩石，以此類推。我們沒有整體考量海洋、森林和南北半球之間的相互關係，造成這套系統的完整性變得支離破碎，更因此註定讓我們永遠無法永續經營。

分子藍圖

過去幾年來，人類逐漸發現自己與其他生物其實是同宗血緣……，所有的生命形式都血脈相連，血緣親近程度遠超過我們的想像。

——喬治・沃德（George Wald），〈尋找共源〉（The Search for Common Ground）

分子生物學家研究DNA，發現所有的生物在基因上都是「親戚」！電影「侏羅紀公園」提到一隻遠古的蚊子被保存在琥珀裡，牠的內臟裡有一個完整的恐龍DNA，科學家便用它複製出恐龍。如果「侏羅紀公園」故事為真，人類恐怕會更訝異於蚊子與恐龍的DNA裡，都含有一些片段和人類的DNA一樣。換言之，從演化的觀點來看，我們和過去的、現今的所有生物都有關係，在基因上我們都是「親戚」！當我們把其他生物當作「親戚」，而不只是資源與貨品，就會懂得如何尊敬與關心它們。艾克說：

這個故事訴說著：所有生物都是神聖、美好的，生物就是兩條腿的人、四條腿的動物、天上的飛禽、地上的綠色植物，我們統統來自同一個母親，為同一個天父所造！

是的，所有生物都和我們有關係。人類和人猿有百分之九十八的基因是一樣的，這應該並不太難了解，但也許比較讓我們不能相信的是，人類和老鼠有百分之八十五的基因竟然是一樣的。

還有，我們在果蠅、蛔蟲、酵母，以至於細菌身上發現了幾百種和我們相似的基因，甚至在很多情況下，是完全相同的。

人類是自然界裡最傲慢的物種，對人類來說，達爾文演化論掀起的革命是：人類居然與萬物共享一個演化源頭！

——古爾德，《錯估人類》（*The Mismeasure of Man*）

讚美基因的多樣性

生命何以如此強韌？六〇年代初期，科學家利用新開發的生物化學技術，開始研究同一物種、不同個體的特定基因片段，赫然發現同一個物種的相同基因片段，從古到今不知有多少種變異，基因學家稱之為基因多態性（genetic polymorphism），它似乎是物種因應環境變化的方法。多數的基因變異對該基因專一產物的特定功能並無影響，被稱之為「中性變異」（neutral difference），在環境裡不會顯得有利或有害。

但是所謂「中性」不是恆定狀態，隨時有可能變動。碰到環境變動——酸性、鹼性或溫度變化時，一個基因的各種形態會使該基因的專一產物有完全不同的功能與表現。拿人類來說，鐮刀形細胞（sickle cell）是一種基因變異（或稱突變），它會影響血液裡的血紅素。攜帶兩個鐮刀形基因的人（分別來自雙親）會罹患鐮狀血球貧血症，非常痛苦，甚至性命不保；但是只擁有單個鐮刀形基因的人則表現正常，而且對瘧疾有奇特的抵抗力，比攜帶兩個正常基因的人，更不容易罹患症疾。

變異的重要性

根據我自己對果蠅的研究，我發現化學誘發的突變種，在某些狀況下，並不表現任何的「不正常」，但是到了另一個生長環境，這些突變基因就會表現出來。在特定溫度下表現完全正常的突變果蠅，換到溫度變化攝氏五到六度的環境後，突變基因便會開始表現，變異性還相當大，從翅膀、眼睛、腿的畸形，到暫時麻痺或死亡都有可能。這表示如果全球氣候變遷，溫度產生變化，擁有不受溫度影響基因的物種，或者是在溫度變化下表現得更好的物種，便會存活繁衍下來。

> ……在多數物種裡，百分之十到百分之五十的基因是多態性的，最常見的是百分之二十五。
>
> ——威爾森，《繽紛的生命》

基因多態性對物種的存活至關緊要。瀕臨絕種的美洲鶴與西伯利亞虎因為數量太少，基因變化的可能性大減，存活前景堪憂，因為它缺乏適應環境變化的選擇性。凡是健康、繁盛的物種，最大的特徵便是基因變異多樣化，顯示它在演化史上的成功，也展示它繼續適應多變環境的潛能。

族群遺傳學者（population geneticist）認為，最容易發現成功物種（成功定義為存活最久的）的地方，是有「陸橋」連結的孤立島嶼或山谷。在這樣的環境下，生活於其中的物種會演化出適應該生境的基因，而通過「陸橋」偶一入境的外來物種也會注入新血，帶來可能因應未來環境變化的基因。

最近，人們才發現大面積、工業化農耕要付出昂貴代價。大量栽種單作栽培作物其實非常危險，因為它大幅減少基因多樣性，讓物種失去因應環境變化的能力。一九七〇年，美國境內的兩千六百八十萬畝玉米田，約有八成是種植一種帶有雄性不育遺傳因子的品種，誰都知道這個品種的特性：雖有利收成，卻有致命傷，完全無法抵擋某種寄生物。在不到三個月的時間裡，來自南方的枯萎症便橫掃全美玉米田，總損失高達百分之十五，有的農場損失更高達八成或全部，損失總金額達十億美元。

單作栽培的風險是違背了演化的策略。我們再拿魚卵孵化場來說，野生鮭魚基因變異十分多樣性，但是孵化場卻以體型為標準，挑出幾隻雌魚與雄魚，用牠們的精卵交配培養大批的小魚。這樣的選擇減少了基因多樣性的機會，使得這兩年回溯河裡產卵的鮭魚數量銳減。林木業者也發現，大量栽種生長快速的樹種，雖然具有高度經濟價值，它們卻缺乏野生樹種抵抗蟲害、森林野火與其他變化的韌力。

面臨環境變化，唯有基因高度多樣性，才能提供森林所需的生物機制，以維持健康與生產力……。

一旦基因多樣性降低，面對環境變遷，森林的健康與生產力便會受損。

——喬治・布其特（George P. Buchert），〈基因多樣性：穩定的指標〉（Genetic Diversity: An Indicator of Stability）

多樣性的生態系穩定度

生態系是生產者、消費者、分解者與食碎屑動物（detritivore）集合而成的複雜社會，在一定的區域裡透過生命網絡循環能量。在所有的生態系裡，食者與被食者看似敵人，其實攜手合作，透過網絡互相依存。自然生態裡，獵物與被獵者、宿主與寄生物之間的生物戰爭永不停息，每一個物種都在追求勝出。一個物種透過基因突變取得的優勢，很快就會被另一個物種追平，恢復均勢。譬如一個寄生性真菌（fungal parasite）或許演化出某種酶，可以較有效地消化植物細胞壁，但是如果有幾株植物的細胞壁較厚，它們就會存活下來，繼續繁衍，厚的細胞壁變成了這個物種的防禦武器。過了一段時間，寄生性真菌就必須再演化出新的武器，來穿透較厚的植物細胞壁。在物種演化的過程裡，雖然每個物種都會時而占優勢、時而落下風，但是長時間下來，一個生態系裡的物種還是打成平手。

生物學家公認熱帶雨林擁有最多物種，拼貼成生物多樣性的馬賽克，而且極端複雜，往往一個物種只能生活在雨林的某個小棲境裡，離開了這個棲境的生態網絡，便無法生存。農業森林學家法藍西斯・艾立（Francis Halle）說，外來物種進入雨林區，不可能像紫珍珠菜（purple loosestrife）引進北美後一般茂盛繁殖，因為雨林的棲境較小，也有較多的掠食者會控制外來物種的數量。

單一物種的基因需要多樣性才能求存，同樣的，一個生態系也需要多樣性的物種，才能維持巧妙的平衡。物種多樣性就和一個物種內的基因多態性一樣，是生態系在演化上的求存策略。

地球幅員遼闊，有各式不同氣候與地球物理條件：從炙熱的沙漠到酷寒的北極圈永凍層；從水氣瀰漫的赤道河流系統到乾燥的草原；從幽暗深冥的海底到海拔數千公尺空氣稀薄的山頭，再到空中、陸地與海洋的各種交接處，生物都能抓住機會，在各式環境中茁壯繁殖。生存在極端環境中的「嗜極生物」為我們展現了生命的多樣性，看來，在這個地球上，沒有一個地方是完全沒有生物存在的：美國航空暨太空總署（NASA）的科學家在阿拉斯加一處冰凍池塘裡發現冬眠了三萬二千年的細菌，並且在二〇〇五年成功地讓它們再度甦醒過來；從海底十一公里深處取出的土壤樣本裡，充滿名叫有孔蟲（oraminifera）的單細胞生物；整個海底溫泉生物群落，包括蚌蛤、管蠕蟲（tube worm）和細菌，全都在海底溫泉裡活得好好的，然而牠們並非從陽光取得能量，而是透過合成海水的化學物質得來的。每一個生態系都含有多個物種，每一個物種都擁有適應該地區的基因，所以，即使在生物多樣性程度較低的北方森林裡，一個分水嶺之隔，同一個物種就會有不同的基因變異。每一個生態系都是獨一無二、全然地方性的！

換言之，地球就像個超級馬賽克，多樣性裡還有多樣性，一個由生態系、物種、基因三種多樣性層次共構而成的鑲嵌。這些年來，一些大變動曾扯破了萬物相依的網絡，最近的大變動包括北美大陸原本有數十億隻旅鴿（passenger pigeon）、數百萬頭犎牛（bison），全被快速殲滅，大片的原始森林也消失殆盡。遭逢這樣的災難性巨變，動植物依然能夠存活下來，足證地球的生物多樣性是多麼強韌。

人類文化的多樣性

人類則將多樣性推展到另一個層次。我們在演化上的成功，全靠大腦可以記憶推算、充滿好奇心與創造力，還會辨識周遭世界運作的模式與循環。人類懂得利用環境，會在嘗試錯誤中學習經驗，並用語言將這些知識傳遞下去，加速了我們的演化步伐。人類還有一樣優勢——文化，雖然每個新生兒都是無知的，在長大成人前，都必須努力學習祖先世代傳下來的知識與社會價值；但是文化可以不斷成長，不需要每一代都重新經歷學習曲線。與生物演化的速度比起來，文化的演化形同光速一般快。就因為如此，人類才能在極短的時間裡，得到如此巨大的成就。

分子技術可以用來比對DNA之間的生物關聯性，科學家據此確立人類的起源、追蹤早期人類的遷移。族群生物學家認為，十萬年前，人類的祖先在非洲裂谷崛起，從那裡擴散出去，往東北走越過撒哈拉、往西南走進入今日的南美、往北走越過阿拉伯半島、往西走到達印度（見圖6.3）接著人類又從這些據點再擴散到歐洲、俄國，從新幾內亞到澳洲，進入西伯利亞，穿越白令陸橋（Bering land bridge）到達美洲。雖說不同種的人有膚色、五官、體型特徵上的差異，但是最大的差異還是來自文化與語言，而非生物性差異。

對許多動物來說，編寫在基因裡、代代相傳的直覺行為是存活利器，但是人類的存活策略卻

圖 6.3　人類的變遷（圖上數字為距今多少年前）

改編自卡維里索夫沙（L.Cavalli-Sforza）所著《人類大遷移：一部有關多樣化與演化的歷史》（*The Great Human Diasporas: The History of Diversity and Evolution*, Menlo Park, Calif:Addison-Wesley, 1995）

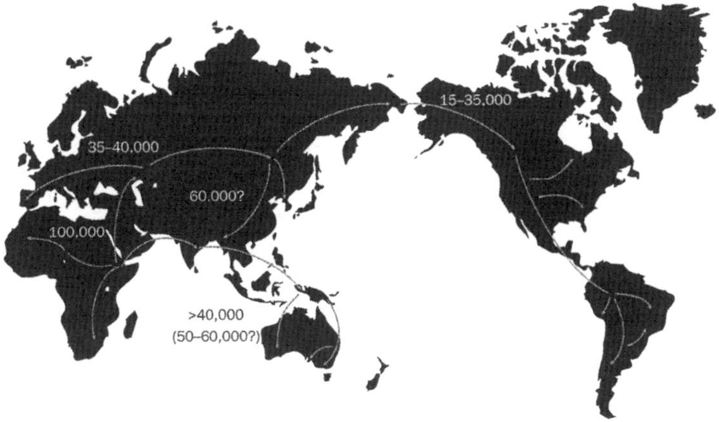

是演化出巨大的腦袋，可以評估感覺器官輸入的訊息，做出最佳選擇。人類多數的直覺行為，已經被建立在觀察與經驗基礎上的反射行為所取代。文化語言是人類的兩大資產，使我們得以適應不同的環境與狀況。誠如凡達娜・席娃（Vandana Shiva）所說的：

> 多樣性是自然的特色，也是生態穩定的基礎。在多樣性的生態系裡，才能有多樣性的生命形式，也才能有多樣性的文化。文化、生命形態與棲境共同演化，為地球保存了生物多樣性。多元文化與生物多樣性是攜手相連的。

一個物種要生存，基因必須多態；一個生態系要穩定，物種必須多樣性。同樣的道理，人類想要成功，也必須仰賴多樣性的傳統知識與文化。到目前為止，人類已經成功適應了北極永凍層、沙漠、熱帶雨林、大禾草原、現代超級大都市等不同生態環境。單一物種在其棲境裡，如果遭逢災難性變化，想要存活下來，憑藉的就是基因的多樣性；而人類能成功活躍於不同的生態環境裡，憑藉的就是文化的多元化。民族植物學家韋德・戴維斯將至關人類生存的所有文化統稱為「民族圈」（ethnosphere）。當科學家們為生物圈的物種快速滅絕感到擔憂之際，戴維斯則指出，百分之五十的人類語言可能在本世紀中葉消失，而這個現象也應該獲得同樣的關切。

有人或許會說，漫長曲折的演化之路總會走上「終結」，「最佳」基因會勝出、「最理想」的人類社會會出現，擴散全球，取代所有「比較不進步」的社會形態，「多樣性」這個概念屆時將完全落伍！如果地球狀態靜止不變、完全一致，理論上，有可能演化出最好的物種與最穩定的社會；但是自然界裡，「最佳」、「優越」、「最進化」等詞根本就是無稽之談，地球的狀態永遠不會「恆定」，因為生物圈（由薄薄的大氣、陸地、水與萬物組成）的本質就是恆變，連蝸步般的地質變化也永不停歇。自然不會有所謂的「完美狀態」，它永遠都在浮動，多樣性便成了生存的關鍵。因為如果變化不可避免，也無法預測，最好的預測，最好的生存策略就是保持最高的多樣性，一旦遭逢突變，或許會有一組基因、一個物種、一個社會形態可以在新環境中生存下來。多樣性就是彈性、調適性與再生的能力。

活生生的地球

從基因、生物體、生態系到文化，多樣性的層層鑲嵌，成就了一個大整體，那就是地球。在不少文化的神話裡，地球都是「活的」，它是創造一切的力量、哺育眾生的女神，或者是眾神祇集合之體。現代科學可以證明地球是「活的」，當科學家第一次有機會從太空中拍攝地球時，看到藍綠色星球被薄薄的白色蕾絲所覆蓋，驚眩於它的美麗，也徹底改變了人們對地球的觀感。這是我們的家，沒有人我之分，也沒有國家疆界，生物在薄薄的大氣層下蓬勃生長，地球，它是一個完整的個體！

如果外太空智慧生物抵達地球上空觀看地球，無疑會認為它是「活的生物」。籠罩地球的大氣就像生命力強韌的細胞原生質（protoplasm），不管經歷多少天崩地裂的變化，依然裹住地球讓萬物生長。地球史上，板塊曾經漂移，造山運動曾讓高山聳入雲間，大氣裡的元素組合曾經不斷變動，地表溫度也曾從炙熱轉為冰寒，但是生命形態互相倚賴，在驚天動地的變化中存活了下來。

一個細胞就可以是一個完整的生物體，擁有所有足以適應環境、成長、繁殖的遺傳物質與分子結構。多細胞生物如海綿、黏菌可以擁有複雜的生命週期，單獨一個細胞，它們就可以生長、繁殖，好像一個完整的個體，也可以多個細胞重組成一個多細胞生物。

事實上，人類的每個細胞也都是聚合體，聚集了許多物種的遺留物，各自發揮功能。七〇年代，生物學家馬古利斯便提出一個理論，她認為複雜生物體細胞內的細胞器，其實是遠古寄生細菌的演化遺留物。馬古利斯利用分子生物學技術證明：細胞器有辦法在細胞內複製，甚至擁有DNA以及顯著的遺傳特性。馬古利斯因而推論，細胞器一度是活生生的生物體，入侵細胞，最後被宿主吸收。這些微生物放棄自營生活，直接從宿主細胞得到營養與保護。換言之，我們每個人都是一群生物體組成的「社會」，身上擁有數十兆個細胞，每個細胞裡都有不曉得多少個微生物的後代，它們為我們服務，人類則提供它們生存的生態區位。

> 單從數目來看，
> 地球上最具優勢的生命形式是葉綠體和粒線體，
> 而不是人類。
> 不管我們到什麼地方，
> 粒線體也會跟著前往，
> 因為它們就在我們體內，
> 提供我們新陳代謝的動力，
> 包括我們的肌肉、消化系統和我們深思的頭腦。
>
> ——琳恩．馬古利斯，《共生的星球》（*Symbolic Planet*）

人體約共有六十兆個細胞，每個細胞都有一套完整的基因藍圖。理論上，每個細胞都可以複製出一個完整的人，但同時又是組織、器官的一部分，聽從組織、器官的命令執行自己的任務。這就像一個人在公司行號上班，必須聽組織的指揮工作，但也從事許多和工作無關的活動。我們就像細胞，既是完整的個體，也不能脫離家庭、社會或國家而運作，群體的行為、特色與個體又不相同。自然界裡有許多物種和我們一樣，都是較大群體的一部分。

超級生物體

有一次，我問哈佛大學著名的生物學家威爾森，為什麼螞蟻是這麼成功的物種？畢生鑽研螞蟻的威爾森給了我一個生動的答案，他說社會性昆蟲（social insect）成千上萬種，雖然有不少昆蟲是非群居的，但是真正主宰世界的卻是社會性昆蟲，因為牠們的行為就像一個「超級生物體」。威爾森說：

> 螞蟻的社會不只是許多螞蟻一起生活而已。一隻螞蟻不成「螞蟻」，兩隻螞蟻就開始形成不同的東西，一百萬隻螞蟻在一起，工蟻分成不同階級，各司其職，有的切割樹葉，有的照顧蟻后，有的照顧幼蟻，有的建築巢穴……，合起來，就形成一個生物體，重約十公斤、大小像隻狗、主宰一個房子般大小的區域。
>
> 工蟻建築蟻穴，需移動四萬磅的土壤，牠們就像變形蟲的偽足（pseudopod）般兵分多路，蒐集樹葉，完成其他工作。螞蟻的社會非常強韌穩固，能夠保護自己不受掠食者侵襲，並控制環境及蟻穴內的氣溫。每當我看到切葉蟻（leaf cutter ant）的巨大蟻穴，我就往後退一步，讓眼睛稍稍失焦，就會發現螞蟻的社會像個巨大的變形蟲。

威爾森的驚悚比喻，讓我們可以用全新的角度來思考螞蟻社會。

一九九二年，密西根州的科學家發現一個菌絲體，覆蓋面積達十六公頃。菌絲體是真菌的分支生長物，呈現絲狀。科學家發現這片大面積的菌絲體，居然全部發展自單一真菌個體，而非許多真菌的聚合。後來，華盛頓州的生物學家又發現了一個更大的菌絲體，覆蓋面積達六百〇七公頃，也是全部來自同一個真菌個體。

> 當一個人只是系統的一部分時，
> 他很難明白自己的角色功用……。
> 除非他徹底了解所處的系統，
> 否則不可能明白控制系統的網絡如何運作，
> 又是如何針對外在刺激與需求作出調適，
> 在不斷變動的狀態下保持穩定。
>
> ——霍華德・歐頓（Howard T. Odum），《環境、權力與社會》（*Environment, Power and Society*）

又譬如成群一大片的顫楊（quaking aspen），只要微風輕拂，樹葉就會翻轉，誰又能想到這一大片白楊全部來自同一個體？就像草莓是利用走莖橫走地面，於節上產上不定根與新芽，白楊也是營養繁殖的（vegetative multiply），新枝可長在親代之外三十公尺處。換言之，白楊也是一種超級生物體，充分利用不同地形，個體的某個部分能生長於潮濕的土壤，另外一些部分生長於富含礦物質的地方，透過地底共同的根，互相支援供應所需。美國的猶他州曾發現一棟巨大的白楊，單一母體便有四萬七千根樹幹，覆蓋面積達四十三公頃，總重量達六百萬公斤。

換言之，從細胞、生物體到生態系，生命的每一個層次都很複雜，可以有各式新的結構與功能。因此，我們可將地球上所有生物視為一個完整的、巨大的個體，大氣層是一層薄膜裹住地球，地球上的陸塊則像一個個島嶼，被大片的水包圍（見圖6.4），空氣和水將這些群落連結起來，形成一個巨大、複雜、繽紛的個體。如果我們拿細胞作比喻，地球上的這一層原生質（細胞內有生命的物質），互相交織成一個活生生的個體，在無垠的空間、時間裡存活了下來。

人們喜歡用機械來比喻生物器官，譬如心臟是幫浦、肺部是風箱、大腦是交換機或電腦，整個地球則像一艘太空船。但是用機械來比喻活生生的器官是錯誤的，因為機械會耗損故障，必須由人來維護修理，生物卻會自營生活，自己修復、更換、調適，為了基因的存續而繁殖。如果地球上的所有生物合

圖 6.4　陸塊就像島嶼漂浮在到處是水的星球上

改編自名爲〈地球太空船〉（Our Spaceship Earth, Burlington, Ont: WorldSat International Inc., 1995）的衛星照片。

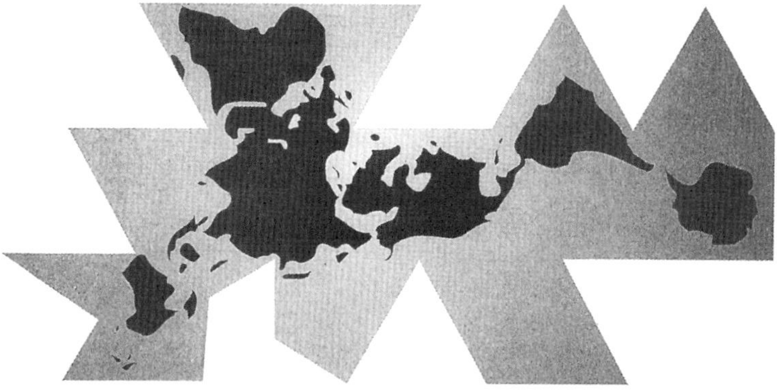

成一個超級生物體，它也會有求存維生的手段。

地球是活的，學者詹姆斯・洛夫洛克（James Lovelock）便用古希臘大地之母「蓋婭」一詞，作為地球的代名詞。

> 就像天上的繁星一樣，
> 蓋婭並不關心人類的命運，
> 因為到頭來，生物圈會存活下來，
> 單一物種則未必……。
> 事實上，
> 曾經生活在地球上的物種幾乎全滅絕光了，
> 有時……，
> 生物大滅絕會一口氣消滅半數的物種，
> 未來一百年，大滅絕可能再度降臨。
> 以前，生命的故事曾被冰河期、火山爆發造成的寒冬、小行星撞擊，
> 以及生物大滅絕打斷過，這一次，打斷生命故事的兇手會是人類。
>
> ——喬納森・韋納（Jonathan Weiner），《未來一百年》（*The Next Hundred Years*）

洛夫洛克指出，人類活動擾亂了地球的生物物理，當然，許多生物會抓住人類製造的混亂機

會崛起，因為生命本身就是個機會主義者。譬如森林被大片砍伐後，綠油的植被勃然而發，麋鹿之類的有蹄動物就有豐盛糧食，可以大量繁殖，一如微生物會在我們的排泄物裡快樂繁衍，鷗鳥會在垃圾堆裡盡情飽食一樣。不管環境如何變化，最終都是大地之母蓋婭的反饋機制控制了一切，她並不在乎哪些物種存活，哪些物種又消失了。蓋婭的概念給了我們莫大的安慰，因為地球是活的，儘管面臨人類帶來的生物滅絕危機，生命形態最終還是會存活下來；傷心的是，人類未必會是存活下來的物種！

新關係

現代科學不斷找到一些有趣的新證據，重新詮釋人類的誕生與重要性。根據科學家的推論與實驗室證據顯示，人類是地球之子、星塵的產物，以太陽為能源，身上帶著地球原始生物的殘餘，這一切都足以證明我們和其他生物原本是一家親。身為地球生物，我們適用於生物的基本生存法則，需要生物與文化的多樣性，我們也受演化琢磨，渴欲與萬物共存。有了這樣的新世界觀，我們將重新爬回世界舞台的中心，找回失散的兄弟姊妹，清楚而明白地認知：它們與人類自身的未來命運，正操縱在我們顫抖而無能的雙手中。

在擁擠的都市裡，人與生物的連結往往是模糊不清的，人們忘記其他生物提供給我們乾淨的空氣、土壤和水，也包辦了我們的衣食住行所需。儘管我們不清楚食物的來源，但是滿足我們口腹之慾的糖、麵粉、蔬菜、水果、魚肉、香料，全部來自活生生的生物。我們身上的棉、毛，使用的木材、塑膠、化石燃料，甚至農地裡的堆肥，全部都是其他生物的恩賜。昆蟲的屍體肥沃了植物，供給我們糧食，牛馬則為我們出力，我們甚至從動植物身上提煉藥物。從靈魂到肉體，人類都靠大自然供養。

洛夫洛克與蓋婭的概念

洛夫洛克原本是個醫學研究者，為了測量極微量的分子，他發明了一種非常靈敏的儀器，靈敏度達兆分之幾（ppt, parts per trillion）。使用這套儀器，他測出了南極上空的大氣層有氟氯碳化物（CFC），促使科學家研究臭氧層的破洞。

一九六〇年代初期，美國太空總署委託洛夫洛克協助設計探測月球的「測量者號」（Surveyor），接著又計畫發射「海盜號」（Viking）太空船探測火星上有無生命，也是委託洛夫洛克設計探測實驗。

洛夫洛克反覆沉思生命到底是什麼？生命與非生命的差異在哪裡？他知道火星與金星的大氣層大部分是二氧化碳，缺乏自由氧氣；相對的，地球大氣層只有少量二氧化碳，氧含量達百分之二十一，後者雖然是活躍氣體，容易自大氣層逸出，但是地球上的植物也會不斷釋出氧，補充它的逸失。

最令洛夫洛克吃驚的是，不管歲月流轉，大氣的氧含量始終相當穩定。空氣中的氧含量只要增加幾個百分點，到達百分之二十五或百分之三十，大氣就會燃燒起來；若下降十個百分點，地球上的大部分生命就會受到死亡的威脅。洛夫洛克因而認為地球有一套機制，讓氧含量在數百萬年來一直維持穩定。

此外，海水之所以是鹹的，是因為岩石與土壤裡的礦物不斷微量溶解，流入河川、匯入大海。洛夫洛克質疑：為什麼海水不會越來越鹹？同樣的，他也質疑日積月累地排放二氧化碳，為什麼地表溫度不會持續往上升？金星的大氣層裡富含二氧化碳，熱得像煉獄；相對的，火星因為大氣層太稀了，缺乏足夠的二氧化碳分子捕捉太陽的輻射熱，冷得像冰宮。此外，太陽自誕生以來，輸出能量至少增加了四分之一，為什麼地球上的海水沒有燒乾？顯然地球有一套機制在控制溫度與海水的鹹度。

洛夫洛克大膽推論：是地球生物共同穩定了空氣中的二氧化碳與氧的含量，維持了大海鹹度與地表溫度的穩定。這一切不涉及生物的刻意思考，而是無意識的自動自發，就像我們運動時心跳速度會自動加快，受傷後身體會自動癒合傷口一樣。但是，現代科技快速製造了大量的溫室氣體，遠超過蓋婭的消除能力。雖然最終，補償變化（compensatory change）還是會降低二氧化碳的含量，然而巨大的生態變化已經產生了。蓋婭只管自求生存，不會在乎哪些物種活了下來，哪些物種滅絕。

人類這個物種一度恬淡生活在地球上，現在卻人口暴增，利用科技製造無止盡的消費品，盡情掠奪地球的生產力為己用。在這個過程裡，我們剝奪了其他物種的棲息地與生存機會，迫使它們滅絕。史丹福大學生態學家艾爾里區的研究顯示，在地球的千萬物種中，光是人類這個物種，便霸佔了百分之四十的地球初級生產力（primary productivity）。換言之，人類的畜牧、農耕與伐木等活動，佔用掉植物光合作用產生的大部分能量，排擠了其他物種吸取能量的機會，驅使它們走上滅絕之路。

當我們抽乾濕地，築壩攔水，污染空氣、水與土壤，砍伐大片森林，開墾農地，擴張都市與工業區，維繫地球生產力的生物多樣性也逐漸消失，導致災難性的物種大滅絕。艾倫・德寧（Alan Thein Durning）在〈如何挽救森林？〉（Saving the Forests: What Will It Take?）這份報告中，細膩地描繪了人類以何種空前的速度與規模，摧毀了其他物種：

假設有人在外太空中，以電影縮時攝影手法拍攝一部有關地球歷史的影片，每一分鐘影片記錄一千年，電影的最後十分鐘，就是最近一萬年的地球史。以這十分鐘來說，前面的七分鐘看起來像是美麗的靜物攝影，藍色的地球上有一些陸塊，綠意盎然，因為森林覆蓋了百分之三十四的陸地面積。除了偶爾的森林大火外，影片中幾乎看不到森林有什麼變化。改變人類歷史的農業革命，在影片裡還看不到！

七分半鐘後，雅典附近的陸地與愛琴海小島嶼上的森林消失了，這標示著古希臘文明的誕生，餘者，沒有什麼大變化。到了第九分鐘（最後的一千年），歐洲、中美洲、中國與印度的陸地開始有些地方變禿了。影片的最後十二秒（兩個世紀以前），陸地禿頭現象越來越明顯，歐洲與中國有些地方根本就赤裸裸了。到了影片的最後六秒（一個世紀前），北美洲東部的森林完全砍伐一空，這標示著工業革命的誕生。到目前為止，其他地方尚無太大改變，因為森林依舊覆蓋了百分之三十二的陸地面積。

到了影片的最後三秒（一九五〇年以後），陸地的樣貌產生爆炸性變化。日本、菲律賓、東南亞大陸、中美洲、非洲之角（Horn of Africa❷）、北美西部、南美東部、印度半島、撒哈拉沙漠以南地區的森林，快速大片消失。亞馬遜盆地以前從未有過森林大火，現在牧人與農夫經常焚燒森林，開闢牧地與農地，造成大火。中歐的森林因為空氣與雨水的污染，早已死亡；東南亞的森林光禿破敗，活像長滿疥癬的癩皮狗；馬來西亞婆羅洲的森林則像被剝了頭。影片的最後一秒，森林砍伐深入西伯利亞與加拿大北部。有些地方森林消失速度之快，活像蝗蟲過境。

當影片停格在最後一個畫面時，地球僅剩百分之二十六的陸地有森林覆蓋。雖然仍有四分之三的森林地依然有樹木，但是擁有完整森林生態系的僅剩百分之十二，不及原本的三分之一，其餘的林地種滿了經濟樹木與次生林，缺乏健康的多樣性林貌。這就是地球現狀：人類的經濟活動已經徹底改變了它的樣貌。

❷譯注：非洲之角，指非洲東北部將亞丁灣與印度洋分開的半島，又稱索馬利亞半島。

想來膽戰心驚，人類的一萬年不過是地質時間的「一眨眼」，我們居然能夠在這麼短的時間內讓森林消失無蹤。如果我們把森林的消失速度繪製成圖，便會發現曲線先是緩緩爬升，到了我們這一代，曲線就攀直蹦飛出紙外。如果我們在這張圖表上添加空氣污染、表土流失、人口暴增、溫室氣體上升等曲線，便會發現所有曲線統統在最後一刻筆直上升。相較之下，單一的環境災難事件，如車諾比核電廠爆炸、大片森林砍伐、波帕毒氣外洩、興建超大水壩、原油溢流污染海面等，不過是人類大屠殺其他物種的零星砲火而已。

> ……被釘上十字架的不是耶穌，而是森林，
> 人類的愚蠢與貪婪就是樹木的絞首台。
> 在一個人擠人的窒息世界裡，
> 只有自取滅亡的白癡才會摧毀上天恩賜的最佳天然冷氣機！
>
> ——約翰・福耳斯（John Fowles），引自麥克魯翰所著《觸摸地球》

滅絕危機

我們對地球過往生物的認識來自化石紀錄，化石紀錄顯示物種數目雖會增加，演化趨於複雜，但是也會突然遭逢生物大滅絕，使得物種數目銳減。到目前為止，科學家發現在過去五億年裡，共有五次生物大滅絕事件，那段時間裡留有化石紀錄的物種，六成五以上均已滅絕。雖然那時出土的動物化石九成五都是海相動物，化石紀錄偏差度很高，我們依然可以清晰看出五次大滅絕事

件裡，物種大規模消失，顯示生物滅絕是全球性現象。

這五次大滅絕事件分別發生於奧陶紀末（四億四千萬年前）、泥盆紀晚期（三億六千五百萬年前）、二疊紀晚期（二億四千五百萬年前）、三疊紀末（Triasic，二億一千萬年前）與白堊紀末（六千五百萬年前）。恐龍突遭滅絕，常被誤認為是演化上的輸家，其實不然，恐龍在滅絕之前，已經稱霸世界舞台達一億七千五百萬年之久；相對的，人類這個物種崛起舞台還不到一百萬年呢！

每次生物大滅絕之後，倖存的生物大約需數百萬年的時間，才能充分演化出足夠的物種數與複雜性，恢復原有的生物多樣性水準。威爾森說：

過去五億五千萬年裡的五次生物大滅絕，事後都需要一千萬年的自然演化，才能恢復原有水準。人類在這個世代裡所造成的生態破壞，會使世世代代的子孫都蒙受生命形態貧乏的重大損失。

人類誕生於世界舞台時，正值生物多樣性的巔峰，我們的後代就沒有這麼幸運了。眼前的生物滅絕速度前所未見，地球史上從未有過任何單一物種，可以造成這麼大規模的生物多樣性損失。

當第一批歐洲拓荒者抵達美國時，美洲大陸約有三百二十萬平方公里的森林，不到五百年，便只剩下二十二萬平方公里的森林。

——高史密斯等，《垂危的地球》

威爾森拿現今物種消失的速度和化石紀錄相比，得到一個結論：現今物種消失速度是「史前的一千到一萬倍」。目前，熱帶雨林面積每年消失百分之一・八，物種滅絕速度為每年百分之〇・五。現在物種約有半數生活在雨林，保守估計是一千萬個物種左右，以目前的滅絕速度來看，每年消失掉的物種是五萬種，平均起來，一天是一百三十七個、每小時六個！這還是相當保守的估計，因為污染、非法伐木造成的森林破壞、引進外來物種導致的物種滅絕都不算在內。根據威爾森的推算，如果人類活動以目前的速度持續擴張，三十年內，五分之一的現存物種將滅亡。事實上，打從人類誕生以來，已造成百分之十到二十的生物滅亡。

在過去五十年裡，因為人類活動導致生物多樣性產生急遽變化，其速度超越人類歷史上任一個時期，這已是不爭的事實。以二〇〇六年來說，將近三分之一的兩棲類、四分之一的針葉林和哺乳類動物，以及八分之一的鳥類都面臨滅絕的威脅。海洋面臨的威脅最大，全世界有百分之二十的珊瑚礁與百分之三十五的紅樹林，都在過去二十年間內消失不見。在北大西洋，海洋生物鏈最頂端的大型魚類（例如鱈魚）的數量，光是在二十世紀的後半就減少了三分之二；若是以整個世紀來算，那就少了九成。在二〇〇三年，《自然》（*Nature*）雜誌刊登的一篇論文說明了現況的嚴重性：在我們的大海裡，只剩百分之十的大型魚類生存在其中，包括鮪魚和旗魚等遠洋魚類，以及鱈魚和大比目魚等底棲魚類。最讓人吃驚的是，人類仍舊不知節制，竟然還不斷開發新漁場。這篇花了十年才完成的研究報告也指出，只要十到十五年，漁業就能讓魚群數量縮減到只剩原來的十分之一。難怪諾貝爾化學獎得主保羅・克魯岑（Paul Crutzen）把我們這個時期命名為「人類世」（Anthropocene），意指人類已經對地球的生態系和氣候造成重大影響。在這場生物滅絕危機裡，最令人觸目驚心的是人類的無知與漠不關心。約翰・李文斯頓（John A. Livingston）說：

> 我們看到犎牛、大天鵝、巨角野羊在獵人的槍口下滅亡，也看到草原土撥鼠、黑足鼬、美洲鶴因除草劑而死亡，更看到人類為了掠奪經濟利益，大舉屠殺大型的鬚鯨，使這類鯨魚瀕臨絕種。最令人難過的是，人類總是認為，動物滅絕雖值得惋惜，但為了人類的進步，這是不可避免的……。

重點是，為了人類的存續，我們必須建立新的倫理觀，那就是：地球是我們唯一的家，而所謂的「環境」包含了所有人類以外的物種與元素。

保護生命網絡

雖說演化的道路上，舊物種的死亡是新物種形成的要件，但是人類的掠奪貪婪卻使物種死亡的速度飛快。即使是出於自私心態，我們也必須關切物種的大量滅絕。首先，我們不知道這些瀕臨絕種的生物是否對人類大有助益。其次，像北美斑點鴞（spotted owl）與斑紋小海鴨（marbled murrelet）這類生物是地球生態的「指標物種」（indicator species），一如金絲雀可以用來偵測礦坑裡的毒氣，斑點鴞與斑紋小海鴨如果滅絕了，便代表地球生態已經惡化到連人類的生存都有危機。

這些新病毒來自生態遭到破壞的地區，

以人類快速入侵的熱帶雨林與熱帶乾草原的邊緣地帶最多。熱帶雨林是地球最深邃的生命儲存庫……，包括各式病毒（因為所有生物都攜帶有病毒）。某個角度而言，地球是在發動它的免疫系統對抗人類這個入侵病原，以治療水泥森林帶來的遍體鱗傷……。

——理察・普雷斯頓（Richard Preston），《伊波拉浩劫》（*The Hot Zone*）

身為生物學家，我不得不相信，現今的物種結構已宣告演化走到盡頭，因為地球的生產力已不堪負荷。生命的網絡複雜而神奇，科學家無法盡窺其妙，它卻是維繫人類生存的要件。枉顧人類的前途，肆意破壞這生命的網絡，無疑是自取滅亡的集體瘋狂行徑。

「看守世界研究中心」將九〇年代定為「轉捩十年」，現在已經要過了，地球生態卻日趨惡劣。許多有識之士見到警訊，正在尋求對策，譬如著名的美國環境學者大衛・布爾（David Brower）便提出「急救地球」（CPR）計畫，這個計畫的簡稱正好和醫療的心肺復甦術一樣，分別代表「保育」（Conservation）、「保護」（Protection）與「復原」（Restoration）。布爾曾告訴我，人類眼前最重要的課題是讓地球復原。我深有同感！

但是，如何讓地球復原呢？科學家對自然世界所知有限，對於生命形態的生物組合幾近一無所知，更遑論理解物種間千絲萬縷的連結與依存關係。我們也不了解大氣層、陸塊與海洋的物理特色與複雜性。人類如果自以為知識豐富，可以「掌控」森林、氣候、水、海洋與陸地生物，那就大錯特錯了！

大滅絕之後，人類不存，不再有人負責。我們必須現在就扛起重責！

——喬納森・薛爾（Jonathan Schell），《革除》（*The Abolition*）

滅絕，無法逆轉；如果人類不願徹底改變自己的行為，真誠地保護其他物種的棲息地，挽救瀕臨絕種動物的努力，也終將付諸流水。

生物圈其實只是薄薄的一層，其中的生物網絡萬分複雜，維繫著水、空氣、土壤的乾淨與生產力，唯有時間與自然本身的力量才能確保這些生命要素。令人吃驚而又安慰的是，如果人類停止或減少傷害生態，自然有能力自我復原。美國伊利湖一度因為嚴重的優養化宣告死亡，現在生物已重返伊利湖。又譬如加拿大薩德柏里（Sudbury）工業城，自從採用高科技的洗氣器後，工廠熔爐煙囪排放的酸性物質大幅減少，綠意重返該城。而英格蘭自從採行污染防治法後，泰晤士河又重現魚群。

沉思地球之美，你會發現只要生命存在，它所保存的力量便會延續。
不管是候鳥遷移、潮汐漲落、春臨大地花苞綻放，萬物萬象除了美麗之外，
還有其象徵意義。自然的循環有著自我治癒的力量，確保黑暗過後是白晝，
冬天遠颺，春天便會來臨。

——卡森，《寂靜的春天》

生命中的一天

人類為了滿足社會成員的需要，經濟必須成長，卻犧牲了其他物種的生存。人類理應思索還有哪些途徑可以滿足需要，追求真正的快樂。一九八九年，我和妻子及兩名稚女（六歲與九歲），卡耶波印第安人頭目派伊阿坎之邀，到亞馬遜雨林深處亞奎（Aucre）村落作客。

那十天裡，我們過著簡單的生活，睡在泥草屋中的吊床上，離我們最近的聚落，要划獨木舟十四天才能抵達。亞奎村共有兩百名居民，沒有自來水與電力，生活步調緩慢，每當我們一覺醒來，身邊總圍著好奇窺探的村童，在這個沒有電視的村落裡，我們是他們最新奇的「娛樂」。早餐通常是香蕉、芭樂或前夜的剩餚，村民直接飲用泉水。飯後，我們和村人一起到河裡游泳，快樂社交，女人和小孩則忙著垂釣名為「皮奧」（piaau）的美味河魚。

每天，我們都到森林裡探險，採集果實與可食植物，或者划著獨木舟獵魚、尋找烏龜蛋與水豚。那十天裡，我們參與了長達三天的女子成年禮慶祝儀式，村裡一名罹患肺結核的男子過世，我們也目睹了一場哀戚的葬禮。亞奎村中的男人和女人一樣從事女紅，會編織嬰兒揹巾與羽毛頭飾。村中日子舒緩，讓你有足夠的時間反省、玩樂、觀察與學習。十天作客結束，小女不禁流下了不捨的眼淚。

> 亞奎村的日子和我的日常生活截然不同。我住在富裕的加拿大工業社會，每天奔波於三地：在多倫多市製作電視節目、到「鈴木基金會」工作、返回英屬哥倫比亞溫哥華的家。我的生活塞滿了工作，時鐘、秘書與行事曆控制我的所有活動。每天早上我在鬧鐘聲中醒來，匆忙淋浴，為女兒準備早飯與午餐便當，然後奔去辦公室，閱讀信件、回電、完成工作任務。我的一天支離破碎，根本無法觀察與反省。
>
> 當我還是個孩子時，喜歡閱讀有關未來世界的文章，遐想著機械人與各式機器為人類服務，讓我們自瑣事脫身，有時間可以閱讀、玩樂、與他人互動。現在，未來世界的確降臨了，我家裡有微波爐、速食、電腦、傳真機、數據機、電話、答錄機、吹風機、洗碗機、電視、錄影機、音響、雷射唱盤、洗衣機與烘衣機；相對的，生活步調也越來越快速，不留給我們一點觀察與沉思的時間。每當我回想起亞奎村的日子，就不禁懷疑眼前的生活與物質享受究竟有何意義？比起我在亞奎村河中游泳、垂釣、高歌的日子，現在的我比較自由、快樂嗎？我的女兒尚未被成人世界污染，也未被經濟成長所矇騙，她們知道答案，才會在離開亞奎村時滴下淚珠。

我們無法再造已經消失的東西，卻有辦法加快自然復甦的腳步。首先，人類必須控制自我毀滅的作為，提供生命復甦的條件。我們可以不再以垃圾、水泥、瀝青污染陸地與溪流，將復育成功的動植物重新放回棲息地。最重要的，我們必須為地球爭取復原的時間。一些有識之士已經提出地球復原計畫，從日本到加拿大，不少人士提倡溪流「見光」（daylight）計畫，讓深埋在都市建築之下的水流系統重新見到陽光。一旦溪流水從水泥棺材中脫身，重新接觸到空氣，流過土壤，被植物圍繞，它便能重新支持生命，自我淨化，維繫周遭環境。澳洲人也重新展開經濟與環境評估，拆掉一座二十年前建於塔斯馬尼亞省的水壩，也紓解了當地居民的怨氣；而在美國，野狼重回黃石公園，犎牛也再度成群漫遊蒙大拿州與懷俄明州。

由各種現象觀之，人類已不再走上破壞自然的自毀之路。譬如在加拿大，不管是公共場所或住家花園，已開始用原生樹種取代外來的、大量使用化學肥料、需要耗力維護的草坪與花壇植物。有機栽培不僅在經濟上有利可圖，而且不使用殺蟲劑，讓土壤恢復有機生氣，生產力旺盛。除此之外，我們可還以看到人們熱心參與地方性生態保育運動，讓更多物種得以和人類和平共存。

> 過去，人類只有能力推毀村落、城鎮、地區，甚至一個國家。但是，這一次是整個地球遭受毀滅威脅，這將驅使每一個人都做出道德選擇：從今而後，唯有透過良知的、深思熟慮的政策選擇，人類才有生存的機會。
>
> ——教宗若望保祿二世，〈生態危機：共同的責任〉（The Ecological Crisis: A Common Responsibility）

歷史告訴我們，人類有能力做出偉大的行動，面臨危機時，甚至不惜犧牲生命。一九四一年十二月七日，當日軍偷襲珍珠港，北美人民知道他們的生活面臨巨變時，他們不去辯論經濟損失，只知道必須盡一切力量投入戰爭，結果也贏得了勝利。地球現在面臨的生態浩劫，套句艾爾里區的話，是「同時發生一百萬個珍珠港戰役」。面對生物滅絕危機，我們必須把它當成珍珠港事件，儘速面對與處理。

專研螞蟻的威爾森提出一個謙卑看法：

如果人類在今日滅絕，地球環境將回復人類誕生以前的繁茂、平衡狀態。但是如果螞蟻消失了，地球每個區域的生態將趨於簡單化、孱弱化，千萬個動植物物種將隨之滅絕！

總而言之，人類必須抱持堅定的態度，改變現今的行為，重新檢視人類與自然其他物種的關係。

太陽兄弟的雅歌，至高無上、萬能至善的上帝，一切讚美、光榮、尊耀與恩典都歸於祢，無人有資格妄稱主之名。上帝，讓我讚頌祢所有的造物：第一是萬福太陽兄弟，祢讓它賜下白晝，照亮我們，光芒萬丈，美麗耀眼，見證祢的萬能至上。

我讚美上帝創造的風兄弟，拂過天際，讓微雲靜謐飄逸，氣象萬千，萬物孳生。

上帝，我讚美水姊妹，不可或缺，卻謙卑、寶貴、貞潔。

上帝，我讚美火兄弟，照亮黑夜，美麗不羈，勇猛強健。

上帝，我讚美我的姊妹大地之母，孳育我，保護我，供給我豐盛果實、多彩花朵與藥草。

讚美頌揚上帝，感謝我主，謙卑侍奉，阿門！

——聖方濟（Saint Francis of Assisi）

Chapter 7

愛的定律

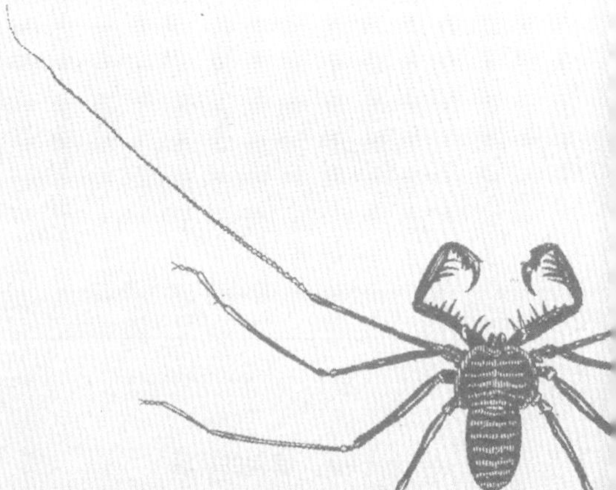

生而為人，
不光是指誕生為人，
也代表學習成為一個人……，
嬰兒只具備了人的潛能，
必須在社會、文化、家庭的薰陶下，
才能成為真正的人。

——亞伯拉罕．馬斯洛（Abraham H. Maslow），
《動機與人格》（*Motivation and Personality*）

THE LAW
OF
LOVE

人類倚賴生命要素才得以成形、誕生：空氣與陽光驅動我們體內的新陳代謝，水促進與形塑了生命過程，土壤則提供了促使細胞生長、再生、繁殖的原子與分子。這些要素構成了所有生命的基礎，多樣性的生命形態則維繫著它的運轉。空氣、水、火、土才是生命的真正「底線」，物種想要生存，便缺一不可。我們對生命要素的需求也反映在身體構造上，擁有各式精密的生理預警系統，驅使我們去吸收這些要素。人類能否滋長繁育，完全要看生命的基本欲求能否得到質與量的滿足。

但是人類不能光靠物質生存。著名的心理學家馬斯洛便指出：人類最迫切的是生理需求，它控制了我們的思想與行為；但是當我們得到了足夠的空氣、水與溫飽後，生理需求便自我們的腦海淡出，其他攸關人類福祉的需求隨之而起：

> 當一個人有了足夠的麵包，肚子不再饑餓後，他需要的是什麼？馬上，其他（更高）的欲求便湧上心頭……，當這些欲求也得到滿足，接著興起的會是更高層次的欲求……。人類的欲求，是根據其重要性呈現序列結構的。

捨去填不飽肚皮的狀況不說，一個人必須在生理與更高層次的需求都獲得滿足後，生而為人的潛能才能得到全部的發揮，個人的身心健康與福祉，全看基本欲求是否得到滿足。

身為動物（人），必須呼吸、進食、排泄、睡眠、維持健康、繁衍後代。

不管哪個族群，想要存活，便必須滿足這些維繫生理運作的基本需求。生理與生物基因的需求，加上兩者的功能連結，便構成了人的內在本質。

——阿什力．蒙塔古（Ashley Montagu），《人類發展的方向》（*The Direction of Human Development*）

人是群居動物，生命的每一個階段，人和人都必須互相倚賴。人也和許多動物一樣，出生後無法馬上自立，需要父母長時間照顧，安全無慮地成長與學習。人慢慢長大後還需要同伴，社群的存在不僅界定也延伸了我們的自我意識，我們在其中從事報償性活動，得到歡樂，尋找配偶。這些基本欲求不能打折，不可剝奪，如果無滿足，我們會感到痛苦，甚至死亡。人類如果脫離了人群，就像不幸脫隊的美洲馴鹿般，無法孤立生存。打從一出生，人就注定要與他人緊密相連。

首要指令

不管處於何種社會，人類對愛的欲求都引導了個人的發展。蒙塔古說：

> 嬰兒最需要的是大量的愛與溫柔的照護。所謂身心健康就是有能力去愛、工作、遊樂與理智思考……。嬰兒絕對需要愛，如果要成為身心健全的成人，愛的欲求絕對不可被剝奪。

許多研究顯示，在嬰兒的成長過程裡，愛扮演了重要角色，它幫助個人茁壯成長，也灌注個人參與社會的必要特質。因為被人呵護疼愛，我們才知道如何愛人，懂得感同身受，知道分享與合作。缺乏了這些技巧，人類社群如何生存？父母與子女間的純愛勾勒了愛的本質是神妙的互惠，父母無條件呵愛子女，子女則回報父母以愉悅。

事實上，宇宙萬物處處可見這樣的相互吸引。俗諺說得一點也不錯，唯有愛才能讓世界運轉，最起碼，世界也是靠著愛才緊緊吸附在一起。

雖然我們的肉眼看不見，宇宙間的所有物質的確是相互吸引！宇宙形成於一百五十億年前的大霹靂，像壓力鍋爆炸一樣，能量向四面八方散開，宇宙不斷向外擴張，新形成的粒子雖然快速向前奔逃，最後還是會互相吸引，形成原子。換言之，有質量的物體會吸扯另一個有質量的物體，當質子與電子誕生後，物質間的吸引力更因正負電極的相吸而加大。

大霹靂之後約莫十億年，星系誕生了。在我們的銀河系與太陽誕生許久後，地球上的氫才轉化為有機物質，形成細胞。細胞有細胞膜為藩籬，將它與環境區隔開來，讓物質得以凝聚在細胞裡，促使新陳代謝作用產生。雖然細胞膜具有區隔作用，但也具有高度親和力，兩個細胞靠在一起，細胞膜便融而為一，兩個細胞內的細胞質變成一個。病毒、細菌、變形蟲與草履蟲等原生動物，都會在基因重組時細胞合而為一。而凡行有性生殖的動植物，在繁殖期裡都會相互吸引。

我們在動植物身上，可以看到和睦與愛的遺緒……，藤蔓纏繞榆樹，其他植物則攀附藤蔓。所以，沒有意識能力、只知道求存的物種，似乎清楚明白融合的優點。

植物雖然欠缺意識能力，畢竟是活生生的東西，因此會渴求接近其他有知覺的生物。像石頭這類完全無知無覺的東西，情況又是如何呢？它們似乎也渴欲融合，所以天然磁石會吸附鐵，緊緊擁抱。相互凝聚的吸引力就像愛的定律，即使在無生物界都四處可見。

——德西迪里厄斯・伊拉斯莫斯（Desiderius Erasmus）

當我們觀察泥蜂細心建築泥巢、麻痺獵物當作糧食，然後產卵，我們還能以一貫的人類自我中心否定說：這不是愛的表現？如果不是愛，雄海馬為何要辛苦將魚卵放在抱卵囊中？皇帝企鵝又何必辛苦警戒數個月，將卵裹在足上孵育？太平洋鮭魚又何必回到當初孵化的溪流交配產卵，為了製造下一代，犧牲自己的性命？如果這些行為是生物受基因指揮的本能，適足以證明愛有諸多表徵，其中之一正註記在基因藍圖裡。

哈洛研究小組（H.F. Harlow & M.K. Harlow）曾作過一個殘忍的實驗，實驗對象是出生後即與母親分離的幼猴。研究小組縫製了一隻毛茸茸的母猴，手上沒有食物；另外又準備了一隻鐵絲製成的母猴，手上有食物。哈洛小組發現，幼猴寧可沒有食物吃，也要選擇那個毛茸茸的母猴，因為牠們可以攀住她、抱住她。哈洛小組的研究顯示，被剝奪了母愛的幼猴即使吃得好，被照顧得不錯，仍會出現異常行為，對撫育下一代完全不感興趣。這兩個研究顯示，靈長類動物非常需要愛，寧可不要食物，也要有父母的呵護，成長過程如果得不到愛，終其一生都會非常悲慘痛苦。

我們所處的宇宙既是依據伊拉斯莫斯的「愛的定律」運行，萬物相吸、相合也相容，而人類又是比猿猴更高度社會化的物種，愛與被愛的欲望也就更牢不可破。蒙塔古說：

愛的生物基礎是：所有生物都在追求安全感，所有社會生活均在表現這種需求，唯一能滿足安全感需求的，就是「愛」……。一個人如果想要在社會中生存，他的基本社會需求必須獲得滿足，在情感中獲得充分的安全感與平衡。

早在我們誕生之前，愛便開始塑造我們。胚胎在子宮裡生長，母親的生理、心理狀態都會影響胎兒。同樣的，胎兒也會影響母親的荷爾蒙分泌。換言之，母親與胎兒很早就開始心手相攜的合作關係。蒙塔古說：

胚胎對聲音與壓力都有反應。胎兒每分鐘心跳一百四十下，母親心跳次數為七十下，兩者合奏，為胎兒提供了一個切分的音響世界。胎兒包裹在羊水裡，聆聽著兩顆心的和諧節拍，與生命的深沉節奏和鳴，生命之舞在這個階段便已展開。

打從生命之始到終結，生命之舞始終是互動的。嬰兒出生後，授乳行為將嬰兒與母親緊密連結，即使隔著距離，只要嬰兒饑餓啼哭，母親的乳房便開始泌出乳汁。授乳也像其他形式的愛一樣是互惠行為，不僅提供嬰兒養分，刺激嬰兒口腔發展，也活動嬰兒的消化道、內分泌、神經、泌尿生殖與呼吸系統。同時，嬰兒的吸吮也刺激母親子宮收縮，幫助它回復正常大小與形狀，減少產後的痛苦與子宮壁出血。毫無疑問的，授乳行為與親子皮膚接觸會刺激釋放腦啡（endorphin），讓母親與嬰兒感到愉悅與幸福。艾佛德．艾德勒（Alfred Adler）認為，這種愉悅感是人類存活的關鍵：

從母親的乳頭吸奶是一種合作行為，母親與嬰兒都感到愉快……。人類的文明建構在社會感情上，而社會感情大多來自母子接觸。

唯有愛，才能給新生命健康與人性，它是天賜禮物，代代傳遞不息。套句蒙塔古的話：

嬰兒因為被愛，才能愛人。生而為人最重要的課題是：成長的過程裡，每個嬰兒都應被培養愛的能力，這是他的天賦人權。

愛情三階段

遇上一段新的愛情，我們經常會說，那就像是爆發了某種「化學反應」，把兩個人緊緊吸引在一起。最新研究發現，這不只是一種詞意表達，而是科學事實。不管我們認為內心有什麼感覺，或是腦中有什麼想法，我們的身體倒是有一套它自己面對愛情的機制。愛情自然刺激我們身體裡萬千的生物化學通道，傳送各種化學物質，讓我們以各種形式感受到愛：從「瘋狂陷入愛情」的狂喜，一直到老夫老妻式的舒適熟悉感。

科學家現在認為愛有三個階段，每個階段各自會產生不同的腦部「化學雞尾酒」，影響我們的情緒和行動。第一階段最貼切的描述即是情慾（lust）。在這個階段裡，睪固酮（testosterone）和雌性素（estrogen）這些性荷爾蒙主導一切，而讓人「感覺很好」的胺多芬（endorphin）則緊追在後。這種對性的強烈需求，是生物演化的一種方式，目的是刺激個別物種維持群體的總數，但和多位伴侶維持熱烈的性關係，並不一定能創造出好的社會。事實上，最理想的狀況是由兩個人建立起一段長時間的關係，以完成父母的責任，或至少維持一段不短的時間。因此，我們就會進入愛的第二階段：浪漫愛情領域。

在愛的第二階段，兩人之間會出現強烈的吸引力；有時，這個階段也被稱作強迫性的愛。我們會睡不著、吃不下、胃裡陣陣翻滾、手掌心出汗，並且經常神魂顛倒。這時，我們會開始提升情慾的感覺，進入情緒的領域，身體會傳送出新的化學混和物，創造出欣喜若狂又飄飄然的愛。

人類學家海倫．費雪（Helen Fisher）和她的同事們，對一些宣稱自己正深陷「瘋狂愛情」的人進行了腦部掃瞄。檢視這些熱情澎湃的人們的腦造影圖像後，可以發現，他們腦部裡負責歡樂愉悅的區塊亮了起來——這些區塊充滿接收多巴胺（dopamine）這種神經傳導物質（neurotransmitter）的受器。

適當比例的多巴胺會創造出強烈的能量、讓人興奮、注意力集中，並激勵人們奮戰到最後，贏得獎賞。這也是為什麼人們在剛墜入愛河時，可以整晚不睡、迎接日出、參加賽跑；
或是滑雪時，大膽挑戰平常礙於技巧問題而不敢輕易嘗試的急陡坡。
愛情讓人變得勇敢，變得聰明，讓人敢於真正涉險……

——摘自海倫．費雪〈愛情：化學反應〉（Love：The Chemical Reaction）

浪漫愛情讓我們感到愉快，因為腦中分泌的化學物質啟動了一套激勵和獎賞的回饋機制。當多巴胺濃度升高，我們會專注於那些為我們帶來良好感覺的刺激：我們受到很大的激勵，鼓勵我們去領取「獎賞」——以這個情況來說，就是當我們與心愛的人相處時，感受到的那種興高采烈的心情。在浪漫愛情的階段，多巴胺會傳送出極度的愉悅，而正腎上腺素（norepinephrine）和血清素（serotonin）則會讓我們感到興奮，因此會心跳加快，手掌心出汗。這三種荷爾蒙則共同由苯乙胺（phenylethylamine；PEA）所控制，而苯乙胺同時也會增加我們對愛情的迷戀。就化學結構來看，苯乙胺和安非他命很類似，是一種天然的興奮劑，會加劇熱戀時期的溫度。我們渴求這些化學物質，以及它們所帶來的美好感覺，戀愛中的我們會感到很嗨。但是，就如同使用多數禁藥一樣，我們的身體會產生抗藥性，進而渴望更多的刺激。如果不是因為長期的愛情關係最終會進入第三階段，改變了我們的腦部化學，我們都將成為愛情毒癮者（解為：不斷追求短暫關係，以滿足我們難以抑制的慾望）。另一方面，長久維持的關係最後會進入愛的第三階段，腦中的化學物質也會跟著發生轉變。（當然，有些關係永遠沒有進人第三階段；這個階段大約是在伴侶關係的第二到第四年間出現，這個時期裡，強烈火熱的愛意會多少消退一點，因為迷戀的薄霧散去了，你開始以全新且更為理性的眼光來看待你的另一半。）

蜜月期結束後，接下來呢？在愛的第三階段，多巴胺已經不再坐在駕駛座上，而是交由「呵護化學物質」催產素（oxytocin）握住方向盤。催產素是一種與依附性及連結性有關的荷爾蒙，它會強化我們和他人的連結，讓我們感到平靜、舒服與安全。在進行性行為的過程中，雙方都會釋出催產素，更加強化他們的依附感。催產素也能讓父母和孩子之間產生連結。母親在哺育幼兒時，就會分泌催產素；當我們擁抱最心愛的人時，也會釋出催產素。催產素是大自然的「膠水」荷爾蒙，讓我們的情感連結得以維繫，不願分離。

一項針對草原田鼠（prairie voles）所做的研究顯示，催產素和另一種荷爾蒙升壓素（vasopressin）在社交連結的過程中扮演了重大角色。在哺乳類物種中，只有百分之三是遵守一夫一妻制的，草原田鼠便是其中之一。（一般來說，人類通常不被視為這個族群中的一員。）在交配之前，草原田鼠可以自由和任何雄性或雌性田鼠交往，但在最後，每一頭田鼠只會選定一頭作為終生伴侶。在密集的交配期間裡，雙方都會分泌催產素和升壓素。從此以後，雄田鼠永遠不會再對別的雌田鼠動情，並且一心一意護衛伴侶，甚至不惜動武。田鼠夫婦可以互相理毛數小時，小田鼠出生後，田鼠父母會慈愛地細心照顧幼鼠。牠們之所以能終身維持穩定的伴侶關係，正是由於荷爾蒙的驅動。有進一步的研究指出，如果阻絕催產素和升壓素的分泌，田鼠伴侶之間的互動就會變得很短暫，也不會出現長久穩固的親密關係。

家庭與未來

社會的基本單位是家庭，嬰兒所需的父母愛護來自家庭。人類社會裡，家庭樣貌非常多元化，有西方世界近年形成的核心家庭（nuclear family）、非洲世界常見的大型延展式家庭（extended family），也有以色列的集體社區（collective kibbutzim）。婚姻樣貌也不一而足，有一夫多妻、一妻多夫制；有的社會裡妻舅握有大權，有的社會丈母娘權力最大。不管一個社會採行何種家庭制度，社會成員的幸福感都是測量社會成功與否的標準。社會學家早就知道，幸福和社經地位不相干，也與平均消費能力、個人所得無關，事實上，幸福源自親密的人際關係。

許多研究都顯示，已婚者比未婚者快樂，最不快樂的是失婚者。顯然，不僅嬰兒需要安全感，成人的幸福也建構在「愛」所提供的安全感上。愛是相互吸引、相互連結、相互融合；愛是深沉的歸屬感；愛也是連串銜接的圓，依親密程度向外擴張，讓我們與旁人有所交集。

沒有人是孤島，遺世獨立。我們每個人都是大陸洲的一小塊、主體的一部分。
如果大海沖走了一小塊土，歐洲就小了一點；不管是海岬、你的封邑、朋友的領土，
都是大主體的一部分。任何人的死亡都代表你的部分自我消失了，因為你是整體的一部分。
所以，聽到喪鐘敲起，你無須派人探聽誰死了，因為喪鐘亦是為你而響！

——但恩，〈危急求助的禱告〉（Devotions upon Emergent Occasions）

我們每個人都受內在基因指揮，也受外在經驗制約，是群體的一部分，同時也是獨立個體。你可以說，人類是自然與教養的共同產物，有時我們很難區分兩者。舉例來說，我出生成長於加拿大，雙親均為日本人。二次世界大戰時，只因為我流著日本血統，旁人便認為我自然效忠於日本，我的生活因而起了巨大變動——被迫搬出溫哥華、移居遙遠山區的營地、被英屬哥倫比亞除籍。這些變動都影響了我的人格與行為，勾勒出血統遺傳與環境的互動。換言之，我們會變成什麼樣的成人，受到性別、宗教信仰、種族、社經背景差異影響。人類的挑戰是創造一個社會，讓成員的潛能夠得到最大的發揮。根據蒙塔古的看法，唯有培養出身心健全的小孩，理想社會才有可能達成：

> 孩童是人道社會的先驅，唯有身心健康的小孩才能變成健康、充實的大人，也才能臻至健康充實的社會。

根據蒙塔古的標準，一個孩童必須在成長過程裡得到下列的滿足，確保潛能的發展，長大後，才能變成一個健全的成人：

- 愛的欲求
- 友誼
- 敏感
- 理智思考的欲求
- 求知的欲求
- 學習的欲求

- 工作的欲求
- 組織的欲求
- 好奇
- 神奇的感受
- 活潑好玩
- 想像力
- 創造力
- 開放的心胸
- 彈性
- 實驗精神
- 探索欲求
- 韌性
- 幽默感
- 歡愉心
- 喜悅與哀傷
- 樂觀
- 誠實與信任
- 同情心
- 舞躍
- 歡唱

一個社會是否富足、有活力，端視家庭與社會能否滿足孩童上述需求。一個人在社會裡，除了基本的親子連繫外，也需要與他人互動。人是徹頭徹尾的社會動物，而非全然獨立、自由飄盪的個體。我們依賴所屬的社會團體，從中建立歷史感、自我認同、目標與思惟方式。

人！他是最複雜的動物，因此也是最倚賴他人的動物。

我們倚賴塑造我們的一切，你毋須畏懼這種奴役……，

因為人類的優勢就是來自我們倚賴他人。孑然獨立是一種貧乏，因為人乃眾人造物，

眾人就是我們的親屬。

——安德烈・紀德（Andre Gide），《紀德日記》（*The Journals of Andre Gide*）

愛撫的魔力

伴隨著母親嘴唇給的第一個吻、父親第一次在耳邊的低語、兄弟姊妹的親情擁抱，愛一路進入我們的核心深處。當新生兒透過聽覺、味覺和觸覺接收來自新世界如潮水般的眾多訊息，在他小小的腦海裡，化學物質會熊熊燃燒，打造出新的神經路徑。

在我們的年幼時期，大腦會以驚人的速度快速成長。例如，我們都知道，小孩子學習語文的速度比成年人快。小孩子腦中的理性部分不斷學習和吸收，腦中的感性部分也是如此。發展中的嬰兒需要與他人連結，才會感到安全、熱情和愛意。在人性發展的過程中，觸摸扮演了最重要的角色；沒有它，我們就會缺乏成長、甚至是生存所需的情感滋潤。

皮膚是我們身體最大的器官，同時也是用來觸摸的。皮膚佈滿神經和觸覺受器，讓我們能夠感覺到熱和冷、疼痛和舒服、刺痛和呵癢。從靈長類和其他動物的研究中，我們發現觸摸是情緒、心理和肉體正常發展的核心。在一項以猴子為對象的研究中，母猴和牠們的嬰猴被一塊玻璃板隔開來：其中一組，母親和孩子仍然可以看到對方，也可以聞到和聽到對方，但牠們無法觸摸到彼此；另一組的情況也很相似，只是第二組的母子可以透過玻璃板上的小洞觸摸到對方。無法觸摸到母親的那群幼猴不停大叫和來回踱步，相對的，另一組幼猴並沒有嚴重的行為徵兆。當這些幼猴後來再次回到母猴身邊，先前無法觸摸到母親的那些小猴子會出現強制性依附母親的行為，無法像其他小猴子一樣，發展出獨立和自信的能力。

父母的愛撫不僅可以讓子女感到安慰、愉快，新的研究還發現，愛撫實際上會加強腦部的發展。跟人類一樣，老鼠父母也各有不同的養育風格，有些會細心照料幼鼠，有些則不會。麥吉爾大學（McGill University）的麥可・密尼（Michael Meaney）從研究中發現，老鼠父母不同的照料方式，會導致幼鼠腦部發生變化，影響到幼鼠應付壓力的能力。

密尼發現，如果鼠媽媽花更多時間舔幼鼠、替幼鼠理毛，幼鼠在長大後的抗壓性會較佳。鼠媽媽幫忙理毛的頻率愈高，幼鼠體內就愈不容易分泌壓力荷爾蒙。這表示，在父母細心呵護下成長的幼鼠，長大後面臨緊急狀況時，愈能冷靜以對，同時也表現出更好的學習能力。此外，這樣的成長環境對於幼鼠的整體健康也有助益，因為長期在高濃度的壓力荷爾蒙作用下，身體會出現類似心臟病或糖尿病的慢性症狀。

幼鼠被舔時所感受到的刺激，確實會引起某些基因的DNA化學物質發生變化。鼠媽媽在舔幼鼠和替牠理毛時，基本上便如同「打開了某個開關」，啟動某些在壓力時期能有效抑制荷爾蒙分泌的基因。更多的舔弄會讓幼鼠腦內發展出更多的受器，可以用來調節壓力荷爾蒙的分泌。

我們已經知道，在小孩子正常的成長過程中，愛撫扮演著關鍵性的角色。所以現在有很多新生兒都和母親共享一個房間，專家還會指導父母如何替小嬰兒按摩，並且鼓勵他們用背巾把嬰兒背在身上，讓嬰兒緊貼自己的身體。很多研究明確指出，愛撫可以增強嬰兒的發展，經常受到愛撫的嬰兒會有反應機警、聰穎靈敏、積極且專注的表現。

我們對愛撫的需求是如此巨大，以致於愛撫現在已經成為新生兒照護的標準療法，尤其在哺育早產兒時，療效特別顯著。例如，小兒科醫師艾德加・芮伊（Edgar Rey）在加拿大卑詩省推廣的「袋鼠媽媽照護」（Kangaroo Mother Care），其概念很簡單：抱著早產兒，讓早產兒緊貼著母親或是某位照護者赤裸的胸口，製造親密的肌膚接觸。最初，「袋鼠媽媽照護」只是為了應付早產兒保育箱不足而採取的臨時措施，但現在我們知道，這種「人體保育箱」有助於幼兒茁壯成長。對弱小的嬰兒來說，「袋鼠媽媽照護」能夠穩定他們的體溫、呼吸和心跳，這些被抱在懷裡的小嬰兒會睡得更久、增重更快、較不易哭鬧，保持清醒的時間也會更長。頻繁的身體接觸不但可以讓嬰兒安靜下來，同時也會加強母親和嬰兒的連結性，通常還能提早出院。

愛撫可以讓父母與幼童之間產生連結，同時，這當然也是一種互惠的交流。我們知道，母親在生產、哺育以及照護她們的嬰兒時，催產素會激增，不過哺乳類動物的父親也會體驗到荷爾蒙的波動。生物學家凱薩琳・韋恩—愛德華茲（Katherine Wynne-Edwards）研究條紋毛足倉鼠（Djungarian hamster），並發現這個物種的父親特別會照護子女（不同於大部分的哺乳類動物），更是熱心參與另一半的生產過程：牠不但會把鼠仔從母鼠產道裡拉出來，甚至一路在旁協助，直到小老鼠順利呼吸。在這個過程中，倉鼠父親的雌性素和皮質醇（cortisol）濃度都會上升。如果這些荷爾蒙受到抑制的話，雄倉鼠便會減少參與幼鼠出生後的照護。

韋恩・愛德華茲也發現，在其他哺乳類動物身上也會出現類似的荷爾蒙變化，包括人類。一項研究指出，首次即將升格為人父的男人，其睪丸激素和皮質醇會比一般男性低，但雌性素會較高，尤其是雌二醇（estradiol）這種會影響母性行為的荷爾蒙。

愛的語言並非是經過有意識的思考才被寫在我們的身體裡，而是由愛撫引發；或是當我們沉浸在其他感官知覺的漩渦中，身體也會自動做出反應，透過共享經驗，把我們和其他人連結在一起。和孩子互動的過程中，我們同時也在教導他們，被愛的意義是什麼。一旦這些經驗被抑制，我們的人生也隨之匱乏。

悲劇的教訓

人的成長過程如果缺乏愛，便會身心嚴重受創，社會功能失調。根據馬斯洛的觀察：

心理治療師發現，多數精神病患童年時都缺乏愛。一些實驗研究也顯示，嬰兒與幼童如果極端缺乏愛，嚴重時甚至會死亡。換言之，愛的匱乏會讓人生病。

不幸的是，人類雖具有愛的能力，卻也具有抵銷愛的殘暴能力。看看暴行的受害者，我們就能深深體會愛的重要性，了解愛的源頭來自家庭。現代人懂得保護動物，可能會覺得哈洛小組的實驗十分殘忍，剝奪了幼猴所需的愛；然而另一方面，這個世界卻紛爭不斷，讓許多小孩活在戰火下，嚴重欠缺愛。科學家最近終於有機會仔細研究這些小孩。

一九八九年十二月二十五日，羅馬尼亞獨裁者西奧塞古（Nicolae Ceausescu）被處決後，世人才發現羅馬尼亞兒童安置機構慘絕人寰的內割。西奧塞古在位期間，鼓勵人民生育，製造了許多棄養兒童，全部丟給國家。西奧塞古政權崩潰時，羅馬尼亞境內估計有十萬到三十萬名孤兒，安置機構人口爆炸，人手不足，只能勉強維持孤兒最基本的吃、穿與睡的需求。

當時，羅馬尼亞境內共有七百個幼兒安置機構，其中一種叫「里加尼」（leagane），收容的幼兒不是孤兒，而是被父母拋棄或遭父母長時間棄養的小孩。科學家前往「里加尼」調查時，發現巨大的房間裡擺滿一排排嬰兒床，院方人手嚴重不足，沒時間訓練幼兒大小便或自己穿衣、刷牙。幼兒整天被禁錮在床上，哭得聲嘶力竭，不會有人來抱他，餵奶時，也不會被抱在懷裡。結果他們的大肌肉統合能力、動作技能、社會技巧與語言發展都嚴重遲緩，六成五的三歲以下幼童都因為營養不良，出現細胞、組織結構與活動的異常。

科學家認為人在成長的最初期，非常需要大人接觸的刺激，如果像羅馬尼亞這些孤兒一樣，長時間被忽視，剝奪人際接觸，預後將非常不看好：

> ……人類的理性思考、問題解決與推理能力，大多在一歲前奠基……，部分研究者甚至認為幼兒一天聽到多少字，直接影響到他日後的智力、學習成績與社會能力……，唯有耐心照顧幼兒的大人，才會給幼兒充分的字彙刺激。

馬斯洛說，被家庭拋棄的幼兒不僅發展遲緩，也可能生病、死亡。根據調查，西奧塞古下台前，羅馬尼亞孤兒院裡的小孩每年死亡率高達三成五。

但是人類也展現了高度韌性，只要及時重回愛的懷抱，基本需求得到滿足，還是有復原的機會。羅馬尼亞巴貝尼（Babeni）地區一所專門收容殘障孩童的機構，一共收容了一百七十名小孩，當初住進收容機構時全被診斷為「無法復原」，遭到嚴重漠視，院內也沒有醫事人員、營養師、心理學家、社工、物理與職能治療師、特殊教育人員。雖然這些幼童衣食無缺，卻極端缺乏和大人接觸的機會，七成五的幼童不知道自己的名字、年紀，也不會自己大小便，生理需求雖然獲得滿足，卻缺少人際接觸帶來的愛。當科學家改變了幼童的衛生、物理治療與營養，增加人手讓幼兒得到較多的人際接觸與心理治療後，一個月內就有了顯著進步。

羅馬尼亞孤兒的悲慘狀況遭到披露後，引起善心人士的收養潮。光是一九九一年，便有七千三百二十八名羅馬尼亞孤兒被收養，其中兩千四百五十名到了美國，科學家徹底檢查了其中六十五名，發現只有十名是「身體健康、發展正常」，其餘都出現「臨床病徵、發展與行為異常」。科學家發現這批孤兒裡，百分之五十三為B型肝炎帶原者、百分之三十三有寄生蟲，多數身體瘦小、言語與動作統合遲緩、脾氣乖張、迴避與人眼神接觸，並極端害羞。顯然，幼兒需要的不只是基本的溫飽，缺乏社會接觸會嚴重影響他們的發展。幸運的是，科學家發現，幼兒在有了溫暖的家庭環境，得到較充足的營養、醫療照護與發展刺激後，都有了不錯的進步。

但是，克服童年創傷並非易事。一九九〇年至今，美國人一共收養了九千名東歐與蘇聯孤兒，不少身心異常的孤兒進步緩慢。根據《紐約時報》莎拉·潔伊（Sarah Jay）所寫的報導顯示：

> 這些小孩有的高度過動，充滿攻擊性，拒絕與人眼神接觸，亂發脾氣，有言語與書寫能力障礙，注意力不佳，畏懼身體碰觸。這樣的小孩很可能永遠無法與人建立情感連繫。

維多・葛茲（Victor Groze）研究了三百九十九個被美國家庭收養的孤兒後，發現其中五分之一的小孩是「強韌的傢伙」，克服了過去的創傷，身心健全地長大；五分之三的小孩是「折翼奇蹟」，雖然發展遠落於同儕，依然勇敢邁步向前；剩下的五分之一則是「問題小孩」，進步緩慢，幾乎無法駕馭。

因為缺乏愛撫，又幾乎不曾和他人進行有意義的接觸，在多年後的今天，這些被領養的小孩子所受到的影響是極其明顯的。催產素和升壓素這兩種製造依附感的荷爾蒙，再度扮演了重要角色。一項針對密爾瓦基家庭所收養的羅馬尼亞孤兒所作的研究發現，其中很多小孩子的行為表現仍然與他們早期被忽視的經驗有關，包括和主要照護者之間缺乏親密感；這也說明了為什麼他們樂意向不熟悉的成年人尋求慰藉，即便他們的養父母，或是只有其中一位就在一旁。研究人員指出，若幼童在早期受到忽視，他們的升壓素濃度會低於正常標準。由於早期遭到社會遺棄，導致「呵護化學物質」的分泌受到抑制。悲哀的是，開啟神經治療通道，或是——如作家安果尼・華爾許（Anthony Walsh）所說的——頭腦的「愛的小徑」（love trail）的機會，已經失去了。

當然，將這些小孩子轉送到富有愛心、願意給予支持且安定的家庭之後，他們的情緒、心理和身體的健康狀況已經獲得大幅改善。愛還是有影響力的；被領養後的孩子不但身體健康獲得改善，智商也跟著提升，態度也變得更積極。但是，由於早期缺乏與人接觸、建立連結，也不曾感受過愛，仍留下了難以磨滅的痕跡。

有三十六位羅馬尼亞孤兒被加拿大卑詩省的家庭所收養，教育學家露西・雷梅（Lucy

LeMare）追蹤了他們後續的發展。在被領養前，這些小孩子已經分別在各地的孤兒院住了八個月到四年不等的時間。雷梅的研究發現，一個小孩子是否會出現異常行為（像是注意力不集中，或是過動），主要取決於他們在孤兒院住了多久的時間。雷梅觀察的這群羅馬尼亞孤兒中，有百分之四十三出現異常行為，相較之下，在加拿大出生的小孩子，只有百分之五的行為是有問題的；而在孤兒院住不到四個月的羅馬尼亞孤兒，則只有百分之十六有行為異常的問題，其他的研究也獲得類似結果。雖然大部分孤兒院的小孩子都會有發展遲緩、情緒及行為異常的情況，但只有很晚才被收養（至少在孤兒院待了八個月）的小孩子會產生最多的異常行為。

小孩需要健康的家庭提供安全感與自信，更需要所處社區的支持，才能發展出高度的自我評價。但在戰火下的家庭，大人即使有心也無力捍衛小孩，無法消除他們龐大的不安全感。內戰不斷的克羅埃西亞共有十萬難民流離失所，許多是失去家庭和親人的孩童，年紀愈小愈有可能在戰火中與父母失散。難民營裡，約有三成五的小學一年級生失去母親。

學齡兒童如果與親人分離，會出現下列症狀：失去食慾（或者突然暴食）、睡眠失調、夢魘、不想上學、注意力不集中、記憶退化、暴躁、畏懼、溝通不良、出現身心官能病徵、麻木、憤怒、哀傷不止、適應失調或嚴重沮喪。一位研究者說：

> 能夠信任親近的大人，這是小孩子最大的支援。戰火下的孩子發現父母無能保護他們，創傷經驗更形嚴重……。在巨大壓力中的小孩能否存活下來，獲得健全發展的機會，完全要看親人（尤其是父母）應付苦難傷痛的能力。

> 比起現今人類，史前人類比較愛好平和，講求合作，不那麼好戰，也較不具攻擊性。文明人越來越喜歡威逼他人，具有敵意與攻擊性，不講究合作的人際關係。老實說，「野蠻」兩字正適用於我們身上。
>
> ——蒙塔古，《人類發展的方向》

戰爭是社會、經濟與生態災難，沒有一點好處，凡是關切下一代福祉、認為人類應當滿足「真正需求」者，都應站起來反對戰爭。戰爭的立即損害是死亡、受傷與流離失所，但它引發的社會與生態傷害卻會禍延子孫。我們不知道戰爭中倖存的小孩心靈創傷有多嚴重，也不知道他的創傷會不會影響下一代。戰爭是終極暴行，一舉摧毀戰敗者與勝利者的人性，拆散父母與小孩，瓦解了家庭，毀滅了社區，戰火下的人失去親人的陪伴，被剝奪了愛的滿足與安全感。

人類社群的過去與現在

靈長類動物中，人類的社會性最強。百分之九十九的人類歷史裡，我們都過著逐水草而居的採集狩獵生活，社群規模很小，成員跟著家人與部落人士學習經驗與技巧，抵抗掠食者、入侵者與天災，捕殺獵物，採集食物，替部落尋找資源。部落生活裡的人、事、物都是熟悉的，大家一起共度人生重要階段，成員有著強烈的歸屬感、認同感與世界觀。群體生活還有其他優點，譬如提供尋找配偶的機會，建立長期的人際關係，分享音樂、故事、藝術與娛樂。

大部分人類歷史，我們都只是在小範圍內活動的部落居民，也許一生當中最多只遇見過一兩百個人，旅行範圍不超過幾百公里，我們不必擔心湖泊、高山或海洋另一邊的部落都在幹什麼。大自然似乎十分廣大，而且不斷地進行自我更新，就算我們真的耗盡了周遭環境的資源——無論是用火或是工具，還可以遷移到別的地方去。但現在，我們的足跡早就遍布整顆星球，全體人類對地球造成的影響已經引起生態系的全面反彈。我們必須全面性思考人類因漁獵、砍伐、污染、築壩及開發等行為對環境所造成的傷害，然而，這並非簡單的任務，因為我們從來就沒有為此努力過。也因此，國際間的協商不但困難得令人挫敗，而且進展緩慢，像是在巴西里約熱內盧召開的地球高峰會，以及在京都舉行的氣候會議都是如此。

自古到今，記憶能力與深思熟慮就是人類生存的法寶。就像博奕者的腦海必須不斷思前想後，早期人類也會從舊有經驗推估行動的可能後果，別的物種都沒有這種能力。早期人類的作為，就是我們今日所謂的「成本效益」分析，評估必須付出的成本與可能的效益。部落人民經常舉行繁複的儀式，在這些儀式裡傳遞固有知識，強化成員與社會的連繫，研商重大決策。

反觀，現代人口口聲聲「成本效益」，卻集體任性胡為，種下無法評估的惡果。所謂的「成本效益」定義與價值取向也變了，過去人們在乎的是家庭、群體的福祉與存活，今日人們考慮的卻是公司、工作、市場占有率、利潤，完全不在乎社群的福祉與生態系的未來。到底什麼才是生命中最重要的東西？我們不是忘了，就是判斷標準扭曲了。我們不能再繼續用支離破碎的眼光對待生命，必須通盤評估未來福祉。約翰・羅賓森（John Robinson）與卡洛琳・馮貝絲（Caroline

Van Bers）提出如下建議：

或許，我們不太了解何謂「生態永續」，但是人人都明白「社會福祉」是什麼。如果我們要評估一個人幸福與否，標準很簡單：他的生活優渥嗎？居住的社區如何？與家人、親友關係融洽嗎？身體是否健康？同樣的，如果我們要評斷一個社區的好壞，直覺的標準是：社區生機蓬勃嗎？是不是衝突很少？是否樹木扶疏、溪流清澈？

自古以來，人就需要社群與儀式，這種欲望經過數千代數萬年的累積，已經深植在我們的靈魂裡，如果沒得到滿足，我們便感到「疏離」，容易罹患精神疾病。

——安東尼・史帝文斯（Anthony Stevens），《基本需求》（*A Basic Need*）

人類社會的威脅不光是戰爭，還有所謂的「現代化思惟」：認為所有新的、現代的東西都是好的；古老、傳統的東西就是原始、不好的。科技發明與物質主義帶來的巨大改變橫掃一切，讓我們誤認為現代人在本質上不同於古人，因為我們擁有較多的資訊、較高的教育程度與廣闊的見聞，所以我們的思想與欲望也較為成熟世故，與先民處於完全不同的層次。

當我們切斷了與先人的連繫，會發現自己無助佇立於瞬間萬變的世界裡，遠離了人類最珍貴的資產——記憶與深思熟慮的能力。缺乏通盤的脈絡，資訊變得毫無意義；缺乏先見，事件無法評估；少了時間與空間的連繫，人類孤獨而迷失。

嬰兒出生後，必須由巫醫在嬰兒出生地主持胎盤埋葬儀式。臍帶連結了胎兒與子宮，胎盤埋葬儀式也將新生兒與土地、部落聖土、大地之母連結在一起。即使孩子離開了家鄉，埋藏在土裡的臍帶也會一直拉著他重返故土。當我回鄉……，我將大聲說出：「今日，我的腹部將與大地之母重新連結！」

——莫度比王子（Prince Modupe），《我是野蠻人》（*I Was a Savage*）

儀式強化了大眾共有的價值觀、意義與連結，將人與人、人與祖先、人與所處土地緊密結合在一起。史帝文斯指出，工業社會雖然創造了前所未有的財富、消費品與公共設施，但是家庭瓦解的趨勢愈來愈明顯，大人與小孩都嘗到了苦果，愈來愈多人因而渴望尋回連結人們的社群與儀式。

數千年來，人類都生活在小型社群裡，成員的社會性需求得到滿足，社會穩定性相當高。自從我們快速轉變成都市動物後，支撐人類連結的社會脈絡也逐漸崩解。二十世紀見證了一場史無前例的重大轉變：人類的生活方式從以農村社區為主，轉移到了大城市裡。在城市裡，人們遠離了大自然，並且不再以農業、漁獵、伐木，甚至是製造業做為主要的生產方式，而是以經濟活動供應我們生活所需。科技讓我們快速地在各地自由來去、進行遠距離通訊；電視機、電腦和行動娛樂器材切斷了我們和鄰居及社區分享各種活動；消費主義取代了市民精神，成為衡量社會貢獻的唯一標準。不管國家或公司都以經濟目標、而非社會成就作考量，惡果之一就是高失業率，為社會帶來壓力、痛苦，導致家庭與社區的崩解。唯有穩定的社區與鄰里才能創造幸福，讓人們擁有多產、有益的生活，從而得到安全感與歸屬感。這是幸福健康人生的底線，光靠經濟不能創造社群，而是需要愛、同情與合作。人類擁有這些特質，但是自我孤立、切斷歷史脈絡、失去時空定位、遠離自然源頭，無法表現出這些特質！

穩定的家庭（不管哪一種家庭結構）提供了良好環境，讓小孩的好奇心、責任感與創造力得以發展。但是濫砍森林、表土流失、空氣污染、氣候變遷所帶來的生態惡化，不但嚴重侵蝕萬物永續生存的支柱，也破壞了社會穩定性。以下便是一個典型的例子：一九九二年，加拿大頒布禁捕北海鱈魚令，一夕之間，紐芬蘭地區便有四萬人失業，維繫了五百年的漁獵社會瞬間瓦解。在整個加拿大，城鎮如雨後春筍建立，城鎮周遭森林皆伐，並因此繁榮，但等到樹木伐盡，城鎮也就此一蹶不振。卑詩省沿海散布的幾個村落曾是捕漁船隊與罐頭工廠的基地，但鮭魚族群減少後，這些村莊也就此荒蕪。由此可見，生態健康是社區健全生存的要件。

戰爭、恐怖主義、種族歧視、社會不公與貧窮會削減社會的穩定。學者更發現濱臨大西洋的加拿大省分、美國印第安保留區與澳洲原住民部落裡，失業率長年居高不下，導致失業人口沮喪、生病，甚至死亡。由此可見，人需要從事有意義、有報酬的勞務，失業不僅為家庭帶來打擊，也損害社區福祉。充分就業不僅為個人與國家創造財富，更是迫切的社會目標。

經濟原本應當為個人與社群服務，經濟至上者卻認為人應當為經濟成長犧牲、放棄社會服務。如果我們願意沉思，便會發現，人類身為社會動物想要建構永續社會，確保家庭與社區的穩定，某些基本需求不能打折，包括生態系統的生物多樣性、充分就業、社會公益與安全感。

愛的定律就像地心引力定律一樣，不管我們接受與否，都會如常運作！一個人如果能夠精確運用愛的定律，便能製造偉大的奇蹟……。發現愛的定律者，比任何現代科學家都偉大——，我愈是運用愛的定律，便愈發現宇宙大書中的生命喜悅，它給了我平靜，為我無法解的自然奧妙賦予意義！

——聖雄甘地，摘自克林與科梅合編之《和平，夢正啟動》

從家庭到鄰里，從鄰里到國家，再到整體人類的福祉，乍看之下，似乎範圍愈擴大，人際連結就愈淡薄。但如果我們仔細思索人的一生，便會發現人與人、人與萬物的關係是一個不斷往外擴大的圓。愛的定律是基本原則，像物理定律一樣適用於全宇宙，只要我們舉目望去，便可看到它將我們與世界緊密連結起來。

動物朋友

人類社會具有連結性，並且透過類似愛撫療法這樣的技巧來維繫他們的社區，不過他們並非是唯一具有這些特質跟能力的族群。其他動物，尤其是靈長類，也會表現出複雜的社會行為來強化成員之間的關係。例如，狒狒會透過幫彼此理毛來表達情感，同時也藉此確認社會連結性。當牠們相互理毛時，體內的壓力荷爾蒙——糖皮質素

（glucocorticoids）——濃度就會降低。跟人類一樣，狒狒在遭遇壓力時，也會向同伴們求助。當牠們群體內有成員死亡，牠們會擴大並強化牠們的理毛網絡，尋求慰藉。透過理毛，因創傷而增加的壓力荷爾蒙濃度就會開始下降，最後恢復正常。黑猩猩也表現出類似的行為，甚至會在打鬥後慰問落敗者，擁抱對方，拍拍對方的背部，或是為對方理毛。

很多非靈長類物種也會對彼此展現同情。藉由對其他成員的需求表示關切，以及加強個體之間的連結，牠們得以維繫並穩固整個社群。例如，一群抹香鯨中，如果有一頭受傷了，其餘成員就會圍在牠身邊。偽虎鯨（false killer whale）會陪伴在重傷同伴的身邊好幾天，直到傷者死去，牠們才會離開。大部分動物對自己群體內死去的成員只會表現出短暫的關心，但大象則會有類似哀悼的行為：牠們對死去大象的頭骨、象牙和骨頭表現得特別在意，即使牠們的同伴已經死去很長一段時間。曾經有人看過大象用腳輕輕地前後滾動象牙碎塊，也會用象鼻把象牙捲起來，然後帶走。

嬉戲則是另一種與家庭和社區建立連結的方式。例如，野生的類人猿會透過嬉戲來強化社會連結性，或是當有新個體加入牠們時，也會以嬉戲來緩和過渡期。跟人類一樣，紅毛猩猩、大猩猩和黑猩猩在被搔癢時，也會大笑；牠們也會透過笑容和聲音來開玩笑或表達幽默。

親生命性：重拾我們與演化的連結

回首人類大部分歷史，我們都活在自然的網絡裡，倚賴它而生，順著景觀，依著季節，在大地上恬淡生活，大地則回報人類以豐饒。

從今日非洲動植物的豐富與多樣性，我們可以推斷在人類遠祖的生存環境裡，生物一定非常多樣（後來發現的化石也證實了這一點），它們與人類共享世界，不僅是我們的基因親戚、我們的糧食，也是我們的伴侶，與我們一起徜徉於清澈夜空下，用吼聲來宣示牠們的存在。直到今日，採集狩獵社會依然以尊敬與同情的態度對待獵物，非洲喀拉哈利（Kalahari）沙漠地區的孔族（Kung）獵人必須齋戒禁食，才有資格參與打獵大事。打到獵物後，他們會先感謝動物施捨身體供給人類生存，然後才將動物的屍體抬回部落，舉行正式的儀式後分食。孔族人認為，食物是其他生物犧牲生命賜給人類的禮物，必須以正式的儀式對待之。伊奴特（Inuit，即愛斯基摩人）族的伊瓦拉瓦特約克（Ivaluardjuk）說：

> 生命最大的危機來自人類吃的全部是「靈魂」，所有我們獵殺來啖食的生物、撲殺來製衣禦寒的生物，都和我們一樣擁有靈魂。靈魂不會隨肉體灰滅，必須善加撫慰，才能防止它們報復人類奪走它們的生命。

從演化過程來看，人類可能是在漫長的時間裡，發展出一種深植於基因、渴望其他物種相伴的需求。威爾森創造了一個新詞「親生命性」（biophilia；在希臘文裡，bio 指「生命」，而 philia 則是「愛」，兩個字合在一起即為「對生命的愛」）來形容這種需求，意指「專注於生命與生命互動進程的先天傾向」，會產生「人與其他物種的情感連結，這種多樣化的情感反應交織為象徵，而成為文化的一部分。」

所有文化裡的詩人、長者與哲學家都有「民胞物與」的精神，對世界萬物抱著兄弟愛、姊妹愛與同情，關心它們的利益，這樣的精神只能稱之為「愛」。它的源頭是「同胞愛」，知道我們和其他生物一樣，都是大地之子，大家全是一家人。

> 太陽、風雨、夏天、冬天——大自然的純潔與恩惠無法描繪，
> 永遠賜給我們健康與歡愉，
> 難道我不應與大地知性對話？難道我不是綠葉、沃土的一部分？
>
> ——亨利．梭羅（Henry David Thoreau），《湖濱散記》（*Walden*）

在都市環境裡，阻饒了我們與生俱來、渴望與其他物種作伴的需求，威爾森口中的「親生命性」被局限在種植花草、豢養寵物與參觀動物園。威爾森說，參觀動物園的人數遠超過各式運動人口的總和，這絕不是個意外。「親生命性」的吸引力是不可抗拒的，即使只是一間可以看到窗外風景的房間，都會讓人覺得心情極為不同。例如，在密西根州南部一座州立監獄裡，住在附有窗戶、且窗戶面對農地和森林的牢房裡的囚犯，他們就醫的次數，比牢房面對監獄中庭的囚犯少

了百分之二十四。

和其他生物進行有意義的互動，可以幫助我們恢復健康。在一項研究中，研究人員追蹤七十一位剛開始養寵物的飼主，並且拿他們和沒養寵物的人作比較。在一個月之內，飼養寵物的人出現健康問題的次數大為減少。很多醫療計畫都會透過寵物，特別是狗，提供醫院、療養院、學校和社區中心的病人慰藉和陪伴。

我們發現，園藝也具有療癒的功效。園藝療法可以增進心理健康，因此在學校、療養院、醫院、監獄等場所中，園藝成為醫療過程不可或缺的一部分。作家奧利佛．薩克斯（Oliver Sacks）回憶起，在一次腿部重傷後，花園在他個人的醫療過程中扮演了很重要的角色。當時，他在一間完全看不到外面風景的房間裡住了將近一個月，終於有一天，他被帶到一處花園：

這太令人高興了！能夠來到戶外……

這是一種單純又強烈的喜悅，是一種恩典。

我感受到陽光灑落在我臉上，風在耳邊吹拂；

我聽到了鳥叫聲，看到、觸碰並撥弄生機盎然的植物。

經歷過可怕的隔離和疏遠後，

我終於重建和大自然之間某種根本的連繫與溝通。

當我被推進花園時，某一部分的我彷如重獲新生。

——奧利佛．薩克斯，《立足點》（*A Leg to Stand On*）

很明顯的，這些例子全都顯示出，和有生命的東西互動會帶來截然不同的結果。但同樣重要的是，我們也必須和荒野保持接觸。荒野經驗並不完全僅限於冒險旅行和極限運動，有時候，在住家附近的公園裡簡單走走，或是在河岸邊休息一下，就足以讓人稍喘一口氣，恢復體力，並與大自然產生連繫。例如，我曾經參加癌末病患的禪修，對他們來說，化療、放射性治療和手術等治療過程就好像乘坐雲宵飛車，在希望和失望之間大幅起落。然而，他們證實了大自然的療效和撫慰效果，並且告訴我，由於帶病在身，才讓他們第一次覺得自己「真正活著」。他們也強調「與自然為伍」的重要，無論是在森林裡漫遊、在海灘上散步，或是到農場或小木屋度假。

> 事實是我們從未征服世界，也不了解它，只是自認為可以控制世界。我們甚至不明白自己為什麼要與其他生物互動，為何在許多方面都深深需要它們。
>
> ——威爾森，《親生命性》（*Biophilia*）

我們可以留意小孩看到黃蜂與蝴蝶的反應。小嬰兒著迷於昆蟲的動作、色彩，經常會伸出手來碰觸牠們，他們不懂得畏懼、噁心，只覺得昆蟲很神奇。上了幼稚園後，自然的魔幻魅力被打破，這時小孩看到甲蟲與蒼蠅便覺得憎厭、退縮與畏懼。我們教導小孩害怕自然，只會增加人類的疏離感，無法滿足與生俱來的親生命性需求。我們殘害了人與萬物的連結，損傷了民胞物與的愛。遺憾的是，人類只有在面臨重大危機時，譬如精神崩潰、寂寞與死亡，才會想要奔回自然的家，尋求療傷止痛的慰藉。

親生命性這個概念提供了一個新的架構，讓我們得以檢驗人類的行為，思索演化的機制。它是一個全新的「敘述」、「故事」，將我們重新納入活生生的世界，回歸遠離已久的家。許多研究支持威爾森的「親生命性」假說，建築學教授羅傑・游禮曲（Roger S. Ulrich）便指出：

> 超過一百個調查研究顯示：人們到野外或都市裡的自然休憩區遊玩，最大好處是減輕壓力。

科學研究也證實，人類的確強烈渴望與自然連結。因此科學家建議：

> 人類對自然的依存愈低，他的生存便愈貧乏與卑微……，多數人都在尋求一種和諧與充實的生活，這完全仰賴我們與自然的緊密關係。

愛能塑造人，因為施者與受者同樣受益。父母呵護小孩，讓小孩覺得自己值得疼愛，小孩就會發展出愛人的力量。親生命性也有同樣的效果，威爾森說：

> 我們對其他物種了解得愈多，我們愈樂於生而為人，愈能尊敬自己……。人類自認高於其他物種，這不會帶來人性的提升，唯有充分認識世界萬物，我們才能徹底了解生命，從而獲得提升。

心理學與生態學的結合

一般來說，心理學家仿效了科學上的化約論，僅專注於個體的心理狀態，而忽視了個人所存在的環境。化約論主要的重點在於將大自然切割為不同的部分，並讓每個部分獨立出來，加以控制。這一直是一種有力的認識途徑，讓我們得以一窺自然裡每個小區塊獨有的特質與行為模式。然而，當我們只把眼光聚焦在部分，便會失去看清整體脈絡、節奏、樣式和週期的可能性。這種認知方式顯然過於局限了。當然，人與人之間的關係是心理分析最重要的部分，但我們周遭的其他生物，以及我們生活、工作和玩樂在其中的化學或物理環境，也會對我們產生重大影響。長久以來，我們一直是以管窺天，未曾擴展我們的視野，而生態心理學正是將環境裡影響我們身心健康的因素全面納入考量。當我們忘了人類深植於自然世界，也就忘了我們的所作所為會報應回自身。「生態心理學」（ecopsychology）試圖讓人類重返自然的家，治療現代人放逐都市後的傷痛。生態心理學者認為，人類之所以傷害自己、傷害環境，都是因為遠離了自然。人類不應接受現狀，勉強適應現存社會秩序，而是應該強力挑戰現存規範，重新將人與萬物的關係納入考慮，如此方能尋回真正的心理健康。安妮塔・布洛絲（Anita Barrows）說：

> 唯有在西方思惟裡，「皮膚」才是定義人我之分的界限，「我」活在皮膚裡，皮膚之外的是他人、他物。根據這個定義，所謂的人我界線，也不過是一層薄薄、可滲透的膜，它只是勾勒了我的形體存在，並不能將我與生存環境分開。

如果我們一直認為自己與環境是二分的，就不會對自己的作為戒懼謹慎，也不會驚覺人類已走上自殺之途。如果我們不把自己視為自然界的一份子，反而繼續和自然疏離，可能會感覺更加孤獨，缺乏意義、目的與歸屬感；如果我們不接觸自然，會逐漸變得無知而冷漠。舉例來說，我們的鼻子與眼睛都告訴我們，都市的空氣不再是物理學上所界定的無色、無味、無形的氣體，但我們仍未發覺空氣污染與激增的小兒氣喘有關。

現代都市的建構方式加深了人與自然的分裂。工業國家絕大部分的人口以及開發中國家激增的人口全都居住在都市裡，任由都市計畫專家、建築師與工程師決定居處環境。在現代人居住的都市裡，科學與科技強化了人類的統御幻象，主導了我們的世界觀。城市生活是現今思惟方式的放大，這種思惟方式奠基於機械與科技模型，強調標準化、簡單、線形、可預期性、效率與生產力。一如狄洛里亞（Vine Deloria）所說的，這種思惟方式正是人類生活環境的鏡像：

> 野地變成城市街道、地下鐵、高樓大廈與工廠，都市人以人造世界取代了真實世界。我們活在人造宇宙裡，不再注意天象、動物叫聲、四季變化所傳達的警訊，取而代之的是交通號誌與警車、救護車的警笛，都市人對自然世界完全沒有概念。

一個人的成長經驗塑造了他對環境的看法，左右他對事物優先順序的判斷。瀝青、水泥、玻璃搭建的人造棲息地，加深了我們的錯誤信念，使我們誤以為超脫於自然之外，高高在上，免疫於野外生活的不確定性與不可預期。只要看看僅存的原住民如何依照祖先傳統過活，便知道我們的生活與價值觀改變了多少，套句保羅・薛柏（Paul Shephard）的話：

原住民的生活方式，反映出人類在自然淘汰壓力下的個體發生史（ontogeny）。它催生了合作與領導、追求心靈成長、研究自然的神祕美麗，在其中尋找生命意義的線索。在這樣的社會，生活裡都充滿性靈的意涵，成員們的重要生命階段都會舉行儀式，讓所有人參與。

對薛柏而言，母子連繫仍是影響人格成長的最大因素，其次是環境的力量。薛柏認為，人在某個特定的幼年階段如果無法接觸自然，就無法觸發與自然世界的情感連繫，長大後將無法正確對待自然，也無力對抗物慾橫流、虛無主義與其他破壞生態的想法，最後：

隨意製造廢物、沉迷於無價值的事物、沉迷於無價值的事物、殘殺敵人、貪求新鮮商品、鄙視老年、否定人類的自然史、捏造假傳統、陷溺於美國史的輝煌假象。這些都是病徵，揭露了一個藉由科技滿足統治欲的破碎社會，個別成員的身心失諧與混亂，已經擴大成整體社會的夢魘！

顯然，我們需要改變方向，全面並深層體認我們和自然——確實不可分離的——緊密連結。在一九九〇年哈佛大學的一次心理學會議上，與會人士指出人類必須與自然更緊密的連結，才能改變人類的前途：「如果人能將自己拓展為自然的一部分，就會知道破壞世界的行為等於自我毀滅。」

想要讓地球和我們自己恢復健康，我們必須遠離生態心理學家莎拉・康恩（Sarah Conn）所說的「病態個人主義」（pathological individualism）。她解釋說，畢竟「我們不是住在地球上，我們是住在它裡面。」我們必須開始把自己看成是環境的一部分，而不是跟環境分開來的。我們的身份超越我們的血肉之軀、行動和思想，而我們的身份包括我們所處的自然世界：我們如何在其中活動、如何和它互動，以及它如何維繫我們的生存。如果我們和地球以及其他人之間的那份歸屬感的連結不存在，那我們必須把它們建立起來，重新將人與大自然連繫起來，如此兩者才能雙雙恢復健康。

愛使我們具有人性

物質的基本特性之一是相互吸引，它也是愛的基礎。對人類來說，愛始自母子間的連繫，驅動人性成長，賦予我們健康的身心。愛與同情是社會生活的基礎，唯有被愛，人才擁有釋放愛與同情的力量。愛也跨越物種界限，因為我們天生渴欲接近其他物種。人類如果要建構永續社會，便要讓社會成員有體驗愛、家庭庇護與親近其他物種的機會。

Chapter 8

性靈詩篇

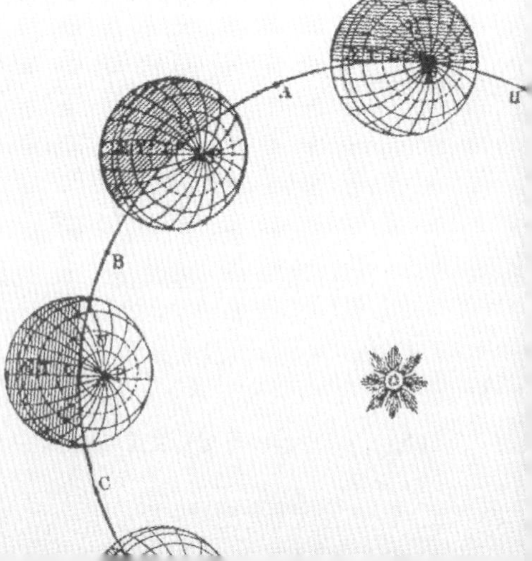

靈魂擊掌長吟，愈來愈高聲，
歌詠肉身衣裳的絲絲襤褸。

——葉慈（W.B. Yeats），〈航向拜占庭〉
（Sailing to Byzantium）

SACRED MATTER

人類追求幸福，滿足不可或缺的基本生理需求只是第一步。如果缺乏愛與同伴，獨立於社群之外，一生的發展可能遭受嚴重甚至致命的創傷。除此之外，追求健康的身心與幸福，另外一項需求也不能匱乏，它是人生重要面向，卻因為太神祕而常遭到忽略或否定；一如人需要空氣、水、愛與同伴，我們也需要性靈的連繫，方能找到自己的歸屬感。

人類的故事述說人來自何處、為何在此。許多創世故事一開始都提到：太初有水，接著誕生了天空、火與大地，最後才有了生命。人類起源故事不是訴說人類自大地子宮爬出，就是用黏土和水做成，要不然就是用樹枝雕成、用種子與灰合成，甚至從宇宙蛋孵化而出。不管哪一種敘述，組成人類的神聖成份就是構成大地的元素組合。人乃大地之子，我們呼吸、啜飲、啖食的一切東西都來自大地。人類起源故事如是說，科學發現亦證明如此！

根據人類的起源神話，造物主創造人類有多重目的，祂要我們像萬物一樣茁壯繁育，要我們歡欣讚美祂，照護祂的神奇造物，甚至只是要讓我們擁有語言能力。美國賀皮族（Hopi）的蜘蛛女（spider woman）神話說，叟土庫南（Sotuknang）大神命令蜘蛛女創造人類，蜘蛛女說：「您命令我造人，我將他們製造得扎實完整，塗上合適的顏色。他們有了生命，能夠行動，但是不會說話。我請求您賜予他們言語的能力、繁殖的力量與智慧，以便他們能夠享受生命，詠讚造物大神。」

創世故事塑造或再造了人類所處的世界，提出人類生存的規範。毫不令人訝異地，創世故事雖有地域差異，卻都被當地人民視為最神聖的神話，是一切之始。神話的功用之一是幫助人類化解衝突、矛盾，勾勒一個和諧的世界。神話創造意義，讓群體緊密結合，表達完整的信仰體系。

即使在充滿懷疑主義的歐美社會，我們也對一些神話深信不疑！

創世神話述說人類的起源，也描繪人類犯了大錯，被逐出樂園，遠離真正的家。《聖經》〈創世記〉說，第一個男人與第一個女人偷吃了「有辨別善惡知識之樹」的果實，誤以為可以變成神，而被逐出了伊甸園和諧世界。普羅米修斯偷取了唯有天神才能享用的火，送給了人類，人類因而受到嚴懲。許多非洲神話都有如下共同主題：「所有的動物都在觀察人類在幹什麼。人類創造了火，把兩根木棍放在一起，用特殊的方法摩擦，便產生了火，但是火焚燒了草叢，吞噬了森林，動物都倉皇逃命。」莫三鼻克北部的躍族（Yao）有一個神話，訴說人類取得天火，「戮殺所有和平的動物」，這樣的惡行連天神都受不了，遂自地球消失。

多數信仰系統都有這類描繪人類違逆天神、欺騙天神、妄想成為天神、嘲弄天意的神話，顯示人類與其他物種不同，悖離了上天的意旨，破壞了世界的和諧。描述人類墮落的故事普現於多數文化，顯示問題出在人類本身，而非文化。我們活在一個誤入歧途、衝突悲劇不斷的世界裡，備感孤離與迷惑，人類的起源神話點出了我們的病源。

我們為何與其他生物大不相同？或許是因為我們逆天而行、逞強好辯、有貪婪野心，更或許是因為我們擁有意識。意識與其創造物——文化，是人類適應環境的兩大工具。巨大的頭腦讓人類可以分辨模式、重複、相似性與差異性，由此，我們從過去的經驗裡培養出預想的能力，可以計畫行動。人類可以自經驗中學習，當我們的孩子成長到我們現在的年紀時，他們的知識會超越我們。經驗的累積讓我們在面對威脅時，可以迅速做出反應，或者果斷地改變生活方式，讓人類的改變速度遠超過演化的容許極限！

早上跟著你邁大步的影兒，
黃昏時起身迎向你的影兒，
我要向你展現一坏黃土裡的恐懼。

——艾略特（T.S.Eliot），《荒原》（*The Waste Land*）

在每個清醒時刻裡，會有各種不同的感官刺激不斷轟炸我們，而在意識的協助下，這些刺激對我們產生了意義。例如，如果沒有意識，言語就只是一種物理現象，一種由能量波創造出來的聲音。然而，透過這些聲音，我們直覺地了解其中所要表達的情緒和關係。聲音會助長自我意識：我們只要張開嘴巴，聲音就會出現。聲音也許只是物理現象，但我們透過意識了解並解釋這些聲音的同時，也等於讓這些現象以及我們的生活與個人產生連結。

有了意識，我們就能感知到環境與我們之間存在著某種關係。溫暖的太陽令你感到高興，你看到了鮮黃色的罌粟花、聞到了烤焦的吐司麵包，也可以感覺到疼痛。然而，這些經驗都是主觀的，而個人在認知上的差異，正是意識之所以讓人難以掌握的原因。每個人看到藍色時，所看到的「質」是一樣的嗎？他們的內心想法都一樣嗎？喜悅和痛苦對他們來說，是什麼樣的感受？有了意識，我們就可以理解別人的內心想法。而這樣的理解，相對的，將會引發更多的抽象感受，像是同情、罪惡感和嫉妒。

由於意識具有抽象和主觀的特性，關於意識的研究一度被排擠在科學邊緣。但現在，它的聲勢則開始成長，神經科學家、心理學家和哲學家紛紛試著了解意識是如何運作的。誠如哲學家大衛・查莫斯（David Chalmers）說的：「對於意識經驗，我們其實幾近一無知，但想要去加以解釋，卻一點也不難。」擔任澳洲國立大學（Australian National University）意識學中心（Centre for Consciousness）主任的查莫斯斷定，在研究意識時，會碰上各種不同的問題，有些問題比較容易，像是我們身體內部的物理過程是如何引發意識進行認知（基本上，這裡指的是客觀性質，也就是可經由因果法則推斷出來的東西）；另外，也有比較困難的問題，像是我們的思想、感知和情緒的基本特質。

我們腦內有什麼物理過程會引發這些主觀經驗？這就是心智真正神祕之處。我們腦中的化學與電子變化如何轉變成我們的思想、情緒和行為？也許我們永遠都不會知道這些問題的答案，例如查莫斯就認為，意識或許就像空間、時間和質量，也就是我們宇宙的物理實在。

開始了解自己的意識之後，我們就可以把這樣的理解加以延伸，用來解答其他的問題，像是人類從什麼時候開始擁有意識？或是，除了人類，其他動物是否也具有意識？有些研究顯示，人類以外的動物似乎也具有意識，或者至少擁有自我意識（self-awareness）的能力，也就是能認知到自身的存在。測試動物是否具有自我意識的能力，最常見的方法就是讓牠們照鏡子，並觀察牠們的反應：牠們是否能認出鏡中的自己，或是以為自己看到了一隻陌生的動物？例如黑猩猩往鏡子裡看時，會把額頭上的顏料擦掉，這表示牠知道那個污點在自己的額頭上，而不是在鏡子裡那頭黑猩猩的頭上。除了黑猩猩擁有這種自我意識的能力（但牠們不會一下子就認出自己來），紅毛猩猩、甚至海豚也擁有同樣的能力。那麼，自我認知（self-recognition）又是什麼意思呢？在有了自我概念，並且知道自身的經驗會如何影響我們之後，我們就可以使用這項知識來推斷他人的心理狀態。因此，我們得知，我們可以公正無私，也可以殘酷無情；我們雖富有同情心，卻也自私自利。藉由意識，我們在人類社群中建立起自己的一席之地。

意識為我們的生活帶來了不同層次的主觀性質，不過，意識也有它的缺點，當人類意識到時間的存在、人類的起源與宿命後，便知道人注定會死亡。這個意識如影隨形，不斷提醒意識的中心主角：可貴的我、可貴的自我、可貴的我自己，總有一天會腐朽消失。

當我記起，我終須離開美麗花朵與神聖歌曲，就忍不住放聲哭喊，萬分痛苦。
但且讓我們歡欣享受片刻，高聲歌唱，因為我們終究要殞滅於寄居的塵世。
當我的朋友青春不再，遠離塵世，無法再生時，他們知道我是多麼痛苦與憤怒。
因為昔日的相處是那麼短暫，往後他們不再陪伴我，
我也不能愉悅他們，天人永隔，不再相識。
我的靈魂將棲息何處？哪裡是我的家？我的房子在何方？我在世間多麼痛苦！
讓我們拆開珠寶，將藍花與黃花串在一起，送給我們的孩子。
讓我的靈魂披上各式花朵，迷醉於它們的美好，因為不久後，我將哭泣地離開大地之母。

——阿茲塔克輓歌，摘自阿斯妥夫（M. Astrov）編輯之《美洲印第安詩文》（*American Indian Prose and Poetry*）

人類知道有些死亡是暫時的。地球繞著太陽運轉，四季跟著更迭，人類在其中領悟「再生」

之前是「死亡」。或許創世神話中的伊甸園就是人類祖先崛起的熱帶區域，在那裡即使是冬天，太陽依舊升起，空氣永遠濕熱，樹上四季果實不斷。人類從熱帶輻射播遷到溫帶區域，甚至更冷的地方後，目睹了樹葉枯萎凋零，經歷了冬天徹骨酷寒，但是人類知道只要舉行適當的儀式與犧牲，冬天過後，春天就會來臨！

我們也目睹年老之後的衰亡，看到小孩夭折，經歷失去親人的痛苦。人類生死循環和自然更迭不同，我們的死亡是永遠的、不可逆轉的，誠如詩人雪萊在輓歌〈神啊〉（Adonais）喟歎：「哦，哀傷的我！冬天來了又走，歲月流轉，哀傷總是再回頭。」自然界裡，時間是循環、重複累積的，人類的生命卻是線形的。自然的不斷重複與人類的必死宿命有著巨大衝突，人類因而追求永恆，尋找某種絕對、不變、超脫時間控制、最終的本我、靈魂與靈性。人如果缺少水、空氣、能量、食物等生命要素與同伴，就會死亡，但我們也同樣倚賴「性靈」這個概念。少了靈的支柱，我們注定敗亡，只能眼睜睜看著未來無情地不斷逼近，在時間與變化的洪流中沒頂。歲月與死亡威脅我們的親人、朋友，以及生命中一切美好快樂的事物，我們需要「靈」來撫慰這種傷痛！

「靈」（spirit）是個神祕、有力的字眼，它在英文裡有多重意思，像一張看不見的網，織入存在的每一個層面。「靈」既可以代表人類呼吸的空氣，擴大解釋後，又代表元氣與語言。「靈」也代表創世的力量，它可以行走於水面，它就是神靈——是大神（Great Spirit），也是聖靈（Holy Spirit）、萬有之神（Lord of All）。神靈是易變、無形、具有大能的，有的神靈還永恆不死。神靈可以使人迷醉、興奮，佔據你的身體、糾纏著你的靈魂，或者只是顯靈。最重要的，神靈給予世界生命，讓它變得神聖，所謂「靈性的」（spirituality），即是指我們能夠理解、體會神聖、聖潔與神妙。

現代世界裡，我們視物質與性靈為相反事物，遠古神話卻透露出另一種想法。神話描繪的世界到處有神靈，物質與性靈不過是一體的兩面，兩者合一構成「存在」。所有文化都相信超自然力量、幽冥世界與神靈，有的文化還深信現實世界裡，還有一個泛靈佔據、活生生的世界。人類的大腦發展讓我們知道有生就有死，上述信仰卻重建了我們的歸屬感，提供重建宇宙和諧的儀式與戒律，讓我們重回並頌讚那個恆久世界。創造神話的能力讓我們得以在混亂中找到和諧，創造存在的意義，它是人類「意識」的解毒劑，死亡的一帖解藥！

神靈世界

在傳統文化的世界觀裡，樣樣東西都有生命，高山、森林、河流、湖泊、強風與太陽都有專門掌管它們的神，每一棵樹、石頭和動物也都有靈魂，死者的魂魄與嬰靈都具有強大的能力，永遠存在，是時間無盡循環的一部分。這類文化認為人類和自然一樣，都會歷經出生、死亡與再生循環，所有的死亡（包括人類的）都只是循環的一個階段而已。這些文化認為地球是活的，人類不過是它整體創造的一部分，人類與其用「意識」分別自我與萬物，不如將地球視為一個「有意識」的世界，在這個世界裡，萬物互相運作影響，創造過程永不停息，人不過是其中一部分而已！擁有這種世界觀的文化會有撫靈、矯正錯誤、讓世界恢復正常運作的諸種儀式，人類的責任就是捍衛並進行這些儀式（或許因為人類是造成世界混亂的罪魁禍首吧）。

夏威夷的傳統世界觀就是典型的例子。根據麥克・杜德利（Michael Koni Dudley）的觀察：「夏威夷人認為世界和人一樣都是活的，自然是有意識、有知覺、能行動的，它可以和人類互動……。他們認為先於人類而存在的陸地、天空、海洋與其他自然物種，都是人類的祖先，比我們早一步出現在演化路上，它們照顧保護人類，人類也應回報以同樣的愛。」

澳洲原住民則相信世界永遠處於「創造中」，他們的始祖在「夢世紀」（Dream Time）時用歌將世界唱出來，讓世界成形，這些歌曲代代相傳。生態學者大衛・金斯利（David Kingsley）說：「現代澳洲原住民負有重任，他們必須記住這些歌曲，或者唱出這些歌曲，再創始祖所創造的神聖世界。」在澳洲原住民的觀念裡，女人之所以懷孕，是因為她行經神聖之處，居住在那裡的祖靈進入她的身體，她就懷孕了。祖靈在她的肚子裡待到足月落地，進入了凡人世界。金斯利說：「換言之，人就是大地之靈，與大地有著永恆親密的連結。他是大地神靈的輪迴化身，只是暫時以凡人的形象活著。」一個人如想探究自己的「本我」，必須先理解進入母體的祖靈來自哪塊神聖之地。金斯利說：「在澳洲原住民的觀念裡，人不只是肉身父母的子嗣，更是大地的輪迴化身，一種神聖的存在，特屬於某個地方。女人受孕於大地的觀念，更凸顯出他們深信人根植於大地，一旦被連根提離了出生地，就會迷失方向、痛苦，甚至死亡！」

世界上很多宗教都聲稱能夠感應神靈或是超自然力，但到底為什麼要創立宗教呢？有人認為，宗教提供了一種架構，可以用來解釋早期人類觀察到的種種現象，像是太陽的起落與季節的更迭，同時也為我們解惑：是誰或什麼控制了這些現象？更回答了最重要的問題：死後會發生什麼事情？當新的社會試圖解答這些問題時，宗教信仰體系便出現了，每一種宗教各自有其專屬的儀式、領袖、期待、道德規範，以及面對人生重大問題的答案。

宗教曾經是人類進化的優勢之一。宗教讓人們像一個社群聚集在一起，透過分享對世界的想法，宗教猶如提供了膠水，凝聚了社會。有人主張，藉由一個傳遞世界知識的架構，宗教提供了一個利於人類生存的優勢。

我們死了之後，命運將會如何？宗教不僅回答關於死亡的種種問題，也為我們闡釋生命的內容和意義，因為生命是短暫的，並且經常充滿混亂與不安。宗教也能舒緩人們的焦慮情緒和減少他們的恐懼；不管死後的生命是轉世重生或進入天堂，只要能夠事先「知道」死後會如何，就可以給人一些安慰。（今天，我們知道宗教可以傳遞一種「美好因子」。例如有些研究顯示，和沒有宗教信仰的人比起來，有宗教信仰的人比較長壽，也比較健康。）

世界上有幾十種宗教，主流的或是非主流。有趣的是，它們幾乎全都纏繞在同一條軸線上，共享超自然、靈魂、奇蹟或神聖造物的故事，然而，這些關於世界的故事似乎和科學告訴我們的正好相反。神蹟故事裡的角色可以讓海水一分為二，或是穿牆而過；祂們可以住在岩洞或樹林、甚至天堂裡。很奇怪嗎？也許吧。但即使是那些對宇宙物理研究得最透徹的人，也會為這些引人入勝的故事所折服。心理學家保羅·布魯姆（Paul Bloom）認為，這樣的傾向其實來有自，因為我們打從一開始就相信神靈之事。布魯姆指出，我們天生是二元論者（dualist），尤其是年輕時，我們會傾向相信肉體和意識（心靈或靈魂）是截然不同的兩個實體。他接著說明，對很多人來說，他們並不在意這些神靈之事是否和科學解釋產生矛盾，只要他們「覺得沒錯」就行。比方說，有很多人似乎很自然就會談到，人死後靈魂會到哪裡去，甚至包含那些並不特別相信宗教的人。即使我們不相信這種事，卻可以「了解」沒有靈魂的軀殼（即屍體）這種概念，甚至是無需身體也能存在的靈魂（像是天使、神靈、神祇或是上帝這樣的概念，祂們還會傾聽我們的祈禱。）

尤其是小孩子會直覺地就相信超自然，同時也相信肉體和靈魂是截然不同的。例如，在一次研究中，我們讓小孩子聽了一個關於老鼠死去的故事。在後來的受訪過程中，這些小孩子都知道這隻老鼠的身體已經死了，所以牠聽不到聲音，也不能上廁所。但同時有一半以上的小孩子認為，這隻死去的老鼠還是喜歡吃乳酪，也愛著牠的母親。在他們小小的腦袋瓜裡，老鼠的身體和靈魂是分得很清楚的兩種東西：牠的身體也許死了，但牠的靈魂還存在。根據這個例子以及許多其他案例，布魯姆表示，我們自然而然就會有死後靈魂還存在的想法，並非是宗教教導我們的。誠如布魯姆說的：

> 我們所持有的某些特別信念當然也可能是受到宗教的影響，沒有人一出生就知道人類老祖先源自於伊甸園，或是靈魂在受孕那一刻就與身體結合了，更遑論殉教的烈士將獲得幾十位處女提供性服務做為獎賞這種事。這些都是經由學習而得知的，但這些宗教主旨卻不是後天習得的，而是我們心智系統的意外產物，它們是人類的天性之一。

所有宗教都在探索人在自然世界與社會裡的定位，為死亡、混亂等神祕現象提出解釋，利用神話與道德勸說連繫了人與非人世界。最早的現代宗教如印度教、猶太教、基督教與伊斯蘭教頗接近傳統的世界觀，將世界視為一個有生命、完整的個體，誠如中國老子在《道德經》中說的：

「天地不仁，以萬物為芻狗。」

但是過去數百年裡，部分宗教漸漸轉變了，開始支持另一種世界觀，給了人類新的定位。

遠離性靈

當我們不再原始，世界也顯得不神聖了。
我們汲取了神聖果園裡的光明，卻帶它到聖河岸邊與高處，將它熄滅。
我們原本是泛神論者，現在卻是泛無神論者（pan-atheism）！

——安妮．狄拉德（Annie Dillard），《教石頭說話》（*Teaching a Stone to Talk*）

現代西方世界的人驅逐神靈，割斷我們與世界網絡的連繫，不再認為自己與大地、萬物、地球家庭性靈相連；相反的，我們超越了身體，活在自己的腦袋裡，在這個缺乏生氣、沉滯的世界裡，我們只和同類相連。人類過於仰賴心智的結果是創造了驚人的物質文化：城市、高速公路、烤麵包機、果汁機、電腦科技、醫藥科技、迴紋針、來福槍、電視機……。我們發現自己愈來愈孤離、破碎、寂寞、畏懼死亡，還為這種狀態創造了一個名詞：「疏離」。我們是世間的陌生人，不再有歸屬感，又因為割斷了與自然的連繫，便對它為所欲為、巧取豪奪，盡情利用它、肢殘它、破壞它。因為在我們看來，自然是客體，是「它」！我們破壞自然，可能會感到內疚、難過、沮喪，卻無法改變我們的生活習慣。為什麼如此？是因為人類失去了宗教信仰嗎？何者是因？何者又是果?或許這是「現代化」必然的代價，因為我們的社會已脫離了對土地的直接倚賴。

人類之遠離自然，要「歸功」於思想的快速成長，它奠定了人類文明。許多思想家認為早在柏拉圖、亞里斯多德的年代，人類就被逐出伊甸園，開始了無止盡的墮落。因為這兩位哲人將抽象原則世界自經驗世界裡區分開來，也就是將心智與肉體二分，讓人類遠離了寄居的自然，為實驗科學奠定了基礎。

接下來，伽利略確定了自然的語言是數學（這是人類發明的抽象語言），笛卡兒再將之發揚光大，現代世界遂逐漸成形。笛卡兒的名言「我思故我在」創建了人與自然的新神話：人是會思想的動物，也是唯一會思想（只擅長思想）的動物，而世界的構成要素都是可以測量的，可供人類思索剖析。人類所統治的世界是二元的，主體客體、心智肉體、精神物質都是對立的兩面，這種二元觀念是詩人威廉・布萊克（William Blake）所說的「思想的束縛」，它建構也限制了我們觀看世界的眼光！

這不是童話也不是床邊故事——
很久很久以前，我們自然的世界的知識遠比今日少，
卻比較了解它，因為我們緊依著它的節奏生活。
現代人已失去這種了解，割斷了早年與自然的親密連繫。
先祖絕不敢如我們這般自以為是，遠離了四季更迭、洪水、彩虹與新月的世界。
我們不知道自己損失了什麼，也不可能扭轉軌道回到純真時代，

重拾我們與自然的親密關係。太多障礙擋在中間了！

——丹尼爾・史瓦茲（Daniel Swartz），《猶太人、猶太聖文與自然》（*Jews, Jewish Texts and Nature*）

破碎分離的世界觀讓人類覺得身體是心智的枷鎖，皮膚是我們的疆界，皮膚之下是我們用來行走世間的生物體，它被環境包圍，透過身體的孔竅與神經末梢接收味覺、嗅覺及視覺等訊息，幫助我們了解外在世界。將身體視作機器，算是人類史上的新觀念，既然是機器，我們就發明許多新科技來打破它的局限、擴大它的作用、加速它的行動、強化它的力量與靈敏度。我們的文化教導我們：寄居於身體裡的心智就像機械裡的鬼魂。我們深信不移，認為事實就是如此。

我們為哺育世界的母牛擠奶，
一邊擠奶，
一邊在它耳畔低語：「你不是真的。」

——理察・韋布（Richard Wilbur），〈認識論〉（Epistemology）

人既被局限在身體裡，也就無法逃避我們最畏懼的「必死」。雖然現代醫學突飛猛進，卻依然是二元世界觀的產物，無法改變「必死」的命運，卻傲慢地認為可以阻止死亡，而且非阻止死亡不可！對醫學來說，生物限制只是有待克服的挑戰，當醫學可以使重僅一公斤的早產兒存活後，下一個目標就是挑戰○・五公斤。如果外科可以矯正新生兒的先天缺陷，醫學界就會發展胚胎外科技術。醫學界發明剖腹產、荷爾蒙刺激多重排卵、試管嬰兒、胚胎移植等技術，強力介入原本十分私密的人類繁殖過程與早期發展。但是另一方面，老化的過程卻被視為疾病，是器官、組織、基因系統的瓦解，是「人體機械」故障。一旦老年的徵狀被當成「異常」，老化便成為亟需克服的挑戰、一種恥辱，不再是值得尊崇的人生階段。

> 史上頭一遭，我們眼中的景觀不再具有「意義」，只是冷冰的「事實」！文藝復興以後的人類和他動物一樣，眼中的世界異質多元，到處都是神聖之地。只有文藝復興之後的人才會舉目眺望，覺得世界到處都一樣，統統只是供人類運用轉化的物質而已。人類認為環境是自我的局限，毫不惋惜地抹去環境中深具價值的點滴痕跡，結果是創造了無限膨脹的人類，留下了荒涼破敗的環境。
>
> ——尼爾・艾佛登（Neil Evernden），《天生孤離人》（*The Natural Alien*）

最後機器報廢，身體衰落終至死亡，寄居於機械裡「鬼魂」也會消失。這樣的結局並非源自人之「必死」，而是人類思想使然。當人類趨於孤離，只和同類接觸，活在一個只為個人而建構的社群裡，又哪能妄想恆久的連繫呢？當我們與自然割離後，感到孤獨內疚，充滿了摧毀性。我們的心智創造了分離與孤立，卻妄想在這樣的心智架構裡，思索出一套挽救環境的方法。我們「挽救自然」是因為它具有經濟價值，可能含有治療人類疾病的療藥，挽救它符合「自然正義」！這些論點都是笛卡兒式思惟，認為人的心智可以掌控、觀察、分析、計量自然世界。更重要的，這些只是「論點」，而凡是爭論，就必然有贏家也有輸家！

客觀知識是唯一的真理來源！這種想法不僅冰冷嚴苛，無法為存在提出任何解釋，也排除了所有性靈層面的可能性，它無法消除人類的焦慮，反而加深了它！輕輕的一揮，它就宣稱掃除了屹立數萬年、已成為人類天性的古老傳統，結束了人類與自然締結的萬物有靈之聖約！人類失去了與自然的寶貴連繫，徒留焦慮，在冰冷孤獨的宇宙裡苦苦追尋。

——雅克・莫諾（Jacques Modond），《偶然與必然》（*Chance and Necessity*）

所謂科學方法，是西方人觀察與了解世界的方法。我們分析生命的起始與殞落，不帶一絲困惑，也不受個人經驗影響。現代科學研究探索自然世界的各部分，認為將部分重組，就會出現一個可理解、理性、抽象的系統，包羅一切法則。換言之，人類擁抱危險的意識，自我放逐，抽象解釋世界的意義與價值，排斥原本可以為自然療傷止痛的儀式與犧牲！

不過，許多人已經開始反省人類殖民地球、剝削大地的作為，重新尋求與大地之靈和解，開始嘗試水晶療法、測觀星象、崇拜異教、追隨古老宗教的復興運動、朝聖、齊聚聖地等。現代人對這些「超自然」、「靈異」現象的追尋，顯示不少人極為渴望找回完整的自我，追尋存在的目的。就這個角度而言，神學家與生態學者頗有共通之處，他們不再幫助人類追求永生，而是協助我們摸索「活在當下」的神聖，找到自己在神聖創造裡的定位，重返真正的家！

重返伊甸園

> 萬物中，唯有人類已經發展到不知道自己為何存在，忘記了一切有關身體、感官與夢想的神聖知識。
>
> ——藍姆・狄爾（Lame Deer），摘自賴文（D.M.Levin）所著《存在的身體記憶》（*The Body's Recollection of Beings*）

> 數百萬年的遠祖經驗，儲存在生物體的本能反應與身體功能裡，它就是活生生的知識，可以說全世界的生物都具有這種知識！
>
> ——艾瑞克・紐曼（Erich Neumann），《意識的起源與歷史》（*The Origins and History of Consciouseness*）

我們如何才能重返世界，重建它的靈性，讚美它的神聖？心理學家賴文認為，人必須先重返肉體，找回被科技切斷的身體智慧。所有的人類故事都企圖在分裂與混亂中，編織生命的意義與秩序，唯獨西方世界的故事完全排除人類經驗也可以是真理來源。我們強調唯有抽象原則才能建構「客觀實體」，它遠比人類每日所經驗的雜亂感官世界要真實得多。

但人類是感官世界的一部分，它滲透我們，我們也不斷創造與再造它。只要想一想，我們便明瞭世界其實「主觀」得很。譬如你在仲夏時漫步花園，看著花朵樹木迎風搖曳、變化萬千，熟知每一株植物的歷史——在哪兒買的？誰將它送來花園？園裡何處種了相同的植物？長得茂盛嗎？換言之，在你的意識裡，每株植物都與你關係深切，它就像一塊跨越時間與空間的聖地，富含意義。花壇亦復如是，有的繁花似錦，有的需要剪枝除草，有的則訴說著它和花園其他部分的關係。樹葉顏色改變是在訴說土壤的化學成分改變了嗎？還是感染了黴菌、長了真菌？牡丹花苞上總是爬滿了螞蟻，牠們如何影響花朵？一個花園是眾多生物互動的場所，園丁、蝴蝶、鳥兒、昆蟲、土壤微生物共同創造維繫了它的意義、目的與美麗。它是「客觀實體」嗎？但它是真實的嗎？當然是！

> 如果說人的意識是依附肉體運作，那麼肉體與意識是共延的，它包含我們所知覺的一切，延伸直達天際。
>
> ——亨利・柏格森（Henri Bergson），摘自賴文所著《存在的身體記憶》

如果我們願意重視感官經驗，重新掌握性靈，便會發現「意識」不是困在肉身裡，反而是觸鬚，讓我們得以與環境展開對話。生態學者約瑟夫・米克（Joseph Meeker）說：「人類的對話應該是持續不斷、開放的，親密連結了我們的身體、心靈與所有滲透生命的自然過程！」它和所有對話形式一樣，都需要專注力。米克說：

想要學會對話，我們應該先傾聽身體及地球其他生物所散發的訊息。最棒的對談依然是亙古「大哉問」的變奏：「我在這裡，你在哪裡？」

一沙一世界
一花一天堂
雙手握無限
剎那化永恆

——布萊克，〈無邪之兆〉（Auguries of Innocence）

我們渴望躲過死亡，以排斥必死的肉身，也排斥身體感官與世界的溝通，轉而追尋抽象、永恆的知識。但是神話與科學都告訴我們：我們所處的世界不朽，構成我們的物質也不朽！誠如前面章節所言，形體並非不朽，只是物質不滅，物質存在的形態往往是短暫的，它會變形、穿越時空，從一種形態變成另一種形態，但永遠不會消失！「不朽」有許多表現形態，人類熟知的是基因遺傳與社會文化所形成的不朽，譬如小孫子的頭形遺傳自祖父、女人的婀娜體態千古不變、揮手是告別之意、咧起嘴角則是微笑。但是構成人體的物質來自我們生存的地球，在我們死後又回歸地球，周而復始，達成它的不朽！托瑪斯・哈代（Thomas Hardy, 1840～1928，英國最傑出的鄉土小說家、詩人）在〈變形〉（Transformations）中描繪得好：

這株紫杉的一部分[1]
屬於我祖父認識的一個人，
而今靜躺在樹根下；
這根樹枝可能是他的太太，
一度氣色紅潤的生命
現在變成了綠色嫩芽……
所以，他們不是深埋地底，
而是變成茂盛的血管與神經
支撐了紫杉成長，
也重新感受到
生前曾經灌溉他們的
陽光、雨水與活力！

詩中這對夫婦雖已辭世，卻不是死掉的物質，而是轉化成活生生的神經、血管、感官與能量，成為地球的意識與存在的一部分。他們的形體再生，活化了我們的周遭世界，他們的靈魂重返了神聖伊甸園。

訃文，一九九四年五月八日

卡爾．鈴木於五月八日平靜過世，享年八十五，骨灰將送至瓜卓島散布於風中。

卡爾．鈴木生前遵循日本崇拜自然的傳統，自其中得到力量，

他去世前不久曾說：「我將重返我來的大自然，我將成為魚、樹、鳥的一部分，

這就是我的輪迴轉世。我的一生豐富充實，沒有遺憾。

我將長存於你們的記憶，在子孫身上獲得永生！」

生態觀

今日我們看到新思惟——生態學——的誕生，它將世界視為關係網絡，而非分離的各部分。一般人想到樹，總是認為它就是矗立於地面的綠色或棕色之物。如果我們把埋在地底的根算進去，它就構成了「一棵樹」嗎？吹拂樹身的風呢？支持樹木成長的土壤呢？肥沃樹木的昆蟲呢？幫忙汲取養分的真菌呢？與它共生的一切生命形態呢？樹木的「存在」是指我們肉眼所見的實體，還是各種連結關係所構成的「存在過程」？其實，我們早就知道正確答案，因為樹木模型就算惟妙惟肖，我們還是一眼就可看出它不是真正的樹！真正的樹遠超過文化與科學的定義，生態學家的工作就是收編科學語言，為我們勾勒一個更完整的世界圖像。

❶譯注：紫杉是西洋人經常種在墓地的植物。

一棵樹，比較像是有機力量交互運作的場域與節奏。蒸散作用加速土壤裡的水流往上跑，溶解物質。如果我們用這個角度觀察樹，就會發現樹其實是個力場，吸引水流向它。樹之所以成為「樹」是因為這些力，我們眼中所看到的樹，不過是這些力量的輪廓而已，過分注重存在的「形體」，反而會忽略構成存在的「運動」。

——艾佛登，《天生孤離人》

乍聽之下，樹的新定義怪怪的，但是我們知道「樹」不只是「樹」，就像森林不只是許多樹的集合，人與世界的交集也超越肉體的限制。這樣的新思惟，西方人找不到言語表達，因為它不是我們體悟世界的習慣。簡言之，世界包圍我們，世界製造我們，我們屬於它！

哦！盤根錯節、茂盛生長的栗樹，樹葉、花朵與樹幹，哪個才是你？
哦！隨著音樂搖擺的身體，
哦！流光水亮的雙眼，
我們哪能區分舞者與舞蹈？

——葉慈，〈在學童當中〉（Among School Children）

或許你會說，世界並非一個大花園，如果人類像一片樹葉般與世界互動，又怎麼能發明電梯、疫苗？這個論點也沒有錯！人類的腦袋具有抽象思考與辨識模式的能力，憑著發達的大腦，我們創建了一個史無前例的世界，但是它缺乏一個重要成份，那就是讓我們覺得完整、與自然緊密連繫的靈性。少了它，我們無法蓬勃發展。

自古以來，人類一直相信超自然力量、死後的世界、神靈與我們同在，但是現代文明的故事排除了這些信仰，切斷與性靈的接觸，我們因而否定了生存，否定了舊有價值，陷入極大的痛苦。如果我們願意虛心觀察，就會發現古老的故事、古老的敘述依然存在於我們的身體、周遭環境中，甚至存在於排斥性靈的現代文明裡！

性靈之言

歡躍吧，天空；快樂吧，大地。
呼喊吧，海洋和其中的生物；歡樂吧，田園和其中的產物。
那時候森林中的樹木都要在耶和華面前歡呼，因為上主要來治理普天下。
祂要以公義統治世界，祂要以信實對待萬民。

——《聖經》，〈詩篇〉，九六：一一——一三

人類藉由這首詩篇為大地唱歌，根據人類傳遞下來的故事、歌曲、儀式與詩篇所述，為大地發聲是人類的責任，表達工具則是複誦、節奏、旋律、姿勢、動作與語言，它們帶來和諧感，強

化了我們與萬物的連繫。語言與動作的重複性其實是人類模仿自然生息的不斷循環，為看似隨機紛亂的訊息整理出意義。人生呈一直線，走到底就是死亡，舞蹈與詩歌卻以循環的節拍與時間共存。賴文說：

> 凡人跳躍舞動，是為了向大地致敬，他的舞躍節奏強烈，節拍來自腳下聽不見的跳動。凡人的舞姿精純、動作狂喜，彷若在讚美感謝大地。凡人放棄了「自我」，將這股力量還諸大地，接受了人類必死的事實！

語言是人類的強力稟賦，上帝創造萬物，語言則是人類的造物。賀皮族蜘蛛女向大神要求賜予初人「語言」、「智慧」與「繁殖能力」，同樣的，《聖經》中〈創世記〉的造物主也賜予亞當命名的力量：

> 於是，上帝用地上的塵土造了各種動物與各種飛鳥，把牠們帶到那人面前，讓他命名；他就給所有動物取名，那就是牠們的名字。

為一個東西命名就是創造「身分認定」，名字顯示東西的價值，說明它的功能，賦予它生命，讓它和其他東西有所區別。某個程度而言，我們的名字就是我們，當我們在擁擠的房間裡聽到有人呼喚我們的名字，似乎覺得那幾個字就是我們！語言編織了存在世界，賦予所有的東西意義，但它也是一把雙刃刀，如果我們把森林稱作「木材」、魚兒叫作「資源」、野地叫作「原料」，我們對待它們的態度就會是如此！難怪濫砍森林的人會宣稱：「森林砍伐後，只是暫時變成牧場！」語言有定義的能力，它描繪一個東西是什麼、不是什麼，認定、規格化，甚至限制了它所描繪的東西。人類的腦袋喜愛分類，語言是它的分類工具。反之，詩歌則是綜合與敘述的工具，它總是掙扎地打破疆界，企圖表達、涵括更多的意義，在單一事物中追求普同性。詩是文字的舞蹈，為周遭事物重新命名，創造更多的意義！

我只啜飲來自地底深處的意義，它也是飛鳥、青草與石頭啜飲之物，讓萬物昇華，
昇華成
空氣、水、火、土四大要素。

——謝默斯・希尼（Seamus Heaney），〈最初的話〉（The First Words）

打從詩歌誕生以來，詩人與作曲者便努力打破身心的二分，頌唱他們對世界的感覺，探索永恆的身心合一。它以精粹的字解決意識的矛盾，抓住像空氣一般難以捉摸、也像呼吸一般電光石火的言語，使它化作永恆，讓破碎、必死、充滿渴欲的人類重新找到歸屬感：

我感受到
思想提昇的波濤狂喜，

深邃一體的神聖感受，
它存在於夕陽餘照的光輝、
拱圓海洋、飄動空氣、湛藍天空與人類的心智裡：
一個動作、一個精靈，
驅動懂得思考的生靈
與思想的萬象，
碾過一切萬物。

——威廉・渥茲華斯（William Wordsworth），〈庭滕修道院〉（Tintern Abbey）

當笛卡兒式思惟控制了西方世界，詩人、作家與哲學家遂展開反擊，以他們對自然的體驗做武器，頑抗強調抽象原則的科學。十八世紀末與十九世紀初，英國與歐洲興起了浪漫主義運動，產生了不少傑出的詩歌，卻都被鄙夷為傷感、反理性。事實上，最佳的浪漫主義詩歌深具顛覆精神，勇於對抗當時（甚至是現代）的主流思想。布萊克、席勒（Johann Christoph Friedrich von Schiller）與渥茲華斯等詩人認為知覺經驗的世界至為重要，應當重視它所帶來的洞見與真知。

不論從事哪種形式的藝術創作，藝術家都認為他們的作品類同於自然造工，是世界永不停息創造的一部分。根據歌德所言：「偉大的藝術作品就如同山嶽、河流與平原，是自然的創造！」維多利亞時期的科學家赫胥黎（Thomas Huxley）則說：「自然不是一個機器，而是一首詩！」瑞典畫家克利（Paul Klee）的畫作源出自然造物，他說：「畫畫前，我會先沉浸於宇宙中，與天地萬物建立兄弟之情。」在許多社會裡，藝術具有實用價值，符合生活需要，雕樑畫棟不僅可以撐起屋頂，也是捍衛居處的象徵，祈雨舞、治病儀式與沙畫都是具有實用價值的藝術，讓我們與大地建立連繫。

然而，有些時候，藝術的真正價值反而不受到重視，我們只重視它們的市場價值，譬如梵谷名畫「紫鳶花」究竟落槌售出何種天價、芭蕾舞的門票又是多少錢。小兒的遊戲、玩具兵進行曲、床邊故事與海邊沙堡，這些作品的本身與創造過程都不受到重視，在我們看來，它們只是遊戲，用來打發時間罷了。如果我們用這種想法來觀看生命，便會發現世界不過是「生命的遊戲」，是物質與性靈攜手一起消磨時間。我們都是這場遊戲的參與者，為它發聲，說出它的故事。就因為人類會說話，才能與自然溝通；就因為人類能歌唱，我們才加入了創造的天籟和聲。

以靈性維生

人類的下一步是以生態學為基礎，建立一個新的倫理觀。首先必須解決人類生活的痛苦矛盾，因為我們雖然知道人類是什麼，從何而來，卻毫不珍視這些知識，企圖否定它們，因而感到孤離、恐懼，排斥藉由感官知覺體驗世界，誤信唯有客觀才是真的法門。在人類的眼中，世界就是原料、資源、死掉的物質，等著被製成商品，毫無神聖之處。所以我們砍掉神聖果園，任它荒蕪，一點也不覺得有何嚴重，因為它們不過是「東西」而已。這就像十九世紀時，販奴者宣稱奴只是商品，「缺乏人類的感情」；也像現今人們為了科學研究，不惜犧牲動物的生命一樣！上帝賦予我們力量、讓我們為萬物取名的世界已經變了樣，河川湖泊被殺蟲劑污染，大海裡魚源枯竭，雨林焚燒殆盡，如果我們不願改變態度，將永遠活在這樣的世界裡。

超越經濟價值

諾貝爾獎頒有經濟學獎，表揚傑出的經濟學家，他們計算所有東西的經濟價值，除了勞務與物質商品，他們也計算人際關係、家庭、離婚、小孩、愛與恨的價值。這種現象強化了一種認知：經濟是現代生活最強勢的一面，除了經濟價值外，所有的事物都不具有其他價值。但是世界有許多事物無法以金錢衡量，每個人都有一些無價之物，譬如昔日的情書、曾祖父與老姨媽留下的不值錢紀念品、記滿童年回憶的剪貼簿等等。

房地產經紀人寫了一封信給我，說房市正熱，我應當出脫住家求利，令我重新思索這棟房子、這個家的價值。我的房子位於海邊，可以清楚俯瞰英吉利灣、溫哥華北邊與西邊的山脈，以及溫哥華市中心。對我而言，這棟子的真正價值是超越金錢的，譬如有次朋友前來作客一星期，幫我搭圍籬，也替大門刻了美麗的門把。每當我走過大門，看到門把，就想起這位朋友。又譬如岳父為我栽種我愛吃的覆盆子與蘆筍，採收季節一到，我就想起了岳父。我家的英式花園是他的最大驕傲，每當我漫步花園，就彷彿看見岳父一腳踏在鏟子上，一邊悠閒地抽著菸斗。

女兒則將園內一小塊地變成動物墓地，山茱萸下葬著我們的愛犬派莎，也埋了一隻朝鮮鼠、一隻蠑螈，全是我們在住家附近發現的動物屍體。山茱萸上蓋有一間樹屋，我還清晰記得花了好久時間才蓋好它，孩子們在裡面度過了許多快樂時光。我家的後門攀爬了一株鐵線蓮，母親過世後，骨灰便撒在此處。後來我的姪女去世，我們也將她的骨灰撒在這裡，與她的祖母作伴。現在每當鐵線蓮綻放紫色花朵，失去親人的傷痛就稍得紓解，因為我知道她們與我們同在。

屋子內有一個櫥櫃，是父親親手做給我和塔拉的新婚禮物。搬家時，我們硬將它從公寓上拆了下來，搬到此處，因為它是家父與我年輕時代的共同記憶。屋子裡處處是回憶，提醒著我與妻子共度生日、聖誕節、感恩節的時光。

在房地產市場上，這些東西都不會讓房子增值一毛錢，但是對我們而言，一棟房子之所以是「家」，就在這些無價的東西上，這些記憶與經驗只存在於我們的腦海與心中，豐富了我們的生活，讓生活有了意義。沒有經濟學家可以計算出這些精神價值的價格，它們卻是真實無比，遠比鉅額金錢與任何物品都重要。

我們清楚知道生命中哪些東西最重要：所愛的人與所居住的地方。俗諺說「家乃心之所繫」實是一語中的。我們也知道自己最畏懼什麼：分離、失落、排斥與最終的放逐——死亡。靈性的追求可能是人類適應生態的主要手段，讓我們重新接觸神聖，尋回完整。地球上有這麼多不同的文化、信仰與儀式，這可能是演化的神妙設計，讓人類得以求存。我們不可能重返先民那種全然擁抱生態的世界觀，但是可以詰問自己亙古大哉問：生命的意義是什麼？答案是：生命的意義就是生命本身。我們為何存在？答案是：就是為了存在、歸屬與活在當下！

這個世界作了許多奇妙的工，它讓水循環、培養土壤、生產蘑菇、製造細菌、發明金子、花崗岩、電磁輻射與栗樹。透過它所創造的萬物，地球成為有知覺的生物，而人與大地的對話是互惠、共同創造的。如果我們能明白這點，就知道人類行走於這塊充滿意義的大地，不能不步步為營！

如果我們不是如此執著於
匆忙過日子，
如果我們偷閒片刻、無所作為，
或許，
巨大的沉默將打散
人類因不了解自己及死亡威脅

而產生的哀傷。

——聶魯達（Pablo Neruda），摘自哥特里柏（R.S.Gottlieb）所著《神聖的地球》（*This Sacred Earth*）

Chapter 9

迎接永續的千禧年

請告訴我一個有關河川、山谷、溪流、森林、
濕地、貝類與魚的故事，
這個故事訴說我來自何方、
身在何處，我將扮演何種角色。
請告訴我一個故事，它是屬於我的故事，
訴說有關我的一切，但也屬於所有人。
這個故事將人類社群與生活在河谷裡的
生物結合在一起，
也將藍色穹蒼與星光夜色下的萬物結合起來！

——貝利，《地球之夢》

RESTORING THE BALANCE

人類是演化史的新生物種，新近才出現在地球生命的網絡裡，但人類也是個奇妙的物種，能夠遠眺景觀，在綠意盎然的森林山谷、白雪皚皚的北極高嶺得到心靈提升，也能震懾於星光燦爛的夜空之美，對聖地肅然起敬。人類的腦袋能夠體驗美麗、神祕與奧妙，這是我們送給地球的特殊禮物。

但是到了本世紀，人類陶醉於自己的生產力與發明力，渾然忘記自己的歸屬。如果人類想要駕馭科技的龐然力量，取得平衡，就得重拾古老美德，包括謙卑體認人類所知有限，尊敬自然，而後才懂得保護與復原自然。讓愛來提升我們的視野，使之超越選舉、薪水支票與股利分紅。最重要的，我們必須重拾信心，信任自己是大地之子，有能力與其他生物和諧共處於地球上。

如果我們能體悟人類所知有限，以及強大、殘暴的科技能帶來摧毀性後果，那將是我們邁向成熟的一大步，也是智慧的開端。我們將不再以政治、經濟因素來劃分地域，而是懂得聚焦於自然為我們勾勒的生態系——山脈、分水嶺、河谷、河川湖泊系統與濕地。我們會發現魚、鳥、哺乳類動物、森林等生物的生死循環反映出地球內在的韻律，值得我們尊敬。空氣、水、土、能量與生物多樣性等要素為地球注入生命，給與生命動能，它們是極神聖之物，值得我們以禮待之。承認自己無知並不丟臉，坦言自己無能管理野地、控制自然，甚至不理解宇宙力量，也不丟臉！體認並接受人類的極限，才是智慧的開端，我們也才有希望在宇宙秩序中重新找到自己的定位。

現在我們知道，人類的生命要素也就是萬物賴以生存的元素，開始覺得自己有「管理」一切的龐大責任。其實換個角度看，我們會發現人類與萬物是「共存」的，就是這種「管理者」的錯覺，讓我們走上自毀與摧毀之途。生命的網絡已經存在了三十六億年，它有足夠的「自我管理」能力，人類無須妄想管理生命系統（此舉注定失敗），該做的是管理我們每個人對生態造成的衝擊。

接下來的問題是怎麼做？許多人渴望改變自己，改變環境，卻困惑於專家各說各話與媒體不斷促銷新觀念。我們不再信任自己的直覺，也不相信長者的智慧。我曾問尼斯加（Nisga）族印第安人領袖高斯納（James Gosnell），當他看到森林被夷為平地，心中有何感受。高斯納說：「我簡直無法呼吸，那好像大地被剝了皮，我不敢相信有人會如此對待大地。」高斯納知道把原始森林夷為平地對生命的侮辱，我們也心知肚明；但是他信任自己的直覺，明白指出這是褻瀆行為，我們卻信任林業專家說：「這是暫時的光禿，不久，又將滿山翠綠。」這些林業專家將植樹稱為造林，深信森林可以在百年內再生，再度充滿動物，說服我們「造林並無不妥」，但是內心深處，我們知道這不是事實！

當我們看到河流被截彎取直，河岸被水泥固封宛若棺材；當我們盡情使用拋棄型產品，吞下仿造的脂肪分子，知道它會直接排泄出去不被身體吸收；或者當我們聽到科學家實驗複製羊、複製人，利用基因工程生產豬隻供人類器官移植時，我們打從內心裡知道：這些行為是不對的。可是一旦我們表達關切與質疑，卻常被駁斥為「過於情緒化」，彷彿真正關切一件事，感到激動，便削減了關切的正當性！我們也可能被批評為欠缺專業知識，不夠格評斷。面對這些駁斥，我們必須對自己的直覺判斷有信心，反過來要求專家證明他們的論點！

我們能做些什麼？

值此重要的歷史時刻，我們不應該問「如何減少赤字？」與「如何在全球經濟體佔到一席之地？」該問的是：「經濟的目的是什麼？」與「多少才夠？」生命中什麼東西才能提供真正的快樂、愉悅、心靈平靜與滿足？現代生產經濟製造了大量物品，提供了我們通往幸福與滿足之路？人與萬物的關係依舊是生命重要事物的核心？食物與商品的一元化能取代生物的多樣性嗎？我們似乎忘記了真正重要的事物是什麼。為了恢復人與環境的平衡，我們必須重建底線，生命中某些需求不能打折！改變我們的思想與生活方式，下面是幾個實用的起步：

◎仔細過濾氾濫的資訊，追尋消息來源。那些由石化、林業及菸草公司贊助機構所發布的消息，多半不可靠。通常這類組織的發言人都具有環境科學的背景，以便取信於大眾，但是猶大背叛了基督，我們還能因為他說「相信我，我是基督最早的門徒之一！」而信任他嗎？這也是為什麼非政府組織與草根團體的可信度較高，因為他們的動機很單純，不是為了追求最大利潤、市場佔有率與權力，而是為了共同建構一個永續社會，為子孫打造未來，重建一個乾淨的環境並保護野地。

◎相信你的直覺與分析訊息的能力。八卦小報《國家詢問報》（*National Inquirer*）與《科學美國人》（*Scientific American*）、《新科學家》（*New Scientist*）、《生態學人》（*Ecologist*）等雜誌，精神上截然不同。閱讀美國《華爾街日報》（*Wall Street Journal*）、加拿大《地球郵報》、《澳洲人報》（*Australian*）必須特別小心，因為這些報紙偏向產業界的立場。許多書籍大肆宣揚反環保的偏見，卻宣稱立場中立平衡，艾爾里區夫婦曾在《科學與理性的背叛》（*Betrayal of Science and Reason*）中臚列這些書籍，並一一加以駁斥。

◎想想〈全球科學家呼籲世人的一封信〉（World Scientists' Warning to Humanity）裡頭所

提出的生態危機，不必狐疑這是不是你應該信任的專家。只要和七、八十歲的老人家聊聊，他們會告訴你昔日空氣清新、生物蓬勃、水質清澈，也會懷念以前社區鄰里和睦，人與人之間願意互相關心、溝通與取悅。這些老人家的一生歷經了世界巨變，只要將這種變化速度投射到未來，就知道十年後的世界會是什麼樣子。這是進步嗎？這是永續的生命嗎？

◎再將眼光投向未來。想想我們留給後代子孫的是什麼爛攤子？空氣、土壤與水的品質會變得如何？他們將吃什麼樣的食物？還有多少野地可供欣賞？如果我們不能嚴肅處理毒物污染、森林濫伐、氣候變遷等問題，後代子孫能負擔我們種下的惡果嗎？

◎仔細思考下列這些錯誤假設，就是它們導致人類走上自毀之途。

——我們總認為人類是特殊的，擁有智力，可以凌駕自然世界之上，生活於人造環境裡。其實我們對空氣、水、土壤、能量、生物多樣性都有著不可或缺的需求，這表示我們不可能脫離自然而存在。

——現代人認為科學與科技提供了理解、管理自然的工具，科學與科技製造出來的問題也可以用科學與科技解決。事實是，科技雖是強有力的工具，它的活動卻直接作用於地球；而科學肢解碎裂了我們觀看世界的方式，因此我們也不知道科技活動的全盤後果會是什麼。

——人們誤認唯有強大的經濟才能創造乾淨的環境。其實正好相反，生物圈才是給予生命、維繫生存的所在。人類與人類的經濟活動必須在環境中找到定位，妄想在一個有限的世界裡創造無限的經濟成長，雖不必然卻很可能讓人類走上自毀之途。

——地球上至少有三千萬個物種，人類不過是其中之一，卻自認有權控制地球的全部資源，憑著政府與企業等組織就可以管理自然，認為只要做了環境與成本效益評估，就可以降低對環境的衝擊。這些假設完全禁不起考驗，我們卻甚少挑戰它們。

◎想想看你和生命網絡的緊密相連。僅僅兩條街的距離你都要開車，對地球會有何影響？寫一篇文章來介紹只有短暫生命的流行商品，它真正的成本效益在哪裡？

◎把自己的真正需求繪製成圖表。如果你想過一個充實、快樂的人生，哪些需求是真正不可或缺的？與摯愛的人相處不比逛街重要？賺更多的錢、換大車、買新科技產品，會比滿足真正的生理、社會與心靈需求重要嗎？對你及你的子孫而言，社群、公義、野地與物種多樣性的真正價值在哪裡？

本書旨在提醒讀者：生命中有三種層次的需求絕不能打折。第一是生理需求，人類需要乾淨的空氣、飲食、土壤與食物、能量，以及生物多樣性。除了基本生理需求外，人類還有社會需求，唯有「愛」才能讓我們擁有充實豐富的生活，而「愛」的源頭來自穩定的家庭與社群。除此之外，我們還需要工作、公義與安全感，少了它們，我們將變得不完整。最後，人是靈性動物，需體悟宇宙有一股大能，它超越人類的理解與控制，地球的生命創造無止無盡，人類只是地球整體生命的一部分。唯有滿足了這三個層面的需求，社會成員才能得到滿足獲得機會，這個社會也才能真正永續。

◎如何滿足基本需求而又不危及生態？首先，我們必須有「地球經濟學」（earth economy）的觀念，將經濟與生物圈連結在一起。全球化意味著：對溫哥華的消費者來說，儘管距溫哥華只有四十公里遠的奇力瓦克谷區（Chilliwack Valley）也飼養羊群，但購買在紐西蘭成長並自紐西蘭進口的羊肉會比較便宜。這在經濟學上也許講得通，但從生態學來看，則完全沒有道理。試想自然每年為我們提供多少「服務」？它提供我們乾淨的空氣、飲水、散布花粉、防止水土流失、防止洪水氾濫、增厚表土……，這些服務最起碼值數十兆美元！然而，傳統經濟卻把這些來自大自然的禮物視為「外部性」（externalities）❶，也就是不將它們納入經濟估算中。真正的「地球經濟觀」會把這些都計算在內。認為經濟成長才代表進步，無疑是自掘墳墓。誠如生態學者艾爾里區所言：在有限的世界裡追求無限的成長是癌細胞，這種錯誤觀念最終會導致死亡。

要防止人類的經濟活動破壞生物圈，必須從「頭」做起，從上游防堵空氣污染、氣候變遷等生態問題，而不是等問題產生了，再來亡羊補牢。任何商品與經濟活動，都必須包括生態成本以及最終的廢棄處理成本，這叫作「從搖籃到墳墓」的成本會計法，現今的成本會計概念省略了許多重要的成本。

◎保護地方社區的活力與多元化。未來世界裡，最具彈性與穩定性的社會單位將是地方社區，它提供個人與家庭一種歸屬感、同胞愛、支援、生活目的與意義，也提供共同歷史、文化、價值，讓成員擁有一個共同的未來。也難怪一些木業公司提供原住民社區「十年伐木計畫」時，原住民則回答他們，如果有「五百年伐木計畫」再來談！唯有深植於社區與土地的人民，才有這樣長遠的眼光。

❶譯注：指某個經濟實體的行為使他人受益或受損，卻沒有因此得到補償或付出代價。

我們如何建構一個社區，既能夠滿足我們的基本需求，又能提供令人滿意的社區服務？一個社區如果不想陷入景氣榮枯循環，就不能操短線剝削資源來創造工業機會，必須盡量仰賴地區性資源與人力，提供長期工作機會，才能不受變化無常的全球經濟與市場力量影響。世界是由眾多的地方性社區組成，除非社區維持活力，世界不可能強健。成員如何支持社區活力呢？下面是幾個簡單的祕方：在地購物、在地工作、在地休閒、雇用地方上的人，吃地方出產的食物，而且只吃當季食物。

◎我們可以重新建立與地球的連結。創建或復興各種連結人與社區、人與大地的慶典儀式，藉此重新找回我們的世界觀。西方世界已經有不少儀式可以運用，譬如感恩節、萬聖節、糧食豐收祭，或其他具有地方特色的儀式。

◎努力參與。人類如果想要永續生存，必須大幅改變既有的價值觀。唯有行動，才能帶來觀念改變。立即採取行動是必要的，在行動參與的過程裡，人們才會學習，才會投入。

參與有各種層次，最簡單的層次是捐款支持各種環保團體，這類團體大多非常缺乏經費，一點點捐款就能讓他們走很遠的路。查查看你的社區附近，有哪些環保團體的信念與你接近，捐錢支持他們！你可以加入義工服務，不只是環保團體，任何從事公益、為家庭與社區的需求而服務的團體，都值得你投入。許多非政府組織都仰賴義工，義工服務不僅具有教育意義，也非常有趣。我常訝異我的基金會有那麼多義工前來幫忙，我自己也是終身義工，這是我一生中最有意義、最令人滿足的工作。投入義工服務，讓你覺得自己為改善世界盡了一份力，又可以和理想相近、志趣相投的朋友共事，實在是一件快樂的事。

我偶爾會碰到潑冷水的人說：「你怎麼知道自己發揮了作用？」也碰過有人灰心認命地說：「有什麼用？我們微不足道！」放棄是一種逃避，不做，又怎麼知道能發揮多少作用？置身在六十五億人口當中，雖然個人微不足道，但是眾多微小力量集合起來，就是一股大力量。大衛．鈴木基金會（David Suzuki Foundation）和美國「憂思科學家聯盟」（Union of Concerned Scientists；UCS）合作，訂出了個人可採取的行動中最有效的步驟，以減少對周遭環境造成的負面影響。我們將焦點著重在住屋、交通和食物這三個層面，因為我們在這三個範疇中所做的選擇和行動對大自然造成的影響最大。我們把這十個最有效的步驟稱為「面對大自然的挑戰」（The Nature Challenge），已經有幾十萬加拿大民眾承諾要採取這些行動：

1. 減少住家百分之十的能源使用。
2. 每週一天無肉日。
3. 選購燃油效率高、污染性低的車子。
4. 選擇節約能源的房子和家用品。
5. 不再使用殺蟲劑。
6. 以步行、騎自行車，或是搭乘大眾運輸系統做為通勤或日常交通的方式。
7. 食用當地生產的食物。
8. 選擇離常去地點很近的住房。
9. 支持汽車取代方案。

10.熱心參與，掌握最新資訊。

對我而言，投入義工服務最大的收穫，是可以正視女兒的眼睛說：「我盡力了！」我相信家父的箴言：「行為才是判斷一個人的標準，而不是言語。」我女兒小時候作噩夢時，我都會安慰她們：「沒關係，沒事。」如果每個人都願意投入，或許未來世界真的可以「沒事」，但是眼前並非如此。

◎讓你的家盡量環保、友善生態。遵守三 R 原則：減量（reduce）、重複使用（reuse）與資源回收（recycle）。開始改變觀念，讓「用過即丟」變成一種罪行，改採可以重複使用或回收的商品。現代經濟奠基於人類過度消費無用的、追求短暫刺激的商品，用完之後隨即丟棄。消費商品的蓬勃發展，只是為了讓商業公司尋找市場區位，而不是滿足人類真正的需要，身為消費者，我們可以抵制這類商品。我不認為一個節約永續的社會，就必然單調乏味、欠缺活力與黯淡無光；相反的，它提供的服務旨在滿足人類的真正需求，商品經久耐用、低耗能、低污染，而且可回收。廠商在設計有趣迷人的商品時，不能放棄上述要件！

選擇簡單的生活，滿足基本生理、社會與靈性需求，不代表你的生活就要刻苦犧牲、缺乏歡笑、活力與樂趣。我認為多花點時間與心愛的人相處，互相作伴、聊天，一起活動，遠比擁有一件昂貴的商品或沉浸於虛擬實境的快感，要來得愉快。

◎下面是一些小祕訣，可以改變你的生活形態，增進你的健康，充實荷包，也可以讓地球生態更健康。這些小祕訣不過是幾十年前老人家的老生常談，堅守這些原則，你會發現我們真正的可以與地球長遠和平共處。

——買東西前問自己：「我真的需要它嗎？」

——盡量搭乘大眾運輸工具。

——距離不超過十條街就盡量步行、騎單車，或者滑直排滑輪。

——紙張正反兩面都用。

——替小孩準備完全不製造垃圾的午餐便當。

——許多書教人如何簡樸過活，不為地球造成負擔，去買一本來看，照著做。

◎廠商在設計產品與生產方法時，應當參考自然界的循環定律。自然界裡，一個物種的廢棄物就是另一個物種的生存契機。從太陽吸收能量茁壯成長的植物，是食草動物與寄生蟲的食物，植物死亡後，屍骸的有機物質重返土壤，滋養了另一代植物。在自然界裡，物質不斷地被使用、轉化、再使用，成為一個永無止盡的循環。長久以來，由於地球經歷過多次地質與氣候變化，大自然也跟著演化出精緻的生存與繁衍機制。我們在這方面的科學見解雖然很多，但要全面破解大自然的奧祕，還在初級班的我們仍有很長一段路要走，因為科技的力量雖然強大，卻很粗糙。破壞大自然究竟會帶來什麼後果？絕大多數時候，我們所擁有的知識仍不足加以預測或推斷，在核能、DDT、CFCs和GMOs這些問題上都是如此。但我們需要科學和技術來了解我們面對的挑戰的本質，並減少前方路上的危險，同時也需要更多富有人性關懷並尊重自然的基礎研究和技術應用。珍妮·班亞斯（Janine Benyus）建議我們採用她所謂的「生物模擬」（biomimicry）做為我們的行動指導原則；意即模仿大自然，而不是壓制我們的周遭環境，要它們屈服。人類也可以改變舊有思想，把汲取資源—製造—販售—使用—拋棄的線形過程，改變成自然的圓形循環。

◎投入大自然。自然不是我們的敵人，它是我們的家。事實上，自然支持我們生存，也存在於我們每個人身上。所有的生物都來自同一個家庭，與我們共處於生物圈。一旦我們走出門，馬上就可感受到自然韻律截然不同於瘋狂的人類步伐。去感受一下雨絲與和微風拂面的滋味、呼吸土壤與海洋的香味、眺望晴空滿天星斗的奇景、欣賞動物季節性大遷移的壯觀景象！融入自然之家的懷抱，你將重燃兒時觀看自然的神奇感，重拾和諧與平靜。

◎別感到內疚。誠如T恤上的口號所言：罪惡感令人沮喪無力。沒有人是完美的，我雖然已經盡量減少開車，卻經常搭飛機，每一次飛行，我都為世界製造了一些污染物與溫室氣體。又譬如，雖然我已拒吃紅肉，但我還是吃魚，我的生活裡還是有許多地方讓我無法成為「百分百環保人」。眼前首要之務是改變觀念，鼓勵大家減少地球的負擔，發展支持永續生存的基礎建設，製造民意改變政治的優先順序。這是目前重要的工作，但在我們轉型到永續生存的過程中，有些事情是我們可以做的。例如，我買了在加拿大販售的第一批油電混合（天然氣／電力）車，Prius；跟我前一輛車相比，它只需要消耗一半的燃料就能行駛同等距離。另外，不管搭飛機或自己開車，我都會購買這段交通過程所消耗的碳權（carbon credits），而這筆費用會將風力或太陽能這樣的乾淨能源帶進電力網路中，抵消我製造出來的廢氣排放。

除非完全投入，否則人都會猶豫，都有可能抽腿、缺乏效率、畏首畏尾……，一旦全心投入，上天的庇佑便隨之而降，得到各種原本不可能獲得的幫助……。

不管你能做些什麼，或者夢想做些什麼，現在馬上去做。勇敢進取本身便具有天分、力量與神奇！現在馬上起而行！

——歌德，摘自克林與科梅合編之《和平，夢正啟動》

聯手創造沛然力量

萬一陷入絕望，不要忘記人類學家瑪格麗特．米德（Margaret Mead）曾說：「千萬不要輕視一小撮有想法、有毅力的人，他們可以改變世界。事實上，歷史的改變皆是如此！」

一九八五年時，如果有人預言蘇聯將瓦解、軍備競賽將結束、柏林圍牆將拆除、東西德將統一、曼德拉被釋放、南非種族隔離結束，誰就會被視為瘋子。但是不到十年，在不流血的狀況下，上述不可能的預言都實現了。人不能放棄希望，不可能的願望可能會實現，誰又知道實現它的最後一股力量是什麼？且讓我們看看高爾吧，他是美國前副總統，也是落選的美國總統候選人。在他撰寫的暢銷書《平衡的地球》（*Earth in the Balance*）中，他表現出對環境的興趣與關切，並且在總統大選落敗之後——雖然他贏得了普選，最後卻在選舉人的票數上落敗❷——繼續為氣候變遷問題發聲。後續他又推出了電影「不願面對的真相」，並且根據這部影片出了一本書，不斷

❷編按：美國總統的選舉程序分成兩個階段，首先由一般選民投票，接著依據各州普選結果產生「選舉人票」，選舉人票的數量則依各州國會代表的人數而有所不同，最終的勝負便是取決於選舉人票的多寡。

呼籲大家採取行動對抗全球暖化威脅，終而獲得全球的認同和尊敬。高爾在《平衡的地球》一書中拿堆沙作比喻，他說點滴聚沙，沙子愈堆愈高，當它堆高到臨界點就會崩塌下來。這是個巧妙譬喻，誰知道是哪個人的努力讓大眾態度產生最後的改變？就像堆沙，誰知道堆到哪個高度是臨界點？哪一粒沙子造成最後的崩塌？在不同世界裡單打獨鬥的個人、組織與團體可能會覺得很無力，但是集合全部力量就沛然莫之能禦。

一九七二年，當聯合國舉辦第一屆世界環境高峰會時，總共只有十個國家的政府機構積極面對環境問題，而現今幾乎每個政府在全國或地方等不同管理層級皆設有環境保育部門或是委員會。當年的與會代表多來自工業國家，現在全世界的開發中國家也有許多草根或者非政府組織環保團體，光是印尼就有一千多個，從巴西到馬來西亞、日本與肯亞，草根團體與組織都在努力推展永續的生活形態。

許多環保雜誌譬如《地球島》（*Earth Island*）、《看守世界》（*Worldwatch*）、《生態學人》與《優特尼讀者》（*Utne Reader*）不時刊登環保鬥士的故事，這些鼓舞人心的故事就算沒有上千，也有上百則。「高德曼獎」（Goldman Award）、「聯合國五百大」（the United Nation's Global 500）、「藍色行星獎」（Blue Planet Prize）等環保獎項，也表揚了數百位環保有功人士。這些就是改變與希望的真正所在。

環保人士常被人指責太過「負面」、「阻礙發展」，或是「令人沮喪」。因此，在邁入千禧年之際，研究員荷莉．德瑞索（Holly Dressel）和我決定找出其他可行的辦法，來取代那些破壞環境的行為。我們找出那些已採行永續經營的個人、公司、組織和政府的行為或運作模式。我們原本預期這項研究的資料只能整理出一本薄薄的書，但讓我們感到意外和高興的是，我們最後的成果竟然可以寫出好幾冊。我們把這本書取名為《改變的好消息：受難地球的希望》（*Good News for a Change: Hope for a Troubled Planet*），裡面記錄了很多國家——無論是富有的，或是貧窮的——為尋求與自然的平衡所進行的許多活動。舉目望去，不管是社區、都市、省、州、國家，或者公司團體，都有許多感人的環保故事。但最重要的是個人的投入，唯有個人的投入才能改變社區，也才能將影響擴散到全球。下面是幾則我個人非常感動的故事，它們顯示了一己之力可以改變地球的命運。

孩子們在地球高峰會上的叮嚀

小孩將領導它們。

——《聖經》，〈以賽亞書〉，一一：六

我只是個小孩子，但是我知道，如果大人願意把花在戰爭上的錢，用來終結貧窮、改善環境，地球將是一個多麼美好的地方……。

——西薇安・鈴木（Severn Cullis-Suzuki），十二歲，一九九二年在里約熱內盧「地球高峰會」的發言還記得我們一家人在一九八九年前往亞馬遜雨林亞奎村度假十天嗎？當時，我的女兒西薇安與賽瑞嘉分別只有九歲與五歲。當我們搭機飛離亞奎村時，在空中俯瞰到淘金者蝟集，污染了河水，摧毀了河岸；缺乏耕地的農夫焚燒森林，企圖闢地養家活口，西薇安突然驚覺亞奎村的朋友未來岌岌可危。返回溫哥華後，她便與四個十歲小女生組了一個俱樂部，取名「兒童環境組織」（ECO，Environmental Children's Organization），開始到處宣揚雨林的美麗，呼籲大家保護居住在雨林中的動物、植物與人民。不久後就有學校邀請她們去演講，在地方上小有名氣。

一九九一年，西薇安對我說，「兒童環境組織」想參加一九九二年在里約熱內盧舉行的「地球高峰會」，這次高峰會將邀請各國領袖參加，人數與規模都將創歷史新高。西薇安說：「我覺得大人討論的是我們小孩子的未來，我們必須到會提醒他們的良知。」我激烈反對她的狂想，表示那要花很多錢，里約熱內盧污染很嚴重、治安又不好，更何況小孩子的呼籲也不會有人重視。沒多久，我就忘了這件事。兩個月後，西薇安拿了一張寄給「兒童環境組織」的支票給我看，面額是一千美元，那是她向一位慈善家募來的，他非常支持西薇安的夢想。

我和妻子塔拉隨即明瞭：「地球高峰會」與會人士有必要聆聽孩子的想法，因此同意「兒童環境組織」只要每募到一塊錢，我們就相對捐一塊錢給她們。女孩們開始義賣募款，包括利用廢棄的塑膠製造小壁虎裝飾品、拍賣舊書、義賣自己烘培的餅乾等等。她們吸引了另一個慈善家與著名的兒歌演唱者雷菲的注意，各捐了一大筆錢。最後女孩們又辦了一場盛大的演講，播放幻燈片闡述自己的理想，出人意料地，她們總共募到了一萬三千美元，加上我們捐出的相對基金，足夠讓五個小女生與三個大人前往里約熱內盧了。

出發前，「兒童環境組織」徵召了一群小助手印了三份報紙，帶著前往里約熱內盧。她們以非政府組織名義報名參加，在「全球論壇」（Global Forum）上租了一個小攤位，與數百個與會團體為伍。她們在攤位上展示照片與海報，散發自己編印的報紙與文宣，與許多人交換意見。一會兒就吸引了記者與攝影機蜂擁而上，採訪這五位來自加拿大的小女孩。加拿大環境部長尚・查理斯特（Jean Charest）也拿著相機出現在人潮裡。最後，聯合國兒童基金會（UNICEF）主席威廉・葛蘭特（William Grant）聽到了這幾位女孩的壯舉，要求「地球高峰會」的主辦人莫里斯・史壯（Maurice Strong）邀請西薇安在全員大會上發表演說。

西薇安當時只有十二歲，但是她和「兒童環境組織」成員共同撰寫演講稿，在前往里約熱內盧的計程車上反覆練習。她被大會安排在壓軸演講，巨大的會堂裡黑鴉鴉地坐滿數百位各國代表。西薇安對他們說：

> 我只是個小孩，我沒有解決全部環境問題的方法，但是大人們必須知道：你們也沒有辦法！你們不知道如何修補臭氧層的破洞、如何讓鮭魚重返死掉的河川、如何讓絕種的動物重返地球，也不知道如何把沙漠重新變成森林。如果你們不知道該怎麼補救這一切，那就停止破壞環境……。
>
> 在我的國家，人們製造了許多垃圾，盡情購買、任意丟棄，然後再盡情購買、任意丟棄。北半球富有國家不願與窮國分享所有，雖然我們已經擁有得太多了，我們還是害怕失去一丁點財富，不願意放棄……。

大人教導我們要守規矩、不准打架、解決問題、尊重別人、收拾善後、不傷害其他生物、要分享不要貪婪，但是大人為什麼淨做這些不准我們小孩做的壞事？

我父親總是說：「行為才是判斷一個人的標準，不是言語。」但是，大人的行為讓我們小孩在暗夜裡哭泣。你們說大人愛小孩，我要指出你們言行不符，請你們現在就起而行，證明你們愛我們。

西薇安發自內心的言語震撼了整座會堂，打入了人心，會議結束後，史壯要求與會代表將西薇安的叮嚀謹記在心。

西薇安繼續透過「天空魚」（Skyfish）發表有關環保和年輕人問題的談話。「天空魚」是她所創立的一個組織，目的在鼓勵年輕人負起責任和採取行動，以確保一個可永續經營的未來。在全世界各地，小孩子已經主動出擊，懇求大人們要慎重思考他們的決策和活動會對大自然造成什麼長期影響。

基爾南與改變命運的帆船賽

當我駕船航行世界時，親眼目睹人們將大海當作垃圾桶。返家後，我便下定決心改變現狀，從住家後面的雪梨港做起。

——伊恩・基爾南（Ian Kiernan），接受本書作者訪問語來自澳洲雪梨的基爾南是行動派範例。他原本是個職業帆船手，但是在一九八六年到八七年間，他的命運徹底改變了。當時他正參與環繞世界一周的帆船賽，全程四萬兩千哩，使用的是二十公尺長帆船，從羅德島新港出發，穿越大西洋到南非開普敦，再繞道南極回到雪梨。

以前參加帆船賽，基爾南總是和別人一樣，把船上的垃圾隨意往海裡傾倒。但是這次比賽，全美共有三萬三千名學童密切追蹤全程，所以與賽選手都同意將垃圾儲存在船上，這讓基爾南深深為過往行為感到羞愧。他一連數小時仔細觀察海面，發現即使最原始、最僻靜的海面上，都可以看到人造垃圾，尤其保麗龍與塑膠簡直處處可見。年輕時，基爾南曾聽說藻海（Sargasso Sea）上有大片海藻，他迫不及待要觀看這種海上奇景，沒想到第一眼看到的居然是一隻橡膠拖鞋、一只塑膠袋與一節塑膠水管。極端失望與憤怒下，基爾南打算為大海整理廢物，並從自家後院的雪梨港做起。

基爾南是澳洲名人，當他返回雪梨港後，便運用名氣鼓吹他的想法，將募得款項的百分之八十五全用來推廣清潔大海的構想。一九八九年三月，他發動了第一次「雪梨港清潔日」活動，原本以為能有幾千人參與就不錯了，沒想到當天卻來了四萬人，在雪梨港一共清出了五千噸垃圾！原來，那天電視台剛做了一則報導，指出許多污水都未經處理便直接排放進雪梨港，引起居民公憤，覺得有必要立即採取行動。

「雪梨港清潔日」活動震撼了全澳洲，許多城市的居民紛紛打電話給基爾南，他便前往塔斯馬尼亞、達爾文港與北澳，協助當地居民發起清潔活動。他也曾幫瓦拉岡市（Wollongong）發起清潔伊拉瓦拉湖（Lake Illawarra）活動，在湖中撈起了一百五十八輛廢棄的小汽車與兩輛巴士。

一連串行動讓政客警覺百姓真的非常關切環境，商界也發現，如果想賺錢，必須與民眾聯手參與環境改造。一九九〇年，基爾南的活動擴及至全澳洲，「澳洲清潔日」（Clean Up Australia Day）吸引了三十萬人參與。現在，每年三月的第一個星期日是「澳洲清潔日」，共有八百五十個城市、五十萬人挽起袖子，參與清潔環境。

到了一九九三年，基爾南的概念擴大成「世界清潔日」（Clean Up the World），由聯合國環境計畫署協助各國籌組清潔活動；截至一九九六年，全世界共有一百一十個國家、四千萬人參與清潔活動。基爾南發現，富有國家的人民似乎比較不熱中清潔環境，環境清潔與否直接影響兒童健康，貧窮國家的人民反而比較積極；而非洲、韓國、波蘭與蘇聯現正在籌組清潔日活動。基爾南的故事深具啟發性，他在海上的孤獨旅程裡看到大海遭到污染，將自己的憤怒與羞愧轉化為行動，讓全世界的人都捲起袖子，為自己的環境盡一分力。

新形態的建築師：麥克唐納

……建築設計彰顯人類的意圖。人類雙手建造的東西如果要用來崇敬大地，
就不能只講究矗立於大地之上，更要講究它未來能回歸大地，做到土歸土、水歸水。
所有我們取自大地的東西，必須在不傷害生態系統的前提下，未來能自由重返大地，
這才叫生態學，這才是好的設計！

——威廉・麥克唐納（William McDonough），

摘自奧蘇貝（K. Ausubel）編輯之《大地還原》（*Restoring the Earth*）

有些動物和人類一樣，會從自然環境中汲取材料。石蠶蛾的幼蟲會用砂粒、小枝築成保護殼；偽蟹會把海葵或海藻放在甲殼上，以為偽裝；大猩猩則會在樹幹上細心鋪整樹葉樹枝，做出舒適的床。人類和這些動物的最大不同是：我們汲取自然物質的速度與規模實在太快、太大了！

我們欣賞結合形體與功能之美的人造事物，譬如武士刀、協和噴射機、艾菲爾鐵塔與聖保羅教堂的優美線條。對一個設計者而言，最渴欲的是造型與效能的結合，但是維吉尼亞大學建築系系主任麥克唐納卻認為，大部分的現代建築建造於便宜能源的時代，大量使用玻璃之類的便宜建材，結果這些建築外觀巍然，卻十分耗費能源，裡面的地毯、家具與黏膠也都會大量釋放有毒化學物。麥克唐納說：「我們的建築文化觀是：如果粗暴的力量行不通，那就是暴力使用得不夠。」

麥克唐納是新形態的建築師，自小在香港長大，經常面對旱季缺水的威脅，讓他深刻體驗到自然資源是有限的。一九七六年，他拿到耶魯大學的建築學位，時值實施阿拉伯石油禁運兩年，全世界都飽受石油短缺之苦，建築界卻絲毫不為所動。麥克唐納對建築業的短視頗為不滿，經常轉述生態哲學家格雷戈里・貝茲森（Gregory Bateson）講過的故事：

英國牛津新學院（New College）大會堂的橫樑全部是十二公尺長、半公尺寬的橡木，一九八五年，學校發現這些橫樑已經乾化腐朽，需要重換。校方估計，即使在英國境內能找到這麼大的橡木，每一根橫樑造價也得二十五萬美元，而全部汰換，須耗資五百萬美元。這時學校園藝所人員告知校方，三百五十年前建築師設計該校大會堂時，便要園藝所種了一片橡樹園，仔細維護，以供日後橫樑乾化汰換之用。時隔三百五十年，終於用到了，麥克唐納認為這樣的「遠見」必須成為建築思考的準則！

我們前面提到友善環境的三R守則——減量、重複使用、資源回收，麥克唐納又加入一R：重新設計（redesign）。許多現代建材含有毒性物質，麥克唐納因此努力尋找無毒的新建材。此外，他指出三成的廢土是建築廢棄物，五成四的美國新增能源使用於蓋房子，建築設計觀念如果改成資源永續，便可大量減少建築廢棄物與能源使用。

一九八六年，「環境保護基金會」（Environmental Defense Fund）委託麥克唐納設計一棟建築，結合資源節約與造型之美。這棟建築樹立了能源高效使用的典範，不僅空氣流量增加了六倍，也以自然材質黃麻等取代合成建材，大量使用鉚釘取代黏膠。麥克唐納最關切的是許多建築大量使用會散發有毒氣體的材質，他說：「我們製造了許多根本不應當生產的產品，大量滴散毒性物質。」這些年來，麥克唐納努力尋找健康材質，他列出了健康材質的標準：「不能含有突變原（mutagen）、致癌因子、重金屬、持久性毒素、高生物累積性之毒物、環境荷爾蒙等。」他審慎篩檢了八千種化學物，發現只有三十八種符合上述標準，可以用來製造建築材質。這些材料不僅對環境無害，廢棄不用後可以完全分解成堆肥，甚至還可以吃下肚。

當麥克唐納受邀替連鎖商店沃爾瑪（Wal-Mart）在奧克拉荷馬州杜沙市（Tulsa）蓋新建築時，終於得到大展身手、傳播建築新觀念的機會。連鎖大商店進駐社區，常遭到當地居民與小販店反對，認為它破壞生態，打破原有社區樣貌。但是麥克唐納抓住了大好機會，因為沃爾瑪平均每兩天就增蓋一家連鎖店，建材使用量非常大，一天就可用掉一公里長的天窗。如果能說服沃爾瑪接受新建築觀念，這家連鎖商店本身的建材需求量便符合規模經濟，足以生產友善環境的新建材。

原本，沃爾瑪的建築都是針對百貨店面需求設計，必須屹立四十年。麥克唐納的設計別出心裁，四十年後，如果沃爾瑪不打算在此繼續經營，這棟建築可以馬上變成公寓，它的建材絕對不含多氯聯苯，而且大量使用天窗，減少百分之五十四的能源使用。麥克唐納放棄使用鋼鐵，因為它必須耗費大量能源生產，改採木材搭建屋頂。為了確保木材來自永續生產的林園，麥克唐納還籌組了「世界木源」（Woods of the World），這是個非營利性的林業研究機構，提供全世界建築商與設計師購買永續林木的資料。

麥克唐納認為，永續思想與友善生態的觀念必須融入人們的生活，像呼吸一樣自然。

每個人都應成為一個設計者，發揮龐大的集體創造力。我們關切的議題是：如何讓人類在自然世界裡找到正確的位置，成為「自然設計」的一部分。

麥克唐納相信，建構永續百貨的努力必須深植於地方社區，他深切體認世界萬物緊密相倚。他所任教的維吉尼亞大學位於夏樂蒂維爾城（Charlottesville），正是起草美國獨立宣言與憲法的傑佛遜總統（Thomas Jefferson）的故鄉，麥克唐納決定發起一項生態運動，呼籲大家重尋傑佛遜的獨立宣言精神：

……傑佛遜如果還活著，他也一定會支持這項運動。我們要宣布獨立，追求遠離暴君統治、自由快樂的生活。只不過，這次我們要脫離的暴君是人類，以及人類設計的粗暴不良建築。

在二〇〇二年，麥克唐納和德國化學家麥克・布朗嘉（Michael Braungart）出版了《從搖籃到搖籃：綠色經濟的設計提案》（*Cradle to Cradle: Remaking the Way We Make Things*）一書，企圖把我們帶進下一場工業革命——深思熟慮與智慧並重的科技設計，並且是可永續發展的。

> 我相信，我們可以在一個新的概念架構上完成偉大並可獲利的工作——這樣的架構會重視我們的傳承、尊敬多樣性，並滋養生態系和社會……這個年代的設計從一開始就該充滿創意、豐富、興盛，同時富有智慧。
>
> ——威廉・麥克唐納

讓綠意重回肯亞的瑪塔

> 每個人心中都有上帝，祂就是連結所有生命、地球萬物的神靈。我相信是祂的聲音告訴我要行動，那也是所有關心地球命運者聽到的聲音。
>
> ——萬加瑞・瑪塔（Wangari Maathai），《脈絡》（*In Context*）

瑪塔在人群中看起來非常顯眼，面容如雕像般威嚴，皮膚黝黑發亮，身著五彩鮮豔的傳統非洲服。無論以何種社會標準來看，瑪塔都是無比傑出的女性，她在美國取得文學士學位，在德國修得碩士，還在肯亞拿到博士學位。她的丈夫因為她「教育程度太高、太強硬、太成功、太固執、太不容易駕馭」而與她離婚。一個素來親近肯亞政府的女性團體指控她違反非洲傳統，不願順從男人，還對男性政府官員、甚至總統「大小聲」，這些指控證明了瑪塔義無反顧的投入與一無所懼。

肯亞的石油、電力與燃煤全部仰賴進口，大部分肯亞人都靠撿拾柴火為燃料。但是本世紀，肯亞的森林面積大幅縮小，根據瑪塔的估計，肯亞的森林現在僅存不到百分之二・九，百姓深受柴火不足之苦。瑪塔說：

> 在一個急速惡化的環境裡，貧困與需求密不可分……。……當你談到環境惡化，人們會感到無力，覺得自己無能改善，只能坐以待斃，沒有希望。我覺得必須打破這種惡性循環，總要有人踏出積極的第一步，當時，我就覺得植樹是積極可行的第一步，人人都可以做！

瑪塔發現，許多肯亞人家沒有柴火煮正餐，小孩的正餐都是白麵包、植物奶油與加糖的茶，營養根本不夠，很容易生病。瑪塔認為大舉砍伐森林闢地作農場，正是造成肯亞孩童營養不良的原因。此外，肯亞的農地大多過度耕耘，又沒有樹木抵擋烈陽大雨，土壤很容易乾涸或侵蝕流失。瑪塔先在自家後院種了七棵樹，並從一九七六年開始教人種樹，這個小小的行動後來竟發展成「綠帶運動」（Green Belt Movement）。

百分之七十的肯亞農人是女性，瑪塔呼籲她們在自家農地四周種樹，形成一個綠色的保護帶。她到學校巡迴演講，鼓勵學生回家教導父母種植非洲原生樹種，包括非洲木棉、刺檜、木瓜樹、巴豆樹、西洋杉、柑橘樹、無花果樹等。有了小孩與女人作後盾，瑪塔的「綠帶運動」愈滾愈大，現在肯亞境內共有一千五百個苗圃，一共免費送出了三千萬株樹苗。在一九八六年，肯亞綠帶運動的會員開始向非洲各國民眾傳授他們的方法，這樣的活動後來促成「泛非洲綠帶運動」（Pan African Green Belt Movement），範圍包括坦尚尼亞、烏干達、馬拉威、賴索托、衣索匹亞和辛巴威。

「綠帶運動」不僅提供殘障、貧戶與失業青少年工作機會，也打動許多貧困的文盲婦女，教導她們正確的營養觀念、傳統的飲食與生育控制，讓她們擁有自我強大的力量。「綠帶運動」成員深入鄉間，提供居民植樹的工具與常識，它不僅為肯亞帶來巨大改變，也被聯合國評選為民間草根保育運動的典範。

二〇〇二年，瑪塔以壓倒性票數當選議員，進入國會。她在國會不眠不休地推動環保議題，並且說服國際間取消了非洲貧窮國家的沉重債務。二〇〇四年，她因為推動綠帶運動的成就而獲頒當年的諾貝爾獎和平獎。

羅柏特與「自然步驟」

地球經過數十億年，
從有毒無機化合物的濃湯變化出細胞、礦物沉積、森林、魚、土壤、可供呼吸的空氣與水，
這些是支撐人類健康生存與經濟發展的基礎。由於太陽是我們唯一的能量來源，
自然遂演化出自給自足的生長循環，一個物種的廢棄物會成為另一個物種的營養來源。
我們唯一能夠仰賴的就是這樣的循環，最終，我們必須放棄所有的線形過程。

——卡爾—亨里克・羅柏特（Karl-Henrick Robèrt），摘自《脈絡》

羅柏特的故事就像好萊塢電影一樣神奇。他原本是個傑出科學家，專攻兒童癌症，許多年下來，他發現許多孩童罹患癌症乃導因於環境裡的致癌因子。羅柏特告訴我：「許多病童父母願意為孩子犧牲一切，卻不關注造成孩子罹病的環境問題。」經過多年沉思後，羅柏特決定起草一份文件，列出健康永續社會的先決條件。他在這份文件中說道：

如果我們拿一棵樹作比喻，直到目前為止，針對環境問題的辯論都集中於表象，只注意樹葉的枯黃（因為它是病徵），卻不去探討樹幹與樹枝的毛病。環境的不斷惡化，導因於我們使用自然的過程是錯誤的，我們卻甚少質疑它。這些系統錯誤破壞了社會的基石，今日，數以千計、看似個別獨立的環境問題，只是其表徵而已。

羅伯特研究發現，自然界裡能源與資源的使用都是循環的，一個物種的產物是另一個物種的機會。但是人類打破了這種循環，創造了線形的生產過程，從自然擷取資源使用，製造商品，用完後就變成垃圾丟掉。根據這樣的觀察，羅柏特歸納一些出永續生存的法則。

接下來，羅柏特展開了不可思議的奮鬥。他將草稿寄給五十位傑出的瑞典科學家，請求他們批評指正。他收到了一大堆批評，卻毫不氣餒，反而將這些批評意見融入原本的文件中，重新寫過，再寄回給這五十位科學家，請他們再次指正。這樣的歷程反覆二十一次，直到他將自己的想法精粹成四大基本概念，五十位科學家也一致同意，羅柏特終於獲得了科學界的共識！

他將這份文件寄給瑞典國王，要求他簽署，國王也照辦了。他又前往瑞典電視台，要求他們撥出時段討論他的想法，電視台也答應了。他並邀請了幾位瑞典大明星，請他們擔任節目來賓，幫忙宣揚永續社會的觀念，他們也答應了。最後，羅柏特將他的文件印製出來，附上錄音帶，寄發給瑞典每一戶人家與每一所學校，一共寄了四百三十萬份。

羅柏特的概念後來成為家喻戶曉的「自然步驟」（Natural Step），並成為所有學校的教材，全瑞典至少有五十家大公司採用為公司守則。「自然步驟」目前已擴散到數個國家，包括美國、英國、澳洲與加拿大。

經五十位科學家首肯同意、維繫永續社會的四大概念是什麼？它們雖然很簡單，卻可大大改變人們的觀念：

—自然無法承受人類系統化、不間斷地自地殼抽取各式物質。

—自然無法承受人造持久性化合物的系統化累積（譬如多氯聯苯）。

—自然無法承受人類系統化破壞它的復原能力（譬如濫捕魚類的速度超過魚類繁殖的速度，或者是將沃土變成荒漠）。

—所以，人類如果想要延續命脈，必須(1)有效使用資源；(2)推動公平與公義。對貧窮視而不見，只有促使窮人為了求取短暫的生存，而摧毀人類長期生存所需的資源（譬如焚燒雨林）。

我們生活在兩個互相貫通滲透的世界，第一個是活生生的世界，它經過數十億年演化，禁起得各式嚴酷考驗；第二個是人類在過去幾千年裡為自己建構起來的世界，裡面有馬路、城市、農場與各種人造事物。兩個世界而今都面臨了存續的危機，

因為兩者未能統合！

——雷恩與考溫（Sim van der Ryn & Stuart Cowan），《生態設計》（*Ecological Design*）

羅柏特的觀念已經深植於許多企業與國家。像是加拿大卑詩省的惠斯特勒（Whistler）和亞伯達省（Alberta）的坎摩爾（Canmore）等社區正面臨爆炸性的人口成長，並和「加拿大自然步驟」組織合作尋找永續生存的方法。此外，像是 Interface 和 Ikea 等大型企業也都採用「自然步驟」來減低對生態的傷害。這些公司徹底重新思考他們推動業務的方式，也改變各種作業流程，包括原料採購、製造、運送、廠房興建、維修和廢料管理，因而減少了浪費，變得更有效率，利潤也增加了。

「自然步驟」界定人類的活動上限，必須以地球的吸收與復原能力為標準，而不是信任專家以不完整的科學知識作判斷。接受了地球的上限，企業與團體必須找出自己的出路，依自然法則求存。「自然步驟」是個令人興奮的新思惟，勢必造成強大的衝擊。

我相信，解決社會問題的答案將非左非右，也不來自南或北。它們將來自……真心想要做點事的正直個人……這也是一個社會網絡應該做的事：找出那些真心想要把事做好的人。這樣的人到處都有，改變就是這樣出現的，而你不會注意到異樣。這並非個人之爭，而會擴散開來……這是智者會做的事……

——卡爾—亨里克・羅柏特，摘自《脈絡》

生物多樣性的捍衛者：席娃

地球家庭的成員不是只有各式人類社會，而是涵括所有存在物，包括山岳河川。在北印度語裡，Vasudhaiva Kutumbam 表示「地球家族」（Earth Family），意指所有生物都是平等的，不論大小，一切生物的地位都相同。因為從生態觀點來講，你完全不明瞭各種生物在生命網絡裡的意義。

——凡達納・席娃（Vandana Shiva），摘自奧蘇貝編輯之《大地還原》

席娃是印度人，對環境保護的熱情與投入來自她的家庭背景。她的母親原本是資深的教育官員，印度與巴基斯坦分離後，便改行當農夫。席娃還記得小時候，母親常指著森林對她說，那是完全的生存典範。席娃的父親則是森林保育員，經常帶著她漫遊喜馬拉雅山下的森林。十五歲以前，席娃從未見過城市，行為與思想都緊緊與自然相連。

因為熱愛自然，席娃決定到加拿大修習量子物理，因為它研究萬物基本結構，這讓席娃認識了宇宙基本粒子的測不準性與多樣化，也成為她日後行動的概念基礎。當她還在就讀大學時，暑假期間都會重遊父親走過的山間野徑，就在那裡碰到了著名的「抱樹女人」（Chipko）運動：她們抱住大樹，用肉身阻止工人砍伐樹木。席娃加入了這個運動。

席娃拿到博士學位後，婉拒了北美各地的工作邀約，返回印度，時值「綠色革命」（Green Revolution）的成果受到懷疑，席娃馬上一頭栽入。「綠色革命」推動以少數經過汰選的品種取代適應地方生態、基因多樣性的傳統品種。這些強力推廣的新品種需要大量的肥料、水力、除草劑（減少競爭）與殺蟲劑，此外，播種與收成時還需要用到機械。以印度這樣的國家來說，百分之七十的人口都務農，「綠色革命」帶來非常大的衝擊。原本許多社區自給自足，只生產供應當地所需的農產品，現在全部改種外銷作物，並且極度仰賴外來的農業技術；加上大量使用機械，使得農耕成本急速上升。席娃說：

> 現代世界是以工廠模型來建構自然與文化，譬如以木材價值判斷一座森林，而不是以它支持生命的能力作為標準。

席娃發現「綠色革命」削弱了生物多樣性，而後者正是圍堵疫病爆發的防線。為了肥沃土壤，飼養家禽，讓人類填飽肚子，生物多樣性是必要的。因為如果土壤惡化，社區居民會飽受饑饉之苦，只有農產公司賺到錢。席娃於是與農民聯手抵制跨國種子公司，推動保存基因多樣性的傳統栽植。一九九一年，她寫了一篇文章〈綠色革命的暴力〉（The Violence of the Green Revolution），質疑它所宣稱的成果。

她同時成立了「科學、科技與自然資源政策研究基金會」（Research Foundation for Science, Technology and Natural Resources Policy）。基金會調查發現印度的公司透過立法，讓基因改良品種變成「發明」，可以申請專利權，以全盤控制印度的農業。一旦一個新品種申請了專利，它的再使用、販售與再販售，專利廠商每一次都要收錢；更驚人的是，一株植物至少有三萬到十萬個基因，只要隨便混合一、二個基因，廠商便可宣稱開發出新品種，申請專利。席娃發掘了黑暗內幕，決心與控制種子的公司宣戰：

> 聖雄甘地為了紡織革命，拿起了紡錘。為了重新打造生命，我們也應該拿起種子……，每一顆種子都訴說著屬於它的社區故事，它也是一篇政治聲明，表達我們要什麼樣的生活、什麼樣的農業，我們與土地又要維持什麼樣的關係。

身為量子物理學者，席娃深知潛能四處存在，事物的結果有多種可能，所謂「自由」就是對各種可能與各種抉擇保持開放的態度，而非重重限制。當大公司控制了生產的方法，統一了生產技術與概念，讓產品同質化，人類的選擇便嚴重受限，無力因應不可預知的未來。

當全球最大的穀物商、總資產達四百七十億美元的嘉吉（Cargill）公司，打算將傳統印度種子申請專利時，席娃知道她非挺身對抗不可；如果專利申請通過，印度農民將無法自由使用屬於他們的傳統種子。印度農夫一向視這些種子為他們的智慧結晶，非常氣憤嘉吉公司的作法，一九九三年，憤怒的農民衝進了嘉吉公司位於德里的辦公室，焚燒了該公司的檔案；數月後，農民又搗毀了價值兩百五十萬元的種子處理設備。不久，五十萬農民聚集邦加羅爾市（Bangalore），抗議種子專利政策。在這場大型抗爭後，嘉吉公司宣布不再在印度申請種子專利。

對席娃而言，生物科技與生物專利根本就是「資源主義」（resourcism）的可憎擴張，懷抱「資源主義」思想者，評估世間一切都依據其利用價值，並且盡情控制資源：

當生命變成「基因寶礦」，安全防線將瓦解。我們的抗爭在精神上就像「反買賣奴隸」抗爭，我們抗爭的是二十世紀的基因物質買賣！

席娃了解生物學最重要的一課就是：生命的韌性與農夫的豐收繫於生命多樣性。

保持生物多樣性是一種宇宙責任，它維持一種更大的平衡，因此我們在印度推動種子保育。

到目前為止，席娃已經成立了十家種子銀行，保存當地農作物的多樣性。她知道日積月累，這些種子銀行將成為後代子孫的寶貴資產，一旦面臨生態巨變，才有足夠的本錢因應。席娃希望印度成立「無專利」農業區，並聯合各國農夫、園藝者成立全球網路，共同致力保存種子的多樣性。同時，席娃也和位於馬來西亞的「第三世界網絡」（Third World Network）合作，防止生物科技帶來的巨變，阻擋跨國公司與「世界貿易組織」（World Trade Organization）追求利益的行為。

尤努斯與村落銀行

有錢的幸運者才有銀行信用，這種神話必須打破。你只要仔細看看小村落裡的卑微村民，便發現他們其實是有能力的聰明人，只需要一個能夠支援他們的適當環境，便能改變生活。

——米哈邁德・尤努斯（Muhammed Yunus），《大膽的赤腳銀行》（*The Barefoot Bank with Cheek*）

對沒有固定工作又無房子、車子的人來說，申請銀行貸款根本不可能，因為銀行覺得沒有工作與擔保品的貸款者風險太高。對澳洲、加拿大、美國等富裕國家的居民來說，他們很難想像真正的窮國百姓是如何過活的。幾年前，孟加拉的經濟狀況被評估為「沒救了」，人口過多，遠超它的負荷，世界各國應當停止繼續貸款給孟加拉。但是，尤努斯推翻了這種說法！

六〇年代美國學潮風起雲湧時，尤努斯正在美國修習經濟學博士學位，學生運動激起了他的理想熱情。一九七二年他重返孟加拉後，便決定改善百姓的困境。他經常帶著學生到鄉下訪問農民，思索幫助他們的方法。一九七四年，孟加拉發生可怕的大飢荒，尤努斯想到可以提供貸款給一些家庭，讓他們製作一些小東西販售。他相信，提供貸款可以減輕農村普遍可見的貧窮情況，於是他帶了學生去見當地的農民和村民，希望能夠幫助他們。一九七六年，尤努斯擔任吉大港大學（University of Chitagong）的經濟系主任，帶著學生訪問村落時，碰到了寡婦卡登（Sufiya Khatun），讓他的構想成形。卡登以編織、出售竹凳維生，尤努斯訝然發現她一天只賺兩分錢，問她為什麼賺得那麼少，卡登說她沒錢買竹子，而村內唯一肯借錢給她的人要很高的利息，所得利潤才那麼低。

尤努斯決定調查多少村民有相同困擾，結果總共是四十二個人。這四十二個人合計只需要美金二十六元購買原料，便能夠自由工作，不受剝削。尤努斯說：

> 身為社會的一分子，我感到極端羞愧，這個社會居然無法提供二十六美元給四十二個技術工作者，讓他們掙一口活兒。

對銀行來說，放款二十六美元給四十二個人，文書成本還高過貸款額，更何況這些人極端貧窮，全部是文盲，沒有擔保品。

兩年後，尤努斯成立了第一家「村落銀行」（Grameen Bank），它和一般銀行不同，要求：(1)貸款必須準時繳還；(2)只有最窮的、沒有土地房產的人，才能申請貸款；(3)主動貸款給女人，因為她們的社會地位最低、最欠缺經濟管道。這些沒有資產的女人無須提供擔保品，但是要五人連保，每八個連保組合再形成一個四十人的中心，每周聚會一次。

「村落銀行」獲得極大的成功，到了一九八三年，總共成立了八十六個分支機構，貸款給五萬八千個村民。到了二〇〇六年五月，「村落銀行」擁有二千一百八十五個分支機構，服務六萬九千一百四十個村落，共計六百三十九萬名貸款者，其中九成六是女人；驚人的是，準時還款率高達百分之九十八．四五。自成立以來，「村落銀行」一共貸出五十三億四千萬美元，其中四十七億三千萬美元已經償還。「村落銀行」的貸款人有將近三千萬在孟加拉，其中一半以上已脫離極度貧窮；換言之，就是家中所有學齡兒童皆接受學校教育、所有家庭成員每天吃三餐、有一間乾淨的廁所、一棟可以遮風避雨的房子、乾淨的飲水和有能力付清一周八美元的貸款。憑著這樣的偉大成就，尤努斯獲得二〇〇六年的諾貝爾獎和平獎。

有四百多種不同的行業都是利用「村落銀行」的貸款創立的，例如碾米業、冰棒製造業和芥菜油製造業。這些年來，「村落銀行」的概念也擴散出去，許多國家紛紛起而仿效，包括最富有的美國都有「村落銀行」。「世界銀行」（World Bank）與聯合國也不斷在討論微體經濟（micro-economics）、「微額貸款」（micro-loan）與「微小銀行」（micro-bank）的概念，這就是尤努斯對世界的貢獻。

勇於改變

世界上有成千上萬的生態英雄，他們改變了所屬社區，影響了全世界，本章所舉不過是少數幾例。在生態英雄的背後，還有數以百萬計的人捐錢出力，幫忙寫信、填充路障、參與遊行示威，默默做著環保義工。參與環境運動，與志同道合者並肩挽救後代子孫的前途，箇中有希望也有樂趣。人人都有奮起行動、改變世界的能力，眾志成城，我們可以重新找回古老社會的永續和諧。唯有在這樣的社會裡，人類與萬物的需求才能得到滿足，並在地球神聖的自我更生過程找到平衡點。

自然世界是客觀也是主觀的，它是成就人身皮囊的物質來源，
也滋養著人類的肉體、情緒、美感、道德與宗教。
自然世界是一個神聖的大社區，我們都是其中的一部分。遠離了這個社區，
也就遠離了造就我們的一切養分，人類將一無所有。破壞這個社區，
也就是摧毀人類的生存。

——貝利，《地球之夢》

參考書目

序論

Bernard Lown & Evjueni Chazov, quoted in P. Crean & P. Kome, eds., *Peace, A dream Unfolding* (Toronto: Lester & Orpen Dennys, 1986).
Rachel Carson, *Silent Spring* (Boston: Houghton Mifflin, 1962).
Union of Concerned Scientists, "World Scientists' Warning to Humanity," Nov. 18, 1992.
Warning "not newworthy," Henry Kendall, personal communication.

第1章

Alan Thein Durning, *How Much Is Enough? The Consumer Society and the Future of the Earth* (New York: W.W.Norton, 1992).
Alison Gopnik, Andrew N. Meltzoff, and Patricia K. Kuhl, *The Scientist in the Crib:What Early Learning Tells Us About the Mind* (New York: Harper Collins, 1999).
"All-Consuming Passion: Waking up from the American Dream." Pamphlet of the New Road Map Foundation, Seattle.
Allen D. Kanner & Mary E. Gomes, "The All-Consuming Self.," *Adbusters*, Summer 1995.
Benjamin Franklin, quoted in H.Goldberg & R.T.Lewis, *Money Madness: The Psychology of Saving, Spending, Loving, Hating Money* (New York: William Morrow, 1978).
Brian Goodwon, quoted in John Brockman, "A New Science of Qualities: A Talk with Brian Goodwin," *Edge* 15, April 29, 1997.
Brian Swimme, *The Hidden Heart of the Cosmos*, 1996. Vedio available from Centre for the Story of the Universe, Mill Valley, California.
Campaign for a Commertial-Free Childhood, " Marketing to Children: An Overview," http://www.commertialfreechildhood.org. Accessed June 25, 2006
Carl Sagan, *Broca's Brain* (New York: Random House, 1974).
Census of Marine Life, http://www.coml.org.Accessed June 15, 2006.
Centre for a New American Dream, "Facts About Marketing to Children," http://www.newdream.org/kids/facts.php. Accessed June 25, 2006.
Charles R. Darwin, *The Origin of Species* (London: John Murray , 1859).
Claude Lévi-Strauss, "The Concept of Primitiveness," in *Man the Hunter*, ed., Richard B. Lee & Irven de Vore (Hawthorne, N.Y.: Aldine, 1968).
Donald R.Griffen, *Animal Thinking* (Cambridge, Mass.: Harvard University Press, 1984).
Donald R. Keough, quoted in R. Cohen, "For Coke, World Is Its Oyster," *New York Times*, Nov. 21, 1991.
Eric Lander, in "Episode 1: Journey Into New Worlds," *The Sacred Balance* (Toronto: CBC, 2003).
Francois Jacob, *The Logic of Living Systems: A History of Heredity* (London: Allen Lane, 1970).

George Eliot, *Middlemarch* (London: Penguin Books, 1871).
Gerardo Reichel-Dolmatoff, *Amazonian Cosmos: The Sexual and Religious Symbolism of the Tukano Indians* (Chicago: University of Chicago Press, 1971).
Ian Lowe, personal communication
John Donne, “The First Anniversary,” *The Poems of John Donne* (New York: Oxford University Press, 1957).
Jonathan Marks, Human Biodiversity: *Genes, Race and History* (Hawthorne, N.Y.: Aldine de Gruyter, 1995).
Juliet Schor, *Born to Buy: The Commercialized Child and the New Consumer Culture* (New York: Scribner, 2004).
Lyall Watson, *Supernature* (Anchor Press, 1973).
Maria Montessori, *To Educate the Human Potential* (N.p.: Kalakshetra, 1948).
Michael Cockram, “Deep and Merely Tinted Green,” *ArchitectureWeek*, March 31, 2006.
Millennium Ecosystem Assessment, *Ecosystems and Human Well-being: Biodiversity Synthesis* (Washington, D.C.: World Resources Institute, 2005).
Mr. Jean Chrétien, quoted in Jill Vardy and Chris Wattie, “Shopping is Patriotic, Leaders Say,” *The National Post*, Sept. 28, 2001.
Nathan Cobb, *Nematodes and Their Relationships* (Washington, D.C.: Department of Agriculture, 1915)http://www.ars.usda.gov/Main/docs.htm?docid=9626. Accessed March 29,2007.
P.M.McCann, K.Fullgrabe & W.Godfrey-Smith, *Social Implications of Technological Change* (Canberra: Department of Science and technology, 1984).
Paul Ehrlich, *The Machinery of Nature* (New York: Simon & Schuster, 1986).
Paul Wachtel, *The Poverty of Affluence: A Psychological Portrait of the American Way of Life* (Gabriola Island, B.C. New Society, 1988).
”Preserving and Cherishing the Earth: An Appeal for Joint Commitment in Science and Religion,” quoted in Peter Knudston & David T. Suzuki, *Wisdom of the Elders* (Toronto: Stoddart, 1992).
Richard Cannings and Sydney Cannings, *British Columbia: A Natural History* (Vancouver: Greystone Books, 1996)
Richard Louv, *Last Child in the Woods: Saving Our Children from Nature-Deficit Disorder* (Chapel Hill: Algonquin Books, 2005).
R. Reich, *The Work of Nations: Preparing Ourselves for 21 st-Century Capitalism* (New York: Alfred A. Knopf, 1991).
Robert Browning, “Caliban upon Setebos,” *The Norton Anthology of English Literature* (New York: W.W.Norton, 1987).
Roger Sperry, “Changed Conceps of Brain and Consciousness: Some Value Implications,” *Zygon: Journal of Religion and Science 20*(1985): 1.
Ronald W.Clark, *Einstein: The Life and Times* (New York: Avon Books, 1971).
R.W. Kimmerer, *Gathering Moss: A Natural and Culture History of Mosses* (Corvallis: Oregon State University Press, 2003).
Santiago Ramón y Cajal, *Recollection of My Life* (Cambridge, Mass.: Harvard University Press, 1969).
Simon Nelson Pattern, quoted in H. Allen, “Bye-bye American’s Pie,” *Washington Post*, Feb. 11, 1992.
Stephen Jay Gould, *Wonderful Life: The Burgess Shale and the Nature of History* (New York: W.W.Norton, 1989).
Stuart Kauffman, *At Home in the Universe: The Search for Laws of Self-Organization and Complexity* (New York: Oxford University Press, 1995)
The Chimpanzee Sequencing and Analysis Consortium, “Initial Sequence of the Chimpanzee Genome and Comparison with the Human Genome,” *Nature* 437 (2005): 69-87.
Thomas Berry, *The Dream of the Earth* (San Francisco: Sierra Club Books, 1988).
U.S. Department of Energy Office of Science, Office of Biological and Environmental Research “Human Genome project,” http://www.ornl.gov/sci/technresources/Human_Genome/ home.shtml. Accessed June 15,2006

Victor Lebow, quoted in Vance Packard, *The Waste Makers* (David McKay, 1960).
White House Press Release, "At O'Hare, President Says 'Get on Board,'" Sept. 27, 2001, http://www.whitehouse.gov/news/releases/2001/09/2001927-1html. Accessed June 25, 2006.
World Commission on Environment and Development, *Our Common Future* (New York: Oxford University Press, 1987).

第二章

Built-in safety measures, A. Despopoulus and S.Silbernagl, *Color Atlas of Physiology*, 4th ed. (New York: Theime Medical Publishers, 1991).
Cynthia Beall, "Andean, Tibetan and Ethiopian Patterns of Adaptation to High-Altitude Hypoxia," *Integrative and Comparative Biology* 46 (2006): 1.
Cynthia Beall et al., "Ventilation and Hypoxic Ventilatory Response of Tibetab abd Ayamara High Altitude Natives," *American Journal of Physical Anthropology* 104 (1997): 427-447.
David Schindler, in "Episode 2: The Matrix of Life," *The Sacred Balance* (Toronto: CBC, 2003).
Eric Dewailly, quoted in Marla Cone, *Silent Snow: The Slow Poisoning of the Arctic* (New York: Grove Press, 2005).
E. Goldsmith, P.Bunyard, N.Hildyard & P.McCully, *Imperilled Planet* (Cambridge, Mass.: MIT Press, 1990).
Father José de Acosta, Natural and Moral History (1590), qutoed in Blumentsock, *The Ocean of Air*.
Gerard Manley Hopkins, *The Blessed Virgin Compared to the Air We Breathe* (Oxford: Oxford University Press, 1948).
Harlow Shapley, *Beyond the Observatory* (New York: Scribners, 1967).
James Lovelock, *Gaia: The Practical Science of Planetary Medicine* (London: Allen & Unwin, 1991).
Jonathan Weiner, *The Next One Hundred Years* (New York: Bantam Books, 1990).
Jules M. Blais, David W. Schindler, et al., "Accumulation of Persistent Organochlorine Compounds in Mountains of Western Canada," *Nature* 395 (1998): 585-588.
Julie Payette, in "Episode 1: Journey Into New Worlds," *The Sacred Balance* (Toronto: CBC, 2003).
Lynn Margulis, "Gaia Is a Tough Bitch," in *The Third Culture* (New York: Simon and Schuster, 1995).
Plato, Phaedro, quoted in D.T.Blumenstock, *The Ocean of Air* (New Brunswick, N.J.: Rutgers University Press, 1959).
V. Shatalov, in *The Home Planet*, ed., K.W. Kelley (Herts, U.K.: Queen Anne Press, 1988).

第三章

A. Despopulus & S. Silbernagl, *Color Atlas of Physiology,* 4th ed. (New York: Theime Medical Publishers, 1991).
Consumer Reports, "What's in That Bottle?" http://www.consumerreports.org/cro/food/ drinkingwatersafety-103/whats-in-bottled-water/index.htm. Accessed March 29, 2007.
Daniel Hillel, *Out of the Earth: Civilization and the Life of the Soil* (Herts, U.K.: Maxwell MacMillan, 1986).

Fred Pearce, "The Parched Planet," *New Scientist* 189 (2006): 32-36.
Jack Vallentyne, *American Society of Landscape Architects* (Ontario Chapter)4, no.4 (Sept.- Oct. 1987).
K.Lanz, *The Greenpeace Book of Water* (Newton Abbot, U.K.: David And Charles, 1995).
Mark A, MaMenammin and Dianna L.S. McMenamin, *Hypersea: Life on Land* (New York: Columbia University Press, 1994).
Michael Keller, *The Sacred Balance*, "Episode 2: The Matrix of Life" (Toronto: CBC, 2003).
M. Keating, *To the Last Drop: Canada and the World's Water Crisis* (Toronto: MacMillan Canada, 1986).
Natural Resources Defense Council, "Bottled Water: Pure Drink or Pure Hype?" http://www. nrdc.org/water/drinking/bw/bwinx.asp. Accessed June 25, 2006.
Peter Warshall, "The Morality of Molecular Water," *Whole Earth Review*, Spring 1995.
Richard Saykally, in "Episode 2: The Matrix of Life" *The Sacred Balance* (Toronto: CBC, 2003).
Samuel Taylor Coleridge, The Rime of the Ancient Mariner, *The Norton Anthology of English Literature* (New York: W.W. Norton, 1987).
Seth Shostak. "8 Worlds Where Life Might Exist," SETI Institute, March 23, 2006, http://www. space.com/search forlife/060323_seti_biomes.html. Accessed July 5, 2006.
Theo Colborn, Dianne Dumanoski and John Peterson Myers, *Our Stolen Future* (New York: Dutton Books, 1996).
Vladimir Vernadsky, in M.I. Budyko, S.F. Lemeshko & V.G. Yanuta, *The Evolution of the Biosphere* (N.p.: Reidel Publishing, 1986).
Willian Shakespeare, *The Tempest, The Works of Shakespeare* (New York: MacMillan, 1900).
W.E.Akin, Global Patterns in Climate, *Vegetation and Soils* (Norman: University Oklahoma Press, 1991).
World Health Organization, "Water Sanitation and Health," http://www.who.int/water_sanitation_health/publications/facts2004. Accessed July 10, 2006.
World Water Council, "Water Crisis." http://www.worldwatercouncil.org/index.php?id=25. Accessed July 10, 2006.

第四章

Aldo Leopold, *A Sand County Almanac* (New York: Oxford University Press, 1949).
Australia: State of the Environment (Victoria: CSIRO, 1996).
Bernard Campbell, *Human Ecology* (New York: Heinemann Educational, 1983).
Carter and Dale, *Topsoil and Civilization*.
D. Helms & S.L.Flader, eds., *The History of Soil and Water Conservation* (Berkeley: University of California Press, 1985).
Deborah Bird Rose, *Nourishing Terrains: Australian Aborigianal Views of Landscape and Wilderness* (Parkes: Australian Heritage Commision, 1996).
Daniel Hillel, *Out of the Earth: Civilization and the Life of the Soil* (Herts, U.K.: Maxwell MacMillan, 1991).
David Pimentel, 1994 "Constraints on the Expansion of Global Food Supply," *Ambio* 23 (1994).
D. Pimentel, 1994 "Natural Resources and an Optimum Human Population," *Population and Environment* 15, no.5 (1994).
D. Pimentel, "Soil as an Endangered Ecosystem," *Bioscience* 50 (2000): 947.
D. Pimentel and M. Pimentel, "World Population, Food, Natural Resources, and Survival," *World Futures* 59 (2003): 145-167.
Elaine Ingham, The Soil Foodweb: Its Importance in Ecosystem Health, http://www.rain.org/ ~sals/ingham.html. Accessed July 8, 2006.

Gaia Vince, “Your Amazing Regenerating Body,” *New Scientist* 190 (2006): 2556.
Gisday Wa & Delgam Uukw, *The Spirit of the Land* (Gabrioila, B.C.: Reflections, 1987).
Heather Archibald, “Organic Farming: The Trend is Growing!” *Canadian Agriculture at a Glance*, Statistics Canada Catalogue No.96-325-XPB (Ottawa: Statistics Canada, 1999).
Homer, quoted in R.S. Gottlieb, 1996 *This Sacred Earth: Religion, Nature, Environment* (London: Routledge, 1996).
Horizons of soil, Frank Press and Raymond Siever, *Earth* (San Francisco: W.H. Freeman & Company, 1982).
Luther Standing Bear, *My People the Sioux*, ed., E.A. Brininstool (reprint, Lincoln: University of Nebraska Press, 1975).
Marq de Villiers, *Water* (Toronto: Stoddart, 1999).
Miguel Altieri, *Agroecology: The Science of Susbstainable Agriculture*, 2nd ed. (Boulder, co: Westview, 1995).
N.A. Campbell et al., *Biology* (San Francisco: Benjamin Cummings, 1999).
Nicola Jones, “South Aral Sea ‘Gone in 15 Years,’” *New Scientist*, July 21, 2003, http://www. newsscientist.com/article.ns?id=dn3947. Accessed March 29, 2007.
Peter Knudtson & David T. Suzuki, *Wisdom of the Elders* (Toronto: Stoddart, 1992).
Philip Cohen, “Clay’s Matchmaking Could Have Sparked Life,” *New Scientist* 23 (2003), http://www.newscientist.com/article.ns?id=dn4307. Accessed July 15,2006.
Philip Ball, “Shaped from Clay: Minerals Help Molecules Thought to Have Been Essential for Early Life to Form,” Nature, Nov. 3, 2005, http://www.news. nature.com /news/2005/051031- 10. html. Accessed July 15, 2006.
P.P. Micklin, “Desiccation of the Aral Sea: A Water Management Disaster in the Soviet Union,” *Science* 241 (1998): 1170-1176.
Senator Herbert Sparrow, *Soil at Risk: Canada’s Eroding Future* (Ottawa: Government of Canada, 1984).
S.W. Simard and D.M. Durall, “Mycorrhizal Networks: A Review of Their Extent, Function and Importance,” *Canadian Journa of Botany* 82 (2004):1140-1165.
Tullis Onstott, in “Episode 2: The Matrix of Life,” *The Sacred Balance* (Toronto: CBC, 2003).
T. Flannery, *The Future Easters* (Victoria, Australia: Reed Books, 1994).
Vernon Gill Carter & Tom Dale, *Topsoil and Civilization* (Norman: University of Oklahoma Press, 1974).
W.C. Lowdermilk, “Conquest of the Land through 7,000 Years,” *Soil Conservation Service*, Bulletin 99 (Washington, D.C.: U.S. Department of Agriculture, 1953).
Yvonne Baskin, *Under Ground: How Creatures of Mud and Dirt Shape Our World* (Washington, D.C.: Islands Press, 2005).

第五章

A. Melis, L. Zhang, et al., “Sustaned Photobiological Hydrogen Gas Production upon Reversible Inactivation of Oxygen Evolution in the Green Alga *Chlamydomonas reinhardtii*,” *Journal of Plant Physiology* 122 (2000): 127-136.
A. Lovins & L.H. Lovins, “Reinventing the Wheels,” *Atlantic Monthly* 271 (1995): 75-81.

Amory Lovins, "More Profit with Less Carbon," *Scientific American* 293 (2005): 74-83.
American Society of Plant Biologists, "Scientists Use Algae to Find Valuable New Source of Fuel." http://www/aspb.org/publicaffairs/news/melis.cfm. Accessed Aug. 10, 2006.
C. Ponnamperuma, *The Origins of Life* (New York: Dutton, 1972).
Colin Campbell, quoted in John Vidal, "The End of Oil is Closer Than You Think," *The Guardian*, Apr. 21, 2005, http://www.guardian.co.uk/life/featurestory/0,13026,1464050,00.html. Accessed Mar. 29, 2007.
David Pimentel, "Natural Resources and an Optimum Human Population," *Population and Environment* 15, no.5 (1994).
E. J. Tarbuck & F.K. Lutgens, *The Earth: An Introduction to Physical Geology* (Columbus: Merrill Publishing, 1987).
E. von Weizsacker, A. Lovins & L.H.Lovins, *Factor 4: Doubling Wealth — Halving Resources Use* (London: Allen & Unwin, 1997).
Fred Pearce, "Climate Change: Menace or Myth?" *New Scientist* 185 (2005): 38-43.
Hildegarde of Bingen, quoted in David MacLagan, *Creation Myths: Man's Introduction to the World* (London: Thames & Hudson, 1977).
Jeffrey Dukes, "Burning Buried Sunshine: Human Consumption of Ancient Solar Energy," *Climate Change* 61 (2003): 31-44.
Larousse Encyclopedia of Mythology (London: Bathworth Press, 1959).
M. Safdie & W. Kohn, *The City after the Automobile* (Toronto: Stoddart, in press).
Malcolm Smith on seeing pictures of Earth at night, quoted in *the Guardian*, Apr. 25, 1989.
Maurice Strong, quoted in *the Guardian*, Apr. 25, 1989.
Naomi Oreskes, "Beyond the Ivory Tower: The scientific Consensus on Climate Change," *Science* 306 (2004): 1686.
Nicholas Stern, *The Economics of Climate Change: The Stern Review* (Cambridge: Cambridge University Press, 2007).
Stanley L. Miller, "A Production of Amino Acids under Possible Primitive Earth Conditions." *Science* 117 (1953): 528-529.
Wallace Stevens, "Sunday Morning," *The Norton Anthology of Poetry* (New York: W.W. Norton, 1923).

第六章

Alan Thein Durning, "Saving the Forests: What Will It Take?" *Worldwatch Paper* 117, Dec. 1993.
Bepkororoti, Kayapo leader in Brazil, quoted in Oxfam report, "Amazonian Oxfam's Work in the Amazon Basin."
Bernard Campbell, *Human Ecology* (Heinemann Eductional, 1983).
Black Elk, quoted in T.C. McLuhan, *Touch the Earth* (New York: Promontory Press, 1971).
Catherine Larrère, "A Necessary Partnership with Nature," *UNESCO Courier*, May 2000.
Dam in Tasmania, "Pedder 2000: A Symbol of Hope at the New Millennium," Global 500 Forum Nesletter no.13, Feb. 1995.
E. Goldsmith, P. Bunyard, N.Hildyard & P. McCully, *Imperilled Planet* (Cambridge, Mass.: MIT Press, 1990).
Edward O. Wilson, "Biophilia and the Conservation Ethic," in *The Biophilia Hypothesis*, ed., S.R.Keller & E.O.Wilson (Washington, D.C.: Island Press, 1993).

Edward O. Wilson, "Learning to Love the Creepy Crawlies," *The Nature of Things* (Toronto: CBC, 1996).
Edward O.Wilson, *The Diversity of Life* (Cambridge, Mass.: Harvard University Press, 1992).
Francis Hallé, personal communication.
Gail Schumann, "Plant Diseases: Their Biology and Social Impact," *American Phytopath Society*, 1991.
George P. Buchert, "Genetic Diversity: An Indicator of Sustainability" (paper given at workshop entitled Advancing Boreal Mixed Magagement in Ontario, held in Sault Ste. Marie, Ont., Oct. 17-18, 1995).
George Wald, "The Search for Common Ground," *Zygon: The Journal of Religion and Science* 11 (1996): 46.
IUCN Red List 2006, May 2, 2006, http://www/incnredlist.org. Accessed Mar. 29, 2007.
Howard T. Odum, *Environment, Power and Society* (New York: John Wiley & Sons, 1971).
John A. Livingston, *One Cosmic Instant* (Toronto: McClelland & Stewart, 1973).
John Pickrell, "Istant Expert: Human Revolution," *New Scientist*, http://www.newscientist.com/article.ns?id=dn9990. Accessed Apr. 3, 2007.
Jonathan Schell, *The Abolition* (New York: Alfred & A. Knopf, 1984).
Jonathan Weiner, *The Next One Hundred Years* (New York: Bantam Books, 1990).
Lynn Margulis, *Five Kingdoms* (San Francisco: W.H. Freeman & Company, 1982).
Lynn Margulis, "Symbiosis and Evolution," *Scientific American* 225 (1971) ‥ 48-57.
Lynn Margulis, *Symbiotec Planet: A New Look at Evolution* (New York: Basic Books, 1998).
P.M. Vitousek, P.R. Ehrlich, A.H. Ehrlich & P.A.Matson, "Human Appropriation of the Prodcucts of Photosynthesis," *Bio Science* 36 (1986): 368-373.
Paul Crutzen and Eugene Stoermer, "Anthropocene," http://www.mpch-mainz.mpg.de/~air/anthropocene/Text.html. Accessed Aug. 15, 2006.
Pope John Paul II, "The Ecological Crisis: A Common Responsibility." Message for celebration of World Day of Peace, 1990.
R. Leaky & R. Lewin, *The Sixth Extinction: Biodiversity and Its Survival* (London: Weidenfield & Nicolson, 1995).
Ransom Myers and Boris Worm, "Rapid Worldwide Depletion of Predatory Fish Communities," *Nature*, May 15, 2003, p.280.
Richard Preston, *The Hot Zone* (New York: Pantheon Books, 1994).
Richard Strohman, "Crisis Position," *Safe Food News* 2000, http://www.mindfully.org/GE.Strohman-Safe-Food.ht,. Accessed March 29, 2007.
St. Francis of Assisi, "The Canticle of Brother Sun," in E. Doyle, *St. Francis and Song of Brotherhood* (New York: Seabury Press, 1980).
Stephen Jay Gould, *Full House: The Spread of Excellence from Plato to Darwin* (New York: Crown, 1996).
Stephen Jay Gould, *The Mismeasure of Man* (New York: Norton, 1981).
Stephen Jay Gould, "Planet of the Bacteria," *Washington Post Horizon* 119 (1996): HI.
T.C. McLuhan, *Touch the Earth* (New York: Promontory Press, 1971).
Vandana Shiva, *Monocultures of the Mind: Perspectives on Biodiversity and Biotechnology* (New York: Oxford University Press, 1993).
Victor B.Scheffer, *Spire of Form: Glimpses of Evolution* (Seattle: University of Washington Press, 1983).
Y. Baskin, *The Work of Nature: How the Diversity of Life Sustains Us* (Washington, D.C.: Island Press, 1997).

第七章

A.L. Engh, J.C. Beehner et al., "Behavioral and Hormonal Response to Predaton in Female Chacma Baboons (*Papio hamadryas ursinus*)," *Proceedings of the Royal Society B: Biological Sciences* 273 (2006): 707-712.

Abraham H. Maslow, *Motivation and Personality* (New York: Harper & Row, 1970).

Alfred Adler, *Social Interest: A Challenge to Mankind* (New York: Putnam, 1938).

Andre Gide, *The Journals of Andre Gide*, vol. 1 (New York: Alfred A.Knopf, 1947).

Anita Barrows, "The Ecological Self in Childhood," *Ecopsychology Newsletter*, Issue no.4, Fall 1995.

Anthony Stevens, "A Basic Need," *Resurgence Magazine*, Jan./Feb. 1996.

Anthony Wash, *The Science of Love* (Buffalo: Prometheus Books, 1991).

Ashley Montagu, *Growing Young* (New York: McGraw-Hill, 1981).

Ashley Montagu, *The Direction of Human Development* (New York: Harper & Brothers, 1955).

Carin Gorrell, "Nature's Path to Inner Peace," *Psychology Today* 34 (2001):62.

Children's Health Care Collaborative Study Group, "Romanian Health and Social Care System for Children and Families: Future Directions in Health Care Reform," *British Medical Journal* 304 (1992): 556-559.

D.G. Myers & E.Diener, "The Pursuit of Happiness," *Scientific American*, May 1996.

D.R. Rosenberg, K. Pajer & M. Rancurello, "Neuropsychiatric Assessment of Orphans in One Romanian Orphanage for'Unsalvageables'," *Journal of the American Medical Association* 268 (1992): 3489-3490.

Debora MacKenzie, "Hamster Dads Make Wonderful Midwives," *New Scientist* 166 (2003): 13.

Desiderius Erasmus (1465-1536), quoted in P. Crean & P. Kome, eds., *Peace, A Dream Unfolding* (Toronto: Lester & Orpen Dennys, 1986).

Daine Luckow, "Tracking the Progress of Romanian Orphans," SFU Public Affairs and Media Relations, Press Release 28 (2003): 1.

Edward O.Wilson, *Biophilia: The Human Bond with Other Species* (Cambridge, Mass,: Harvard University Press, 1984).

Elinor Ames, *The Development of Romanian Children Adopted into Canada: Final Report* (Burnaby: Simon Fraser University, 1997).

Francesca Lyman, "The Geography of Health," *Land & People*, Fall 2002.

Frans de Wall, *Good Natured* (Cambridge, MA: Harvard University Press, 1996).

Greg Lester, "Baboons in Mourning Seek Comfort among Friends," University of Pennsylvania Press Release, 2006.

Henry David Thoreau, *Walden* (Princeton: Princeton University Press, 1971).

Howard Frumkin, "Beyond Toxicity: Human Health and the Natural Environment," *American Journal of Preventative Medicine* 20 (2001): 234-240.

H.F. Harlow & M.K. Harlow, "Social Deprivation in Monkeys," *Scientific American* 207 (1962): 136-146.

I. Zivcic, "Emotional Reactions of Children to War Stress in Croatia," *Jounal of The American Academy of Child Adolescent Psychiatry* 32 (1993): 709-713.

J.G. Guiz-Pelaez, N. Charpak and L.G. Cuervo, "Kangaroo Mother Care, an Example to Follow from Developing Countries," *British Medical Journal* 329 (2004): 1179-1181.

J. Gamble, "Humor in Apes," *Humor* 14-2 (2001): 163-179.

J.L. Brown & E. Pollitt, "Malnutrition, Poverty and Intellectual Development," *Scientific American*, Feb. 1996, pp.38-43.

J.P. Grayson, "The Closure of a Factory and Its Impact on Health," *International Journal of Health Sciences* 15 (1985): 69-93.
John Donne, Devotions upon Emergent Occasions, Meditation XVII, in *Complete Poetry and Selected Prose* (New York: Random House, 1929).
John Robinson & Caroline van Bers, *Living Within Our Means* (Vancouver: David Suzuki Foundation, 1996).
K. Rasmussen, "Intellectual Culture of the Caribou Eskimoes," *Report of the Fifth Thule Expedition*, 1921-1924, vol.7, 1930.
K.E. Wynne-Edwards and S.J. Berg, "Changes in Testosterone, Cortisol and Estradiol Levels in Men Becoming Fathers," *Mayo Clinic Proceedings* 76 (2001): 582-592.
Lauren Slater, "Love: The Chemical Reaction," *National Geographic*, Fec. 2006, 32-49.
L. Taitz, J. King, J. Nicholson & M. Kessel, "Unemployment and Child Abuse," *British Medical Journal Clinical Research Edition*, 294 (1987): 1074-1076.
L.C. Terr, "Childhood Traumas: An Outline and Overview," *American Journal of Psychiatry* 148 (1991): 10-20.
Liz Warwick, "More Cuddles, Less Stress!" *Bulletin of the Centre of Excellence for Early Childhood Development* 4 (2005): 2.
M. Brenner, "Economic Change, Alcohol Consumption and Heart Disease Mortality in Nine Industrialized Countries," *Social Science Medicine* 25 (1987): 119-132.
Oliver Sacks, *A Leg to Stand On* (London: Gerald Duckworth & Co. Ltd., 1984).
Paroma Basu, "Psychologists Glimpse Biological Imprint of Childhood Neglect," University of Wisconsin-Madison Press Release, 2005, http://www.eurekalert.org/pub_releases/2005-11/uow-pgb111705.php. Accessed Aug. 20, 2006.
Pau Shepard, *Nature and Madness* (San Francisco: Sierra Club Books, 1982).
Prince Modupe, *I Was a Savage* (N.p.: Museum Press, 1958).
Quotes about the state of Romanian children adopted by Americans, Johnson et al., "Health of Children Adopted from Romania."
R. Catalano, "The Health Effects of Economic Insecurity," *American Journal of Public Health* 81 (1991): 1148-1152.
R.L. Jin, C.P. Shan & T.J. Svoboda, "The Impact of Unemployment on Health: A Review of the Evidence." *Canadian Medical Association Journal* 153 (1995): 529-540.
Robin Marwick, "Therapy and Service Dogs: Friends and Healers," *AboutKidsHealth*, 2006.
Rossell Lorenzi, "Elephants Mourn Their Dead," *News in Science*, Nov. 4, 2005.
S. Blakeslee, "Making Baby Smart: Words Are Way," *International Herald Tribune*, April 18, 1997.
S. Platt, "Unemployment and Suicidal Behaviour: A Review of the Literature," *Society Science Medicine* 19 (1984): 93-115.
S.R. Kellert & E.O. Wilson, *The Biophilia Hypothesis*, (Washington, D.C.,: Island Press, 1993).
Sarah Conn, in "Episode 4: Coming Home," *The Sacred Balance* (Toronto: CBC, 2003).
Sarah Jay, "When Children Adopted Overseas Come with too Many Problems," *New York Times*, June 23, 1996.
Society for Neuroscience, "Love and the Brain," *Brain Briefings*, Dec. 2005, http://apu.sfn.org/index.cfm?pagename=brainBriefings_loveAndTheBrain. Accessed Aug. 20, 2006.
Society for Neuroscience, "Scientists Uncover Neurobiological Basis for Romantic Love, Trust and Self" *Science Daily*, Nov. 11, 2003, http://www.sciencedaily.com/releases/2003/11/031111064658.htm. Accessed Aug. 21, 2006.
"The Ecological Self in Childhood," *Ecopsychology Newsletter*, Issue no.4, Fall 1995.
Vine Deloria, *We Talk, You Listen* (New York: Delta Books, 1970).

第八章

Annie Dillar, *Teaching a Stone to Talk* (New York: HarperCollins, 1982).

Aztec lamentation, in Margot Astrov, ed., *American Indian Prose and Poetry* (New York: Capricorn, 1962).

B. and T. Boszak, "Deep Form in Art and Nature," *Resurgence* (1996), 176.

D. Kingsley, *Ecology and Religion: Ecological Spirituality in Cross-Cultural Perspective* (New York: Prentice-Hall, 1995).

Daniel Swartz, "Jews, Jewish Texts and Nature," in *This Sacred Earth: Religion, Nature, Environment*, ed. R.S.Gottlieb (London: Routledge, 1996).

David J. Chalmers, "Facing Up to the Problem of Consciousness," *Journal of Consciousness Studies* 2 (1995): 200-219.

Erich Neumann, *Origins and History of Consciousness* (Princeton: Princeton University Press, 1954).

Gordon Gallup, James Anderson and Daniel Shillito, "The Mirror Test," in *The Cognitive Animal: Empirical and Theoretical Perspectives on Animal Cognition* (Cambridge, MA: MIT Press, 2002).

Hopi Myth, B.C. Sproul, *Primal Myths: Creating the World* (New York: Harper & Row, 1979).

Jacques Monod, *Chance and Necessity*(New York: Vintage Books, 1972).

Joseph Meeker, *Minding the Earth* (Alameda, Calif.: Latham Foundation, 1988).

Kenneth Marten and Suchi Psarakos, "Evidence of Self-awareness in the Bottlenose Dolphin (*Tursiops truncatus*)," in *Self-awareness in Animals and Humans: Developmental Perspectives* (New York: Cambridge University Press, 1995).

Lame Deer, quoted in D.M. Levin, *The Body's Recollection of Being: Phenomenal Psychology and Deconstruction of Nihilism* (London: Routledge & Kegan Paul, 1985).

Lao Tzu, *The Complete Works of Lao Tzu: Tao Te Ching and Hua Hu Ching*, trans. Huan-Ching Ni (Santa Monica, Calif: SevenStar Communications, 1979).

M.K. Dudley, in *This Sacred Earth: Religion, Nature, Environment*, ed., R.S. Gottlieb (London: Routledge, 1996).

Neil Evernden, *The Natural Alien: Humankind & Environment* (Toronto: University of Toronto Press, 1993).

P. Moore, *Pacific Spirit* (N.p.: Terra Bella, 1996).

Pablo Neruda, quoted in *This Scared Earth*, ed. R.S.Gottlieb.

Paul Bloom, "Is God an Accident?" *The Atlantic Monthly*, http://www.theatlantic.com/doc/200512/god-accident. Accessed Sep. 10, 2006.

Paul Bloom, "Natural-born Dualists" *Edge: The Third Culture*, May 13, 2004, http://www.edge.org/3rd_culture/bloom04/bloom04_index.html. Accessed Sep. 9, 2006.

Richard Wilbur, "Epistemology," in *The Norton Anthology of Modern Poetry*, ed., R.Ellmann & R.O'Clair (New York: W.W. Norton, 1973).

Robin Dunbar, "We Believe," *New Scientist* 189 (2006): 28-33.

Seamus Heaney, "The First Words," *The Spirit Level* (London: Faber & Faber, 1996).

Than Ker, "Why Great Minds Can't Grasp Consciousness." Live Science, http://www.livescience.com/humanbiology/050808_huamn_consciousness.html. Accessed Sep. 1, 2006.

Thomas Hardy, "*Transformation*" (New York: Penguin Books, 1960).

T.S. Eliot, The Waste Land, "I, The Burial of the Dead," *The Norton Anthology of English Literature* (New York: W.W. Norton, 1922).
W.B.Yeats, "Among School Children," *The Norton Anthology of English Literature* (New York: W.W. Norton, 1927).
W.B.Yeats, "Sailing to Byzantium," *The Norton Anthology of English Literature* (New York: W.W. Norton, 1927).
William Blake, "Auguries of Innocence," *Complete Writings* (New York: Oxford University Press, 1972).
William Wordsworth, "Lines Composed a Few Miles above Tintern Abbey on Revisiting the Wye during a Tour," *The Norton Anthology of English Literature* (New York, W.W.Norton, 1987).

第九章

Al Gore, *Earth in the Balance* (Boston: Houghton Mifflin, 1992).
Goethe, quoted in P. Cren & P. Kome, eds., *Peace, A Dream Unfolding* (Toronto: Lester & Orpen Dennys, 1986).
K. Ausubel, *Restoring the Earth: Visionary Solutions from the Bioneers* (Tiburon, Calif.: H.J. Kramer, 1997).
Karl-Henry Robèrt, "Educating the Nation: The Natural Step," *In Context*, Spring 1991.
Karl-Henry Robèrt, *The Natural Step Story: Seeding a Quiet Revolution* (Gabriola Island, B.C.: New Society Publishers, 2002).
Karl-Henry Robèrt, "That Was When I Became A Slave," excerpts from an interview by Robert Gilman and Nikolaus Wyss, *In Context* (1991): 28
M.K.Tolba, "Redefining UNEP," *Our Planet* 8, no.5 (1997): 9-11.
Muhammad Yunus, *Banker to the Poor: Micro-lending and the Battle against World Poverty* (New York: Public Affairs, 1999).
Muhammad Yunus and Alan Jolis, *Banker to the Poor: The Autobiography of Mohammed Yunus, Founder of Grameen Bank* (Lodon: Aurum Press Ltd., 1998).
Paul Ehrlich & Ann Ehrlich, *Betrayal of Science and Reason: How Anti-Environmental Rhetoric Threatens Our Future* (Washington, D.C.: Island Press, 1997).
Quoted from Wangari Maathai, P.Sears, *In Context*, Spring, 1991.
Second quote from Maathai, Aubrey Wallace, *Eco-Heroes: Twelve Tales of Environmental Victory* (San Franciso: Mercury House, 1993).
Section on Ian Kiernan based on an interview with David Suzuki in Sydney, April 22, 1997.
Section on Muhammad Yunus based on D.Borstein, "The Barefoot Bank with Cheek," *Atlantic Monthly*, December 1955.
Severn Cullis-Suzuki, *Tell the World* (Toronto: Doubleday, 1993).
Sim van der Ryn & Stuart Cowan, *Ecological Design* (Washington, D.C.: Island Press, 1996).
Thomas Berry, *The Dream of the Earth* (San Francisco: Sierra Club Books, 1988).
Vandana Shiva, quoted in *E/The Environment Magazine*, Jan./Feb., n.d.
Wangari Maathai, *The Green Belt Movement: Sharing the Approach and the Experience* (New York: Lantern Books, 2004).
William McDonough and Michael Braungart, *Cradle to Cradle: Remaking the Way We Make Things (New York: North Point Press, 2002).*

The following sources have given permission for quoted material:

From *Biophilia* by E.O. Wilson. Copyright © 1984 by E.O. Wilson. Reprinted by permission of the author. From *The Diversity of Life* by E. O. Wilson. Copyright © 1992 by E. O. Wilson. Reprinted by permission of the author. From"Biophilia and the Conservation Ethic"by E. O. Wilson, in *The Biophilia Hypothesis*, edited by S. R. Kellert and E. O. Willson. Copyright © 1993 by E. O. Wilson. Reprinted by permission of the author. From"Natural Resources and an Optimum Human Population"by D. Pimentel, in *Population and Environment*, vol. 15, no.5. Copyright © 1994 by D. Pimentel. Reprinted by permission of the author. From *Creation Myths: Man's Introduction to the World* by D. MacLagan. Copyright © 1977 by D. MacLagan. Reprinted by permission of Thames and Hudson. From Worldwatch Paper #117,"Saving the Forests: What Will It Take?"by A.T. Durning, Worldwatch Institute, December 1993. Reprinted by permission of Worldwatch Institute. From"Technology, Trauma, and the Wild"by Chellis Glendining in *Ecopsychology*. Copyright © 1995 by Theodore Roszak, Mary E. Gomes, and Allen D. Kamer. Reprinted by permission of Sierra Club Books. From *Restoring the Earth* © 1997 by Kenny Ausubel. Reprinted by permission of H. J. Kramer, P. O. Box 1082, Tiburon, CA. All rights reserved. From"All-Consuming Passion: Waking Up from the American Dream."Created by the New Road Map Foundation, P. O. Box 15981, Seattle, WA 98115. Reprinted by permission of the New Road Map Foundation. *From Living Within Our Means* by John Robinson and Caroline Van Bers. Copyright © 1996 by the David Suzuki Foundation. Reprinted by permission of the David Suzuki Foundation. From *Wisdom of the Elders* by Peter Knudtson and David Suzuki. Copyright © 1992 by Peter Knudtson and David Suzuki. Reprinted by permission of the authors. From *In Context* issue #28,"Educating the Nation, The Natural Step,"an interview with Karl-Henrick Robert. Reprinted by permission of Context Institute（P.O. Box 946, Langley, Wa. 98260; URL: http://www.context.org; Email: ci@context.org）. From"World Scientists: Warning to Humanity."Reprinted by permission of the Union of Concerned Scientists. From *Amazonian Cosmos: The Sexual and Religious Symbolism of the Tukano Indians* by G. Reichel-Dolmatoff. Copyright © 1971 by G. ReichelDolmatoff. Reprinted by permission of the University of Chicago Press. From *Peace, A Dream Unfolding*, editors P. Kome and P. Crean, Lester & Orpen Denny Ltd., an imprint of Key Porter Books, Toronto, 1986. Reprinted by permission of Key Porter Books. From *Motivation and Personality* by A. H. Maslow. Copyright © 1970 by A. H. Maslow. Reprinted by permission of Addison-Wesley Educational Publishers Inc. From *Our Common Future*, World Commission on Environment and Development. Copyright © 1987 by Oxford University Press. Reprinted by permisson of Oxford University Press. From"A Basic Need"by A. Stevens, in *Resurgence* 174, Jan./Feb.1996. Reprinted by permission of the author and *Resurgence*. From *The Direction of Human Development* by Ashley Montagu. Copyright © 1955 by Ashley Montagu. Reprinted by permission of the author. From *Growing Young* by Ashley Montagu. Copyright © 1981 by Ashley Montagu. Reprinted by permission of Bergin & Garvey Publishers. From "The Canticle of Brother Sun"by St.Francis of Assisi, in *St.Francis and The Song of Brotherhood*, E. Doyle. © 1980 by E. Doyle. Reprinted by permission of HarperCollins. World rights administered by Allen & Unwin. From"The Morality of Molecular Water"by Peter Warshall, in *Whole Earth Review* #85, Spring 1995. Reprinted by permission of the author and *Whole Earth*. From *Out of the Earth: Civlization and the Life of the Soil* by Daniel Hillel. Copyright © 1986 by Daniel Hillel. Reprinted by permission of the author. From *Recollections of My Life* by Santiago Ramon y Cajal. Copyright © 1989 by The MIT Press. Reprinted by permission of The MIT Press. From *The Next One Hundred Years* by Jonathan Weiner. Copyright © 1990 by Jonathan Weiner. Reprinted by permission of the author. From *One Cosmic Instant* by John A. Livingston. Copyright © 1973 by John A. Livingston. Reprinted by permission of the author. From *Nature and Madness* by Paul Shephard. Copyright © 1982 by Paul Shephard. Reprinted by permission of Florence Shephard. From *The Natural Alien: Humankind and Environment* by Neil Evernded. Copyright © 1993 by University of Torono Press. Reprinted by permission of University of Toronto Press. From"Jews, Jewish Texts and Nature,"by Daniel Swartz, in *To Till and to Tend: A Guide to Jewish Environmental Study and Action*. Copyright © Daniel Swartz and The Coalition on the Environment and Jewish Life. Reprinted by permission of the author and The Coalition on the Environment and Jewish Life.

國家圖書館出版品預行編目資料

神聖的平衡：重尋人類的自然定位 / 鈴木．大衛 David Suzuki、
阿曼達．麥康納 Amanda McConnell、亞卓安 ．瑪森 Adrienne Mason 著；何穎怡、
王惟芬（增訂）、徐嘉妍（增訂）、莊勝雄（增訂）譯 . – 二版 . –
臺北市：商周出版：家庭傳媒城邦分公司發行，民 103.04 面； 公分
譯自：The Sacred Balance : Rediscovering Our Place in Nature
ISBN 978-986-272-538-2（平裝）
1. 人類生態學
391.5 103002043

科學新視野 10

神聖的平衡：重尋人類的自然定位

原著書名 / The Sacred Balance : Rediscovering Our Place in Nature
作　　著 / 鈴木．大衛 David Suzuki、阿曼達．麥康納 Amanda McConnell、
亞卓安 ．瑪森 Adrienne Mason
譯　　者 / 何穎怡、王惟芬（增訂）、徐嘉妍（增訂）、莊勝雄（增訂）
責任編輯 / 劉玲君（特約）、彭之琬、徐韻婷

版　　權 / 林心紅
行銷業務 / 李衍逸、黃崇華
總 編 輯 / 楊如玉
總 經 理 / 彭之琬
發 行 人 / 何飛鵬
法律顧問 / 台英國際商務法律事務所　羅明通律師
出　　版 / 商周出版
臺北市中山區民生東路二段 141 號 9 樓
電話：(02) 2500-7008　傳真：(02) 2500-7759
E-mail：bwp.service@cite.com.tw
發　　行 / 英屬蓋曼群島商家庭傳媒股份有限公司城邦分公司
臺北市中山區民生東路二段 141 號 2 樓
書虫客服專線：(02)2500-7718；(02)2500-7719
24 小時傳真專線：(02)2500-1990；(02)2500-1991
服務時間：週一至週五上午 09:30-12:00；下午 13:30-17:00
劃撥帳號：19863813　戶名：書虫股份有限公司
E-mail：service@readingclub.com.tw
歡迎光臨城邦讀書花園 網址：www.cite.com.tw
香港發行所 / 城邦（香港）出版集團有限公司
香港灣仔駱克道 193 號東超商業中心 1 樓
電話：(852) 25086231　傳真：(852) 25789337
E-mail：hkcite@biznetvigator.com
馬新發行所 / 城邦（馬新）出版集團 Cité (M) Sdn. Bhd.
41, Jalan Radin Anum, Bandar Baru Sri Petaling,
57000KualaLumpur,Malaysia.
電話：(603) 9057-8822　傳真：(603) 90576622

封面設計 / 李東記
內頁設計 / the BAND．變設計 - Ada
印　　刷 / 韋懋印刷事業有限公司
總 經 銷 / 高見文化行銷股份有限公司
電話：(02) 2668-9005　傳真：(02) 2668-9790　客服專線：0800-055-365

■ 2000 年 01 月 01 日 初版 ．2014 年 04 月 08 日 二版　Printed in Taiwan

定價 / 350 元

城邦讀書花園
www.cite.com.tw

 ISBN 978-986-272-538-2

廣	告	回	函
北區郵政管理登記證			
台北廣字第000791號			
郵資已付，免貼郵票			

104台北市民生東路二段141號2樓
英屬蓋曼群島商家庭傳媒股份有限公司　城邦分公司

請沿虛線對摺，謝謝！

書號：BU0010X　　**書名：**神聖的平衡　　**編碼：**

請於此處用膠水黏貼

商周出版

讀者回函卡

感謝您購買我們出版的書籍！請費心填寫此回函卡，我們將不定期寄上城邦集團最新的出版訊息。

不定期好禮相贈！
立即加入：商周出版
Facebook 粉絲團

姓名：＿＿＿＿＿＿＿＿＿＿ 性別：□男 □女

生日：西元＿＿＿＿年＿＿＿＿月＿＿＿＿日

地址：＿＿＿＿＿＿＿＿＿＿

聯絡電話：＿＿＿＿＿＿＿＿ 傳真：＿＿＿＿＿＿＿＿

E-mail ：

學歷：□ 1. 小學 □ 2. 國中 □ 3. 高中 □ 4. 大學 □ 5. 研究所以上

職業：□ 1. 學生 □ 2. 軍公教 □ 3. 服務 □ 4. 金融 □ 5. 製造 □ 6. 資訊
□ 7. 傳播 □ 8. 自由業 □ 9. 農漁牧 □ 10. 家管 □ 11. 退休
□ 12. 其他＿＿＿＿＿＿＿＿

您從何種方式得知本書消息？

□ 1. 書店 □ 2. 網路 □ 3. 報紙 □ 4. 雜誌 □ 5. 廣播 □ 6. 電視
□ 7. 親友推薦 □ 8. 其他＿＿＿＿＿＿＿＿

您通常以何種方式購書？

□ 1. 書店 □ 2. 網路 □ 3. 傳真訂購 □ 4. 郵局劃撥 □ 5. 其他＿＿＿＿

您喜歡閱讀那些類別的書籍？

□ 1. 財經商業 □ 2. 自然科學 □ 3. 歷史 □ 4. 法律 □ 5. 文學
□ 6. 休閒旅遊 □ 7. 小說 □ 8. 人物傳記 □ 9. 生活、勵志 □ 10. 其他

對我們的建議：＿＿＿＿＿＿＿＿＿＿

請於此處用膠水黏貼